W0256826

Die Einsatzhärtung von Eisen und Stahl

Berechtigte deutsche Bearbeitung der Schrift „The Case Hardening of Steel" von Harry Brearley, Sheffield

Von

Dr.-Ing. **Rudolf Schäfer**

Mit 124 Textabbildungen

Springer-Verlag Berlin Heidelberg GmbH 1926

ISBN 978-3-662-27569-6   ISBN 978-3-662-29056-9 (eBook)
DOI 10.1007/978-3-662-29056-9
Softcover reprint of the hardcover 1st edition 1926

Vorwort.

Nach dem Vorwort der englischen Ausgabe sind die folgenden
Darlegungen in der Hauptsache für diejenigen bestimmt, die die
Herstellung einsatzgehärteter Gegenstände gewerbsmäßig be-
treiben oder an ihr als Kaufleute interessiert sind. Aus diesem
Grunde wurde der Stoff in der Weise angeordnet, daß er sich sofort
den Anschauungen der praktischen Fachleute anpaßt, ohne ihn
im einzelnen nach theoretischen und praktischen Gesichtspunkten
scharf zu trennen.

Für den praktischen Härter sollen einige Worte über die Bedeutung der Kleingefügebilder vorausgeschickt werden. Gewisse
Materialien werden aus alter Gewohnheit nach dem Aussehen
ihrer Bruchfläche beurteilt und ausgewählt. Hierauf war der Ein-
kauf und Vertrieb von Eisen- und Stahlerzeugnissen viele Jahre
aufgebaut, lange bevor chemische Untersuchungsverfahren auf-
kamen und die Verbesserungen in der Wärmebehandlung der Stähle
nach neuzeitlichen Gesichtspunkten klargelegt wurden. Doch ist
die Beobachtung von polierten und geätzten Schnittflächen
(Schliffen) nur eine Erweiterung des alten Verfahrens der Be-
gutachtung von Eisen und Stahl nach ihrem Bruchaussehen. Viele
Eigentümlichkeiten dieser Werkstoffe lassen sich aus dem Kleingefüge ablesen. Es genügt oft eine Handlupe oder sogar das bloße
Auge, um aus den entsprechend vorbereiteten Schnittflächen
Schlüsse auf die Eisen- und Stahlart sowie deren vorausgegangene
Wärmebehandlung zu ziehen.

Es ist zu bedauern, daß die Vorstellungen über den mikro-
skopischen Aufbau von Eisen und Stahl sowie über deren Veränderungen durch die verschiedensten Arten der Wärmebehandlung im
wissenschaftlichen Schrifttum sehr oft durch keineswegs eindeutig
festgelegte Begriffe verwirrt wird. Und doch sind diese Vorstellungen auch für den Praktiker insofern erwünscht, als er unbedingt
über die wissenschaftlichen Grundlagen verfügen muß, auf die sich

die Metallurgie des Eisens und Stahls und anderer Werkstoffe stützt. Besitzt er diese Grundlagen, so wird es ihm auch ein leichtes sein, sie mit seinen persönlichen, mehr praktischen Erfahrungen und Beobachtungen in Einklang zu bringen. Er wird dann Wege beschreiten können, um bestimmte Ergebnisse bei irgendeiner Wärmebehandlung zu erzielen.

Folgerungen, die sich aus dem Gefügeaufbau eines Gegenstandes ergeben, werden alsdann verständlich, weil ja das Aussehen des Groß- bzw. Kleingefüges vielfach ein Urteil über die Eigenschaften der Werkstoffe zuläßt. Die Wichtigkeit der Gefügebeobachtung ist auch bei der Einsatzhärtung erwiesen und aus diesem Grunde enthalten die folgenden Ausführungen eine große Reihe von Gefügebildern, deren Kenntnis jedem Härter vor Augen führen soll, daß auch die Werkstatt die mikroskopische Untersuchung von Eisen und Stahl nicht unberücksichtigt lassen **darf**.

Während des Krieges und namentlich in der Nachkriegszeit haben die Erforschung von Eisen und Stahl und die Klärung der verschiedenen Arten der Wärmebehandlung dieser Werkstoffe wesentliche Fortschritte gemacht, vielleicht mit der Ausnahme hinsichtlich der Einsatzhärtung. Vieles ist falsch und nur weniges richtig, wenn man namentlich auch an die Anpreisung von Kohlungsmitteln denkt, die ähnlich wie Kurpfuschermittel angeboten werden. Nur geduldige Beobachtung aller Vorgänge bei dieser Wärmebehandlung und sorgfältige Deutung der erhaltenen **Ergebnisse** können abwegige Anschauungen auf dem Gebiete der Einsatzhärtung zerstören und ihm jene Bedeutung wieder **zurückgewinnen**, die ihm als wichtigem Glied im Eisengewerbe zukommt.

Wenn es der Unterzeichnete unternommen hat, auch diese Schrift von **Brearley** der deutschen Fachwelt zugänglich zu machen, so geschah es nicht nur aus Freundschaft zu dem bekannten englischen Metallurgen, sondern vor allen Dingen deshalb, um dem deutschen Schrifttum eine zusammenfassende und ausführliche Arbeit über alle Fragen der Einsatzhärtung zu geben, und um ferner auch dem Verlangen der deutschen Fachwelt nach einer einheitlichen Veröffentlichung zu genügen. Gerade während und nach dem Kriege haben sich viele **Metallurgen** mit der Einsatzhärtung beschäftigt. Ihre Arbeiten sind aber mehr der theoretischen Klarlegung der Einsatzhärtung gewidmet, während die Praxis der Einsatzhärtung mehr in den Härtereien selbst studiert werden muß, aus denen aber wenig oder gar nichts in die Öffentlichkeit dringt.

Es scheint auch, daß die Grundlagen für eine wirtschaftliche Einsatzhärtung noch viel zu wenig Allgemeingut geworden sind. Zwar geben die Stahlwerke, die meist eigene Untersuchungsanstalten besitzen, Anweisungen für ihre Abnehmer über die Einsatzhärtung der von ihnen hergestellten Stahlsorten heraus, die in vielen Fällen mit einander übereinstimmend, nicht immer als richtig anzuerkennen sind. Nach den Erfahrungen des Unterzeichneten schwankt oft die chemische Zusammensetzung der gelieferten Materialien von derselben Marke im Laufe der Zeit ganz erheblich, wodurch auch gewöhnlich eine Änderung der stattzufindenden Wärmebehandlung bedingt ist. Die in den Behandlungsvorschriften vorgeschlagenen Temperaturen zur Erzielung der besten Ergebnisse sind nicht immer zweckentsprechend, weshalb vor Benutzung eines jeden Einsatzstahles eine eingehende chemische und physikalische Untersuchung vorzunehmen ist. Da die Einsatzhärtung fast in allen Maschinenfabriken ausgeführt wird und hier vielfach unpraktische Verfahren angewendet werden, so ist man in der letzten Zeit immer mehr damit beschäftigt, auch von praktischer Seite Klarheit in diesen verwickeltsten und daher schwierigsten Teil der Härtetechnik zu bringen. Es war daher am Platze, dem Praktiker diejenigen Grundlagen zu vermitteln, die für eine wirtschaftliche Einsatzhärtung maßgebend sind. Auch die Geschichte der Zementation und Einsatzhärtung ist wichtig genug, in kurzen Zügen besprochen zu werden.

Die Anordnung des Stoffes der deutschen Ausgabe entspricht der der englischen. Nur wurde der Abschnitt „Prüfungsverfahren" an das Ende des Buches gelegt. Dies erscheint auch zweckmäßig, da die Prüfung einsatzgehärteter Gegenstände die letzte dem Härter erwachsende Arbeit ist. Auch in diesem Buche konnte der Unterzeichnete eine Reihe eigener Beobachtungen und die Ergebnisse eigener Untersuchungen aus dem praktischem Betriebe verwerten, wie dies Buch ja in erster Linie für den Praktiker bestimmt ist, der nicht mit dem Ballast vieler theoretischer Erklärungen beschwert werden soll.

Der Unterzeichnete ist sich wohl bewußt, eine nicht einfache Aufgabe übernommen zu haben. Der Theoretiker wird in dem Buche vielleicht manches nicht in dem Sinne geklärt sehen, wie es nach den Ergebnissen der exakten Forschung wünschenswert gewesen wäre. Aber hierauf kommt es für den Praktiker auch gar nicht an. In einige Sätze müssen sich für ihn die schwierigsten theoretischen Fragen leicht verständlich zusammenfassen lassen, wenn er Freude an einem Buche haben soll. Gerade die wissenschaftlichen Arbeiten über die Veränderungen von Eisen und Stahl bei jeder Art Wärmebehandlung sind so zahlreich, daß es schwierig ist, aus ihnen das Wesentliche für den praktischen Betrieb herauszuschälen. Es sei in diesem Zusammenhange an die Worte von Heyn in seinem nachgelassenen Werke über die Theorie der Eisenkohlenstofflegierungen erinnert: „Im übrigen ist es für den Techniker keine Frage von allzu großer Bedeutung, welche der beiden Umwandlungsarten bei Eisen und Stahl in einem besonderen Fall vorliegt. Wesentlich ist für ihn nur die Kenntnis, daß eine Umwandlung stattfindet. — Leider drehen sich die heftigsten und zeitraubendsten Streitigkeiten in der wissenschaftlichen Literatur vielfach um rein formale Dinge, die infolge unklarer Begriffsbestimmungen und unklarer gelehrter Bezeichnungen eine Wichtigkeit beanspruchen, die ihnen gar nicht zukommt."

In der englischen Ausgabe sind auch vielfach Fragen behandelt worden, die mehr in das Gebiet der Werkzeugstähle und Konstruktionsstähle gehören, Fragen, die eine eingehende Klärung in Brearley-Schäfer: „Die Werkzeugstähle und ihre Wärmebehandlung" und Schäfer: „Die Konstruktionsstähle und ihre Wärmebehandlung" erfahren haben. Dies gilt namentlich für den Abschnitt „Automobilstähle". Aber bei dem engen Zusammenhang zwischen Werkzeug- und Konstruktionsstählen mit dem in diesem Buche behandelten Gebiet durften auch die sehr lehrreichen Ausführungen von Brearley über allgemeine Härtungsvorgänge und -erscheinungen der deutschen Fachwelt nicht vorenthalten werden.

Die Zahl der Abbildungen wurde in der deutschen Ausgabe um 27 vermehrt, wie auch am Schluß des Buches die im deutschen Schrifttum vorhandenen wichtigsten, die Einsatzhärtung betreffenden Arbeiten aufgeführt worden sind.

Berlin, im Januar 1926.   **Schäfer.**

Inhaltsübersicht.

I. Geschichtliches.

Seit der Herstellung des **Fahrrades** und Motorwagens hat das Verfahren der **Einsatzhärtung** des weichen Eisens, obwohl es durchaus nicht eine neuzeitliche Kunst ist, große wirtschaftliche Bedeutung erlangt. Verschiedene Werkzeuge, wie Reibahlen, Locheisen und Lehren, werden auch heute noch in brauchbarer Beschaffenheit aus im Einsatz gehärtetem Flußeisen gefertigt. Dieselben Grundsätze der neuzeitlichen Einsatzhärtung wurden schon lange vor der Herrschaft des Stahls bei der Fertigung geringwertiger Feilen befolgt. Ein Stück Eisen von geeigneter Gestalt wurde mit verschieden großen und unregelmäßig verlaufenden Zähnen versehen, in trockene Baumrinde eingebettet oder mit einem Lederstreifen umwickelt, dann langsam bis zu heller Rotglut erhitzt und darauf abgeschreckt. Es wurde also schon immer bei der Einsatzhärtung als Kohlungsmittel etwas Ähnliches wie das heute noch übliche verkohlte Leder verwendet.

Über die frühesten Anfänge der Einsatzhärtung scheinen zuverlässige Angaben nicht bekannt geworden zu sein. Doch wird behauptet, daß die Einsatzhärtung während des achten Jahrhunderts bereits von den Chinesen praktisch ausgeübt wurde. Jedenfalls war in der letzten Hälfte des neunten Jahrhunderts diese Kunst schon so weit vorgeschritten, daß ein Benediktinermönch, **Theophilus Presbyter**, ein Buch schrieb, in dem genaue Vorschriften für die Einsatzhärtung von Feilen angegeben wurden. Das von ihm empfohlene Gemisch für die **Oberflächenkohlung** wird aus drei Teilen gemahlener Hornkohle und einem Teil Seesalz hergestellt. Dieses Mittel soll über die hocherhitzte Feile gestreut werden, und alsdann wird die Feile, nachdem sie nochmals erhitzt worden ist, in Wasser abgeschreckt. Dieses Verfahren ist noch heute in verschiedenen Gegenden Rußlands zu finden, wenn Feilen aus weichem Stahl gefertigt werden. Das Gemisch aus Hornmehl und Seesalz, zuweilen mit Zusatz einer kleinen Menge Lampenruß oder einem anderen weniger wichtigen Stoff kann auch zu einer dicken Paste angerührt und dann auf die zugeschnittenen Feilen aufgetragen werden. Nachdem die Paste völlig getrocknet ist, werden die Feilen in einem Schmiedefeuer erhitzt. Sobald das Salz schmilzt und die Paste halbflüssig geworden ist, wird sie abgewischt, worauf die Feilen abgeschreckt werden.

Solche einsatzgehärteten Feilen sind wenigstens an den Spitzen hart, weil sie sonst nicht schneiden würden. Falls die Feilen zuweilen aus weichem Stahl gefertigt werden, kann man sie ohne Schwierigkeit zähnen, selbst wenn auch die für die Feilen zugeschnittenen Rohstücke nicht gut ausgeglüht sind. Auch die zum Hauen solcher Feilen verwendeten Meißel halten lange Zeit. Da dieser Stahl weicher ist als derjenige, der gewöhnlich in England für die Feilenherstellung bevorzugt wird, so muß der Zahn, der durch den Schlag der Feilenhaue aufgebogen wird, eine scharfe Spitze besitzen und, solange diese scharfe Spitze vorhanden ist, wird eine solche Feile schneller als die grobgezähnte, aus härterem Stahl hergestellte Feile schneiden. Nur die Spitze des Zahnes wird durch das Einsatzverfahren zementiert (gekohlt) und nur die äußerste gehärtete Spitze wird auf der Feilenprüfmaschine abgenutzt. Hieraus erklärt sich die gewisse Überlegenheit der aus weichem Stahl gearbeiteten Feilen hinsichtlich der Ergebnisse, die auf der Feilenprüfmaschine erzielt werden. Gegenwärtig wird aber eine Feile viel weiter abgenutzt und die Lebensdauer einer aus weichem Stahl hergestellten Feile ist verhältnismäßig kurz.

Der Name Réaumur wird gewöhnlich mit der Herstellung von schmiedbarem Eisenguß (Temperguß) in Beziehung gebracht[1]). Hierauf scheint Réaumur gekommen zu sein, als er sich mit der Auffindung der günstigsten Bedingungen der Stahlgewinnung nach dem alten Zementationsverfahren befaßte. Er fand nämlich, daß das für die Zementation wirksamste Kohlungsmittel aus

---

[1]) Nach dem im Jahre 1720 erschienenen Werke: „L'art de convertir le fer forgé en acier et l'art d'adoucir le fer fondu." — In seinem bekannten Buche: „Bericht von den Bergwerken" aus dem Jahre 1617 spricht Löhweiß bereits davon, daß man weiches Eisen durch Glühen mit Holzkohle in Stahl verwandeln kann. — Vgl. Weyl, Metallurgie 1910, S. 440.

Holzkohlenpulver, Holzasche und Seesalz besteht, die sorgfältig miteinander vermischt werden. Er beobachtete weiter, daß der zementierte Gegenstand an Gewicht zunimmt, und er schrieb diese Zunahme der Verbindung von Salz und Schwefel mit dem Eisen zu. Auch fand er noch, daß nach wiederholter oder auch langer Erhitzung der zementierte Stahl nicht zu härten war und er führte dies auf einen durch Verflüchtigung hervorgerufenen Verlust an Salz und Schwefel zurück, die anfangs von dem Eisen aufgenommen werden. Nach dieser Ansicht wäre z. B. Roheisen ein Material, das einen hohen Betrag an Salz und Schwefel enthält, der aber, wie Réaumur vermutete, durch lange Erhitzung entfernt werden kann. Auf diese Weise kam er dazu, schmiedbaren Eisenguß zu erzeugen, der nach seiner Meinung einen großen Teil des in ihm enthaltenen Schwefels und Salzes durch lange Erhitzung in einer oxydierend wirkenden Atmosphäre verliert.

Réaumur scheint gänzlich übersehen zu haben, daß sich der Kohlenstoff der von ihm benutzten Holzkohle mit dem Eisen verbindet. Er konnte leicht feststellen, daß die Holzkohle ein notwendiger Bestandteil seiner Mischung für die Zementation ist. Wenn auch seine Erklärungen falsch waren, so sind doch seine Schlußfolgerungen richtig. Er folgerte nämlich, daß es möglich sein müßte, Stahl dadurch zu erzeugen, daß man Schwefel und Salz 1. mit weichem Eisen verbindet, 2. Schwefel und Salz aus ihrer Verbindung mit Roheisen teilweise entfernt, und 3. zwei Eisensorten zusammenschmilzt, von denen die eine sehr wenig und die andere viel von dem wirksamen Schwefel und Salz enthält. Den Beweis für seinen dritten Vorschlag erbrachte er dadurch, daß er zuerst Roheisen zum Schmelzen brachte und dann Nägel oder andere kleine schmiedeeiserne Gegenstände dem Schmelzgute hinzufügte und auf diese Weise Stahl erhielt.

Mit vollem Recht kann daher Réaumur als der Begründer der Gußstahlherstellung angesehen werden, wenn auch sein Verfahren durch dasjenige von Benjamin Huntsman, der zwanzig Jahre später (1740) Stahl durch Schmelzen von zementierten Stäben aus Schweißeisen erzeugte, verdrängt wurde. Zu Réaumurs Gunsten muß aber gesagt werden, daß das Schmelzen von Schweißeisen mit irgendeinem kohlenstoffhaltigen Material das heute wohl noch am meisten angewendete Verfahren zur Gewinnung

1*

von Gußstahl (Tiegelgußstahl, Tiegelstahl) ist. Das Verfahren von Huntsman zur Herstellung von Gußstahl besteht genau ausgedrückt darin, daß zuerst Schweißeisen zementiert und dann in einem Tiegel geschmolzen wird, während das Verfahren von Réaumur so vonstatten geht, daß Schweißeisen mit einem hoch kohlenstoffhaltigen Material, z. B. Roheisen, zum Schmelzen gebracht wird.

Das Verfahren der Zementation (und Einsatzhärtung) war also schon in frühester Zeit bekannt, ist immer von großer Bedeutung gewesen und auch der unmittelbare Ansporn und Vorgänger der verhältnismäßig jüngeren Kunst der Gußstahlerzeugung.

Kurz zusammengefaßt besteht das alte Zementationsverfahren, wie es im großen und ganzen noch heute namentlich in Schweden und Rußland geübt wird, darin, daß man schwedisches Schmiedeeisen (Schweißeisen) mit Holzkohle umgibt und es unter Luftabschluß mehrere Tage, oft sogar einige Wochen, erhitzt und mit der Glühung dann aufhört, wenn das Eisen durch und durch gekohlt ist. Das verbleibende Material, der Zementstahl, der wegen seiner eigentümlichen auf der Oberfläche befindlichen Blasen auch Blasenstahl (blister steel) genannt wird, wird auch heute noch zur Herstellung von erstklassigem Tiegelgußstahl benutzt.

Als eigentliches Zementationsmittel (Kohlungsmittel) scheint man in den frühesten Zeiten fast nur Holzkohle gekannt zu haben, die ebenso wie heute aus Laubhölzern (Buchen oder Eichen) teils rein, teils mit Alkali- oder Erdalkalisalzen vermischt, verwendet wurde. Die Bedeutung von anderen kohlenstoffhaltigen Stoffen, Gasen usw. für die Zementation dürfte erst zu Anfang des vorigen Jahrhunderts erkannt worden sein, denn im Jahre 1824 erzielte Vismara durch die Einwirkung von Kohlenwasserstoffgasen auf Stabeisen (Einlegen des Eisens in die Retorten eines Ölgasapparates) eine gekohlte Außenschicht, und zehn Jahre später sehen wir Mac Intosh gewerbsmäßig Stahl durch Erhitzung von Eisen in Leuchtgas gewinnen.

Erst im Jahre 1845 befaßte man sich eingehender mit der Frage, in welcher Weise die Kohlung des Eisens bei hohen Temperaturen vor sich geht. So spricht Leplay (1845) von einem unerklärlichen, geheimnisvollen Vorgang beim Zementationsprozeß, der nur durch die Bildung von Kohlenoxyd eingeleitet wird. Später jedoch verwarf er diese Ansicht, indem er durch Versuche nachzuweisen glaubte, daß glühendes Eisen Kohlenoxyd nicht zerlegen könne. Mit Laurent war er der Meinung, daß der Kohlenstoff nicht zementiere, sondern daß der bei hohen Temperaturen dampfförmig gewordene Kohlenstoff die Zementation bewirke. Dieser Theorie widersprach jedoch Gay Lussac, der anführte, daß nur durch molekulare Wanderung des festen Kohlenstoffs im glühenden Eisen die Kohlung desselben herbeigeführt wird. Aber bereits im Jahre 1851 stellte Stammer fest, daß durch Wasserstoff reduziertes Eisen bei längerer heftiger Glühung im Kohlenoxydstrom beträchtliche Mengen von Kohlenstoff aufnimmt, womit die frühere Theorie von Leplay gestützt wurde.

Von besonderer Wichtigkeit ist die von Stein im Jahre 1851 aufgestellte Theorie über den Zementstahlprozeß. Nach ihm gilt als Kohlenstoffüberträger an das Eisen das Zyan, das z. B. aus dem als Zementationsmittel verwendeten Zyankalium stammt. Das zuerst entstehende Zyaneisen bzw. das anfängliche Zyankalium zersetzt sich in Kohlenstoffeisen und Stickstoff. Auch leichte Kohlenwasserstoffe (Mac Intosh), sowie Kohlenoxyd zersetzen sich bei hohen Temperaturen und liefern den Kohlenstoff in so feiner Verteilung, daß das glühende Eisen den Kohlenstoff nur in dieser Form durch Molekularwanderung, wenn auch langsamer als bei Gegenwart von Zyan oder Zyansalzen, aufnimmt.

Sounderson, Binks, Frémy und Caron (1859—1861) schreiben dem Stickstoff eine große Rolle bei der Zementation zu, der teils aus der Luft, teils aus dem Eisen (Kohlenstickstoffeisen) herrührt und in Gegenwart von reinem Kohlenstoff oder Kohlenoxyd, auch leichten Kohlenwasserstoffen, die Kohlung unterstützt. Die Nichtzementation des Eisens durch reinen Kohlenstoff oder reines Kohlenoxyd nimmt auch Caron an, indem er, ebenso wie Saint-Claire Deville, Troost (1863) und Cailletet (1864) darlegt, daß infolge der Durchlassigkeit des Schmiedeeisens für Gase bei hohen Temperaturen die Kohlung des Eisens durch Eindringung von kohlenstoffhaltigen Gasen in die Poren des Eisens hervorgerufen wird. Margueritte (1864) ist entgegengesetzter Ansicht wie Caron, auch Cailletet konnte in den der Zementierkiste entnommenen Gasen weder Zyan noch andere Zyanverbindungen nachweisen.

Die ersten auf wissenschaftlicher Grundlage aufgebauten Versuche über den Zementationsprozeß rühren von Mannesmann (1879) her, der sowohl die Bedingungen der Praxis berücksichtigte, als auch die heute noch gebräuchlichen Hilfsmittel benutzte. Im wesentlichen kommt er zu denselben Ergebnissen wie Margueritte, wenn er auch dem Kohlenoxyd nicht die Bedeutung zuspricht wie Margueritte. Hempel (1885) knüpft an die Versuche von Mannesmann an, indem er hinsichtlich der Zementationsfähigkeit des in Form von Diamant angewendeten Kohlenstoffs angibt, daß hauptsächlich durch Molekularwanderung eine Kohlung eintritt. Die Wirkung der Holzkohle, des Koks und des Graphits sind nicht wesentlich verschieden voneinander. Jedoch kohlt Diamant Eisen schon bei niedrigen Temperaturen, auch ist unterhalb Rotglut fester Kohlenstoff nicht imstande, Eisen zu kohlen, wenn bei Abwesenheit von Sauerstoff die Glühung in einer Stickstoffatmosphäre stattfindet. Von einer Wanderungsfähigkeit des Kohlenstoffs im glühenden Eisen sind auch Roberts-Austen (1896) und Osmond (1897) überzeugt, welcher Ansicht Royston (1897) mit der Behauptung beitritt, daß sich der Kohlenstoff bei voller Rotglühhitze mit dem Eisen in einfacher Lösung befindet. Dieser Anschauung treten Arnold und Mac William (1898) entgegen, indem sie darlegen, daß sich der Kohlenstoff bei höheren Temperaturen nicht in elementarem Zustande, sondern mit dem Eisen als Karbid (Eisenkarbid) in Lösung befindet. Dieses Karbid allein wandert allmählich in das glühende Eisen hinein (vgl. S. 125 und 140).

In der Folge ist noch eine Reihe weiterer Arbeiten erschienen, die Aufklärung über den Zementationsprozeß geben sollen. So bestätigt Charpy (1903) die Ansicht Marguerittes von der Kohlungsfähigkeit des Kohlenoxyds, während Guillet (1904) bei seinen eingehenden praktischen Versuchen im Gegensatz zu späteren Angaben Ledeburs (1906) von der Nichtkohlungsfähigkeit des Kohlenstoffs überzeugt ist. Nur dann tritt nach Guillet und Griffith eine Zementation durch festen Kohlenstoff ein, wenn durch Druck eine innige Berührung von Kohlenstoff und Eisen gewährleistet ist.

Sehen wir also schon in früheren Zeiten Theoretiker und Praktiker die Klärung des Zementationsprozesses anstreben, so ist doch erst in den beiden letzten Jahrzehnten, seitdem die physikalische Chemie in Gemeinschaft mit der Metallographie immer mehr bei der Erforschung verwickelter metallurgischer Vorgänge herangezogen wird, die Theorie und Praxis der Zementation von Eisen und Stahl auf eine sichere Grundlage gestellt.

Bevor nunmehr an die Aufgabe herangetreten wird, den Einsatzhärter über alles für sein Gebiet Wissenswerte aufzuklären, soll hier ausdrücklich auf die Gepflogenheit der Praxis hingewiesen werden, die „Zementation, Einsatzhärtung und Oberflächenhärtung häufig in gleichem Sinne gebraucht[1]). Dies ist, streng genommen, nicht richtig, und kann leicht zu Irrtümern führen. Unter Zementieren oder Einsetzen (Kohlen) ist die Glühung von Eisen in einem Kohlenstoff abgebenden Mittel zu verstehen. Zur Einsatzhärtung (Zementationshärtung) gehört der eben genannte Glühvorgang mit einer Schlußhärtung. Diese ist nämlich nicht immer mit der Zementation verbunden, so z. B., wenn das zementierte Eisen als solches in den Handel kommt oder bei gewissen Nickelstählen, die schon durch die Zementation hart werden, ohne daß eine Abschreckung erfolgt.

Das Wort Oberflächenhärtung statt Einsatzhärtung sollte man vermeiden. Abgesehen davon, daß von einer gewissen Stärke an jeder Werkzeugstahl nur auf der Oberfläche hart wird, bleibt diese Bezeichnung besser auf die mit den sog. Aufstreupulvern (Ferrozyankalium) bewirkte Härtung beschränkt, wobei nur ein oberflächliches Einbrennen, aber keine Eindringung des Kohlenstoffs in meßbarer Tiefe erfolgt" (vgl. S. 142).

---

[1]) Brüsewitz, Stahl und Eisen 1924, S. 1697.

II. Einteilung der einfachen Stähle (Kohlenstoffstähle).

Wenn auch das Verfahren der Zementation und Einsatzhärtung im wesentlichen heute dasselbe ist, wie es vor tausend Jahren geübt wurde, so sind doch jetzt die Ansichten über Art und Verlauf des Prozesses nach den vorstehenden Darlegungen ganz verschieden von denjenigen, die vor zwei Jahrhunderten von Réaumur vertreten wurden. Die Zementation findet also, kurz gesagt, in der Weise statt, daß sich der Kohlenstoff irgendeines kohlenstoffhaltigen Mittels mit dem Eisen durch Erhitzung der beiden Stoffe verbindet, und es läßt sich alsdann bei sorgfältiger Prüfung feststellen, daß das Eisen dem Gewichte nach um einen Betrag zunimmt, der ungefähr dem Gewichte des Kohlenstoffs gleich ist, der sich mit ihm verbunden hat. Weshalb sich der Kohlenstoff mit dem Eisen nicht nur an der Oberfläche, sondern bis zu Tiefen von zehn oder sogar zwanzig Millimetern unter der Oberfläche des Eisens verbindet, ist eine Frage, deren Beantwortung besser zurückgestellt wird, bis sich aus den später anzuführenden Ergebnissen der praktischen Erfahrung weitere Unterlagen für eine solche Beantwortung ergeben.

Die zahlreichen Untersuchungen über das Kleingefüge (Feingefüge) von Eisen und Stahl haben ergeben, daß unter dem Mikroskop das handelsübliche Eisen (Schmiedeeisen) nach geeigneter Vorbereitung (Polieren, Ätzen) aus einem Haufwerk von gleichartigen hellen Kristallen (Körnern) von reinem Eisen besteht, die von dunklen Kristallen (Körnern) durchdrungen werden und die den Kohlenstoff als Eisenkarbid (Fe_3C) enthalten. Hierbei ist es gleichgültig, ob das Eisen unter Zufügung von Holzkohle in einem Tiegel geschmolzen und in Blockform gegossen wird oder ob das Eisen mit der Holzkohle zusammen bis nahe zum Schmelzen erhitzt wird. Irgendein Unterschied zwischen den beiden nunmehr gewonnenen Stahlsorten hängt nur von Zufälligkeiten ab. Wenn der Messerschmied in Sheffield ein Tischmesser betrachtet, um die Inschrift auf der Klinge zu lesen und wenn er hierbei bemerkt, daß die Klinge aus Gärbstahl (Schweißstahl) hergestellt worden ist, dann stützt er sich bei dieser Feststellung auf die Anwesenheit der unvermeidbaren Schlackenstreifen in diesem Stahl, der aus zementiertem Stabeisen gewonnen wurde und nicht geschmolzen worden ist. Sind Schlackenstreifen nicht vorhanden, so ist man auch durch eine ausgedehnte und vielseitige Prüfung nicht imstande, genau zu bestimmen, nach welchem Verfahren der Stahl erzeugt wurde.

Nach dem Lichtbilde eines Querschnitts (Schliffs) eines zementierten oder im Einsatz gekohlten Stabes (Abb. 1) erhält man einen Überblick über das eigentümliche Gefüge (Kleingefüge) aller Arten von Kohlenstoffstählen, die vom weichsten bis zum härtesten Material im Handel vorkommen. Es wird für die späteren Ausführungen dienlich

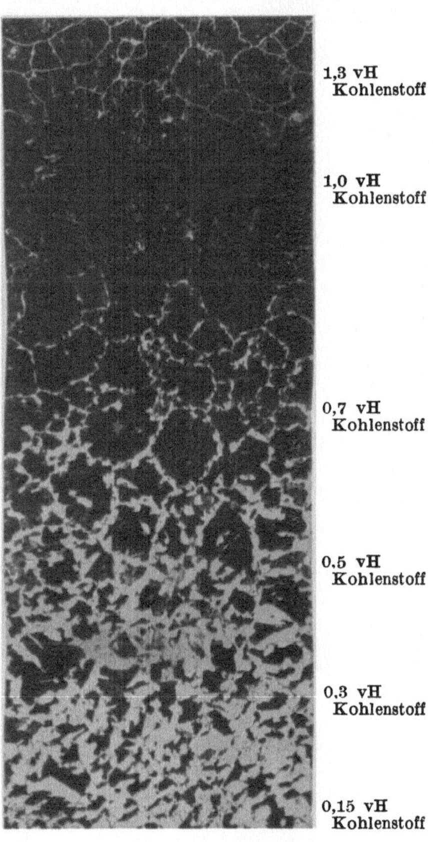

Abb. 1. Schnitt durch den zementierten Teil eines eingesetzten weichen Stahl.

sein, wenn bei diesem Lichtbilde etwas länger verweilt wird, um zunächst festzustellen, daß das Material aus unregelmäßig gestalteten kristallinischen Körnern zusammengesetzt ist, die fest miteinander verbunden sind. Auch sind bereits im unteren Teile des Lichtbildes neben den hauptsächlich vorhandenen hellen

Stellen einige dunkle Stellen (Körner) zugegen, die praktisch den gesamten Kohlenstoff enthalten, der in dem ursprünglichen Stabe vorhanden war. Das Zementations- oder Kohlungsverfahren hat nicht im geringsten die Zusammensetzung des Materials tief unter der Oberfläche verändert. Jedoch ist der Kohlenstoff in die Ober-

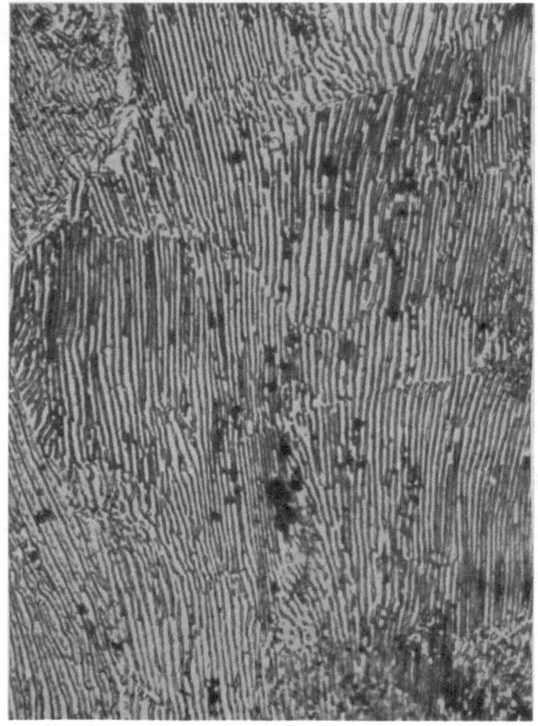

Abb. 2. Dunkle Stellen der Abb. 1. Perlit. × 1200.

fläche und die ihr naheliegenden Schichten eingedrungen, und man kann beobachten, daß die dunklen Stellen (Körner) eine verhältnismäßig größere Fläche (im Schnitt) einnehmen, als dem Betrage an Kohlenstoff in dem ursprünglichen Material entspricht. Die Kohlung setzt sich in bestimmten Abschnitten fort, bis die Sättigung mit Kohlenstoff auf ungefähr 1 vH gestiegen ist. Alsdann zeigt diese mit Kohlenstoff gesättigte Schicht ein ununterbrochen dunkles Aussehen mit keinem anderen sichtbaren Bestandteil. Die Grenzlinien der Kristalle (Korngrenzen) oder ein ausgeprägtes Muster irgendwelcher Art ist nicht mehr zu erkennen.

Die dunklen Stellen (Kristalle, Körner) in Abb. 1 sind aber nicht so einfach beschaffen und so gefügelos, wie sie zu sein scheinen.

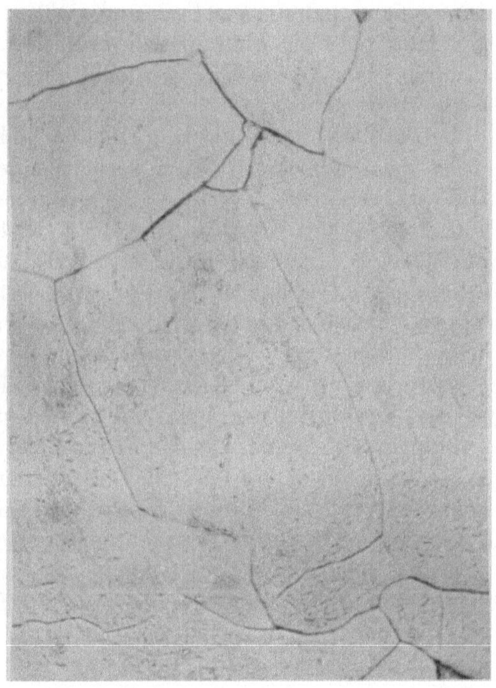

Abb. 3. Helle Stellen der Abb. 1. Ferrit. $\times$ 750.

Läßt man den Stahl langsam in dem zur Einsatzhärtung verwendeten Kasten abkühlen, so haben die dunklen Flächen ein einfaches aber gut bestimmbares und ihnen eigentümliches Gefüge. Es ist nur bei starken Vergrößerungen deutlich erkennbar, und es stellt unter gewöhnlichen Verhältnissen nach geeigneter Ätzung ein Gebilde von dunklen und hellen Streifen (Lamellen) dar, die abwechselnd und parallel zueinander in jedem einzelnen Korn angeordnet sind, wobei von Korn zu Korn die Richtung der parallelen Streifen wechseln kann (Abb. 2). Jedes zweite Glied dieses fest zusammenhängenden Gebildes besteht aus Eisenkarbid (Fe_3C). Der andere Bestandteil wird als reines Eisen angesehen, der als Gefügebestandteil den Namen Ferrit führt (Abb. 3) und der aus den bereits vorher erwähnten hellen Stellen im unteren Teile der Abb. 1 ersichtlich ist. Die beiden Bestandteile (Lamellen) dieses dunklen Gefüges sind so deutlich und wohl ausgebildet, daß sie nach der Ätzung die Lichtwellen brechen und einen perlmutterähnlichen Glanz annehmen, weshalb ihnen der Name Perlit beigelegt wurde (Abb. 2).

Von dem Inneren des oberflächlich gekohlten Stahles nach außen zu besteht das Material mithin aus einem unregelmäßig gelagerten Haufwerk von hellen Körnern, die aus reinem Eisen, Ferrit, bestehen und dunklen Körnern, die Perlit darstellen, bis näher zur Oberfläche das Material ganz aus Perlit zusammengesetzt ist. Jedoch enthält nach Abb. 1 die äußerste obere Schicht noch einen anderen Bestandteil, der eigentlich in bemerkenswertem Umfange in den im Einsatz gekohlten Gegenständen nicht auftreten sollte. Wenn er dennoch vorhanden ist, so hat er gewöhnlich Ärger und Verdruß im Gefolge, und es wird später notwendig sein, darzutun, wie seine unwillkommene Anwesenheit vermieden werden kann. Jetzt braucht nur beachtet zu werden, daß seine Gegenwart, ob willkommen oder nicht, eine natürliche Folge der bereits angestellten Betrachtungen ist.

Wenn das ganze freie Eisen zur Bildung des paarig aussehenden Perlits verbraucht worden ist, der etwa 1 vH Kohlenstoff enthält (Perlitpunkt), dann ist es klar, daß irgendein höherer Prozentsatz an Kohlenstoff als 1 vH, der dem Stahl einzuverleiben möglich wäre, eine neue und besondere erkennbare Form annehmen wird. Dies tritt tatsächlich ein, und zwar bis zu dem Grade, wie kein freies Eisen mehr verfügbar ist, um Perlit zu ergeben, wobei der Überschuß an Eisenkarbid (Fe_3C) für sich allein und getrennt in Gestalt einer Hülle um die kristallinischen Körner oder als Adern, Nadeln oder kleine Klümpchen (Inseln) in den kristallinischen Körnern vorhanden sein kann. Dieses freie Eisenkarbid führt den Namen Zementit (Abb. 4).

Es soll noch erwähnt werden, daß reines Eisen oder Ferrit weich und zähe, dagegen Eisenkarbid oder Zementit außerordentlich hart und brüchig ist, so daß hinsichtlich der mechanischen

Eigenschaften der einfachen Stähle (Kohlenstoffstähle) folgende Übersicht gegeben werden kann:

a) Weiche Stähle, die viel freien Ferrit enthalten;

b) Stähle, die ganz aus Perlit bestehen, in denen also das brüchige Karbid (Zementit) abwechselnd zwischen zwei biegsamen und zähen Ferritstreifen gelagert ist;

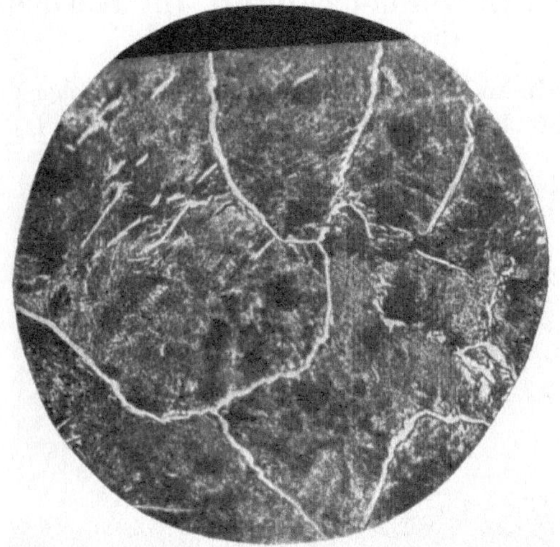

Abb. 4. Randschicht eines zementierten weichen Stahls. Helle Adern von Zementit. Innerhalb der Adern Perlit. × 200.

c) Stähle, die freies Eisenkarbid oder freien Zementit als eine harte brüchige Umhüllung enthalten, die jedes Perlitkorn von dem anderen trennt[1]).

---

[1]) Vgl. Fußnote S. 121.

III. Gefügeveränderungen im Kern eines eingesetzten Stahls.

Das Verfahren der Zementation oder Oberflächenkohlung als ein Teilprozeß bei der Herstellung von Stahl ist fast gänzlich

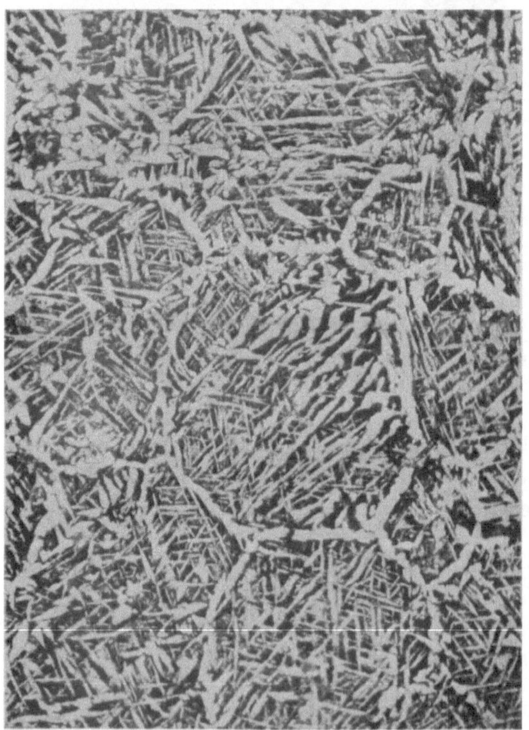

Abb. 5.   Gefüge eines überhitzten weichen Stahls. $\times$ 25.

verlassen worden. Dagegen ist es als e r s t e r Teil des Einsatzhärteverfahrens mit Bezug auf weiche Stähle unumgänglich nötig,

welch letzteres als besonderes Wärmebehandlungsverfahren der
Stähle heute sehr geschätzt ist. Dieses Verfahren wird aus dem
Grunde gern gewählt, weil große Mengen kleiner Gegenstände bequem aus weichen Stählen für besondere Zwecke gefertigt werden
können, zumal es im allgemeinen leichter und sicherer ist,
einen für den Einsatz bestimmten Gegenstand nach der Oberflächenkohlung zu härten, als einen solchen, der überhaupt nur

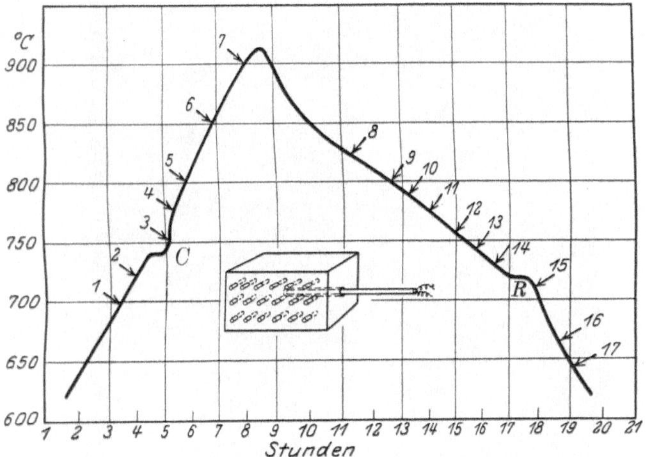

Abb. 6. Plan zum Studium der Verfeinerungsverfahren.

aus kohlenstoffreichem Stahl hergestellt worden ist. Aber auch
ein einsatzgehärteter Gegenstand läßt sich vorteilhafter wegen
seines aus weichem Stahl bestehenden Kernes verwerten. Der
Zustand des Kernes oder des nicht gekohlten Teiles eines Werkstückes ist von erheblicher Bedeutung für die Verwendung dieses
Gegenstandes, wenn auch der Beschaffenheit des Kernes vielfach
ein zu großer Wert beigemessen wird. In den meisten Fällen be-
zweckt man nur, den Kern nach der Härtung des oberflächlich gekohlten Stückes wieder in einen weichen und sehnigen Zustand zu
bringen. Hierbei ist es gleichgültig, ob der Kern einem großen
massigen Gegenstand, etwa einer Panzerplatte, die viele Tonnen
wiegt oder einem Eisenstift, der nur ein geringes Gewicht besitzt,
angehört. In beiden Fällen muß also der Beschaffenheit des
Kerns nach der Härtung der Gegenstände erhöhte Aufmerksamkeit zugewendet werden.

Da die Zementierungsverfahren bei einer weit unter 900 ⁰ C
liegenden Temperatur nicht wirksam durchgeführt werden können
und auch sehr verschiedene Zeiten zur genügenden Kohlung gebraucht werden, nämlich von einer Stunde bis mitunter zu mehreren Tagen, so wird der Stahl bei der gewöhnlich angewendeten

Abb. 7. Bolzen nach der Erhitzung auf 750⁰ C abgeschreckt. × 25.

Temperatur von etwa 900⁰ C oder wenig darüber sowohl im Kern als
auch in der Außenschicht überhitzt. Wird der Stahl sofort nach
der Herausnahme aus dem Einsatzkasten abgeschreckt, so
sind die Kennzeichen der Überhitzung an dem grob kristallinischen Bruch (Grobgefüge, Großgefüge) sichtbar, den überhitzte
Gegenstände stets besitzen. Die äußere Schicht ist brüchig und neigt
leicht dazu, abzublättern oder zu zerspringen, und der Kern zeigt

nur geringen Widerstand gegen scharfe Schläge. Eine Zementation, die mehr als leicht oberflächlich sein soll, kann aber nur bei solchen Temperaturen durchgeführt werden, bei denen der Stahl stets überhitzt wird, so daß immer grobe Kristalle entstehen. Jedoch kann dieses grobe Gefüge verfeinert, verbessert (regeneriert) werden. Um die Art der Veränderungen, die bei den Verfeinerungsverfahren hervorgerufen werden, zu veranschaulichen, wurde das folgende besonders lehrreiche Beispiel ausgewählt.

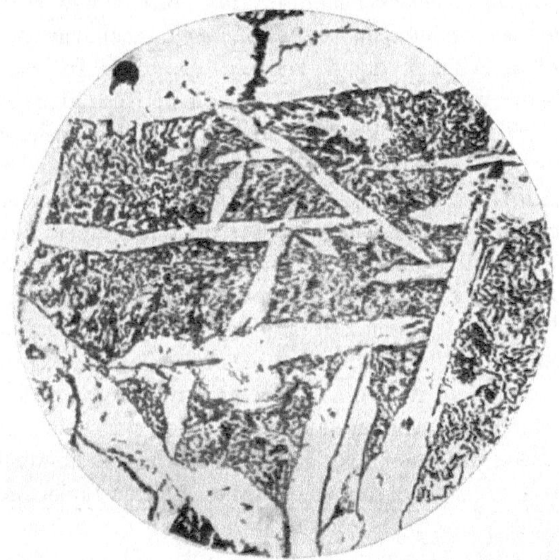

Abb. 8. Wie **Abb. 5.** Stark vergrößert.

Ein Stück Stahl, sei es gegossener Stahl (Stahlguß) oder ein Schmiedestück aus weichem Stahl, besteht, wenn es überhitzt und langsam abgekühlt worden ist, aus kristallinischen Körnern von unregelmäßiger Gestalt. Dagegen ist das Gefüge dieser Körner, die von hellen Ferritadern begrenzt sind, von auffälliger Gleichmäßigkeit. Abb. 5 stellt einen Querschnitt (Schliff) eines überhitzten Stahlstabes oder eines Gußstückes aus weichem Stahl (Stahlguß) nach geeigneter Vorbereitung (Polieren, Ätzen) dar. Die Grundlagen des in Frage kommenden Verfahrens zur Verfeinerung des groben kristallinischen Gefüges eines ungeglühten Stahlgußstückes oder eines überhitzten Stahls sind die gleichen, und sie können durch die Veränderungen veranschaulicht werden, die das Gefüge des in Abb. 5 dargestellten Materials, das einer Verfeinerung unterworfen wurde, erleidet. Dieses Stahlstück enthielt 0,29 vH Kohlenstoff und 0,64 vH Mangan.

Der mittlere körperlich dargestellte Gegenstand in Abb. 6, die angibt, wie die Verfeinerung bei eingesetzten Stählen studiert werden kann, soll einen Stahlblock veranschaulichen, der etwa 5 bis 10 kg wiegt und etwa 1 vH Kohlenstoff und 0,25 vH Mangan aufweist. Die mittlere seitlich angebrachte Bohrung dient zur Aufnahme eines Thermoelements, das mit einem registrierenden Pyrometer verbunden ist. In die Längsfläche des Stahlblocks ist eine Anzahl kleiner Löcher gebohrt. In jedem dieser kleinen Löcher wird ein Bolzen aus dem überhitzten Stahl untergebracht. Der Block mit Bolzen und Thermoelement wird alsdann in einen mit Gas geheizten Ofen gestellt, der mit Hilfe eines besonderen Gerätes, das vollkommene Regelmäßigkeit der Temperatur gewährleistet, je Stunde um einen Betrag von 50^0 C oder je nach Wunsch um einen anderen niedrigeren oder schneller zu erreichenden Betrag erhitzt oder abgekühlt werden kann. Wird nach gewissen Zeitabschnitten einer von den Bolzen herausgezogen und schnell in kaltem Wasser abgeschreckt, so kann nach dem Polieren und Ätzen des Bolzens das im Augenblick der Herausnahme aus dem Ofen vorhanden gewesene Gefüge des Bolzens unter dem Mikroskop bestimmt werden. Die Pfeile und Zahlen an dem in Abb. 6 dargestellten Linienzuge geben die Zeiten und Temperaturen an, bei denen die Bolzen aus dem Stahlblock herausgezogen wurden. Auch soll noch darauf aufmerksam gemacht werden, daß der Linienzug deutlich die kritischen Umwandlungspunkte (Haltepunkte) sowohl bei der Erhitzung (C) als auch bei der Abkühlung (R) in Gestalt von Knicken zeigt, bei denen der Perlit im großen Block bei langsamer Erhitzung umgewandelt .wurde und bei der Abkühlung seine ursprüngliche Form wiedererlangte. Diese Punkte (C und R), bei denen auch noch andere Veränderungen des Stahles auftreten, werden Kaleszenzpunkt bzw. Rekaleszenzpunkt genannt.

Alle Bolzen, die aus dem Stahlblock herausgezogen wurden, ehe die Temperatur auf 700^0 C gestiegen war, waren sowohl in ihrem Gefüge als auch hinsichtlich anderer Eigenschaften vollständig unverändert geblieben. Auch der Bolzen, der bei 720^0 C entfernt wurde, unterschied sich in keinem wesentlichen Punkte

von dem ursprünglichen in Abb. 5 dargestellten Material. Bei
dem Bolzen, der bei 750⁰ C erhitzt war, blieb das Gefüge auch
noch das gleiche (Abb. 7), doch stellte es sich heraus, daß sich
der Bolzen verhältnismäßig hart zur Feile verhielt und eher
brach, als sich biegen ließ, wenn er in einen Schraubstock gespannt und mit einem Hammer geschlagen wurde. Eine gewisse
Veränderung war augenscheinlich eingetreten, die sich auch in

Abb. 9. Wie Abb. 7. Stark vergrößert.

einer Änderung des Kleingefüges bemerkbar machte. Tatsächlich wurde auch bei der Prüfung geeignet vorbereiteter Schnitte
(Schliffe) unter dem Mikroskop bei starker Vergrößerung festgestellt, daß die Streifungen (Lamellargefüge) der Perlitflächen in
dem bei 750⁰ C abgeschreckten Bolzen ineinander übergegangen
waren, sich also ineinander gelöst hatten (feste Lösung),
und als solche nicht mehr erkennbar waren (Abb. 9), während
das ursprüngliche Material bei starker Vergrößerung in den
Perlitflächen gestreift war, wie aus Abb. 8 ersichtlich ist. Der
Bolzen war ebenso hart wie gehärteter Werkzeugstahl in bezug
auf die ursprünglich vom Perlit eingenommenen Stellen, obgleich

2*

der Ferrit oder die aus reinem Eisen bestehenden Stellen sich nicht härter als vorher erwiesen.

Es ergibt sich also, daß von diesem Punkte ab (750⁰ C) der in die sog. feste Lösung umgewandelte Perlit und der ihm benachbarte freie Ferrit sich durchdringen und die ungestörte scharfe Begrenzung zwischen einem Bestandteil und dem anderen, die noch deutlich in Abb. 7 nach der Abschreckung von 750⁰ C auftritt,

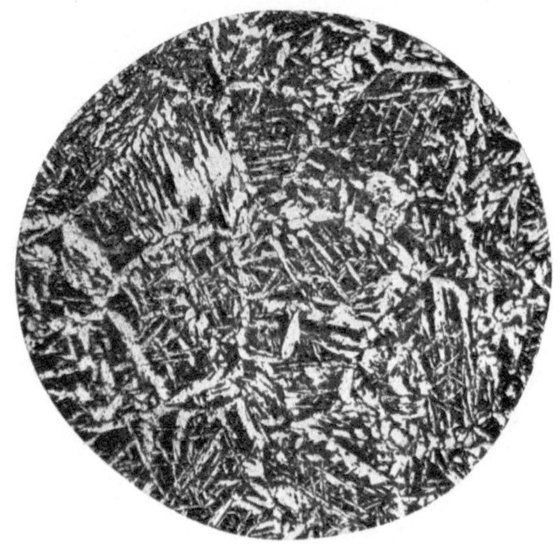

Abb. 10. Bolzen nach der Erhitzung auf 780⁰ C abgeschreckt. × 25.

bei dem Bolzen schon stark verwischt ist, der bei 780⁰ C abgeschreckt wurde (Abb. 10). Die Durchdringung (Auflösung) braucht jedoch Zeit, um einen Gleichgewichtszustand herbeizuführen, der einer bestimmten Temperatur entspricht. Ist nun dieser Gleichgewichtszustand erreicht, so ändert auch eine längere Erhitzung bei dieser Temperatur das Gefüge nicht mehr. Jedoch nimmt mit weiterer Erhöhung der Temperatur der Grad der Durchdringung (Auflösung) zu und bei 800⁰ C ist diese so weit vorgeschritten, daß nur noch eine schwache Andeutung des ursprünglich grobkristallinischen Gefüges beobachtet werden kann (Abb. 11).

Bei dem Bolzen, der bei 850⁰ C aus dem Stahlstück herausgenommen und abgeschreckt wurde, ist die Durchdringung vollständig (Abb. 12). Aber das Ineinandergehen (feste Lösung) der beiden Bestandteile Perlit und Ferrit hat nicht nur die ursprüngliche grobe Begrenzung zerstört, an denen entlang zwischen zwei benachbarten Kristallen leicht ein durch Stoß erzeugter Bruch verläuft, sondern es hat auch dem Material Gelegenheit gegeben, durch und durch in ein Gebilde von viel kleine-

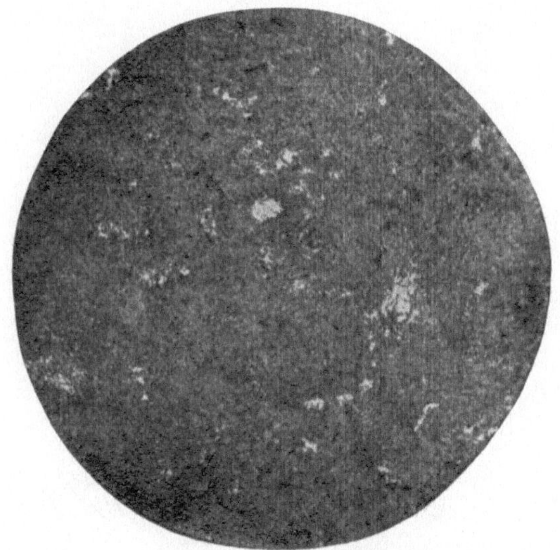

Abb. 11. Bolzen nach der Erhitzung auf 800° C abgeschreckt. × 25.

ren Kristallen überzugehen. Das kristallinische Gefüge ist jetzt so fein ausgebildet, daß eine 25fache Linearvergrößerung, die für alle vorhergehenden Lichtbilder vorgesehen wurde, nicht mehr eine genügende Vorstellung von den Veränderungen ergibt, die sich zugetragen haben, so daß Abb. 12 und die folgenden Lichtbilder dieser Reihe bei mindestens viermal so starker Vergrößerung wiedergegeben werden mußten.

Vergleicht man die mittlere Größe der kristallinischen Körner in Abb. 12 mit den größeren Körnern in dem ursprünglichen Gefüge der Abb. 5, so ist man über die Tatsache überrascht, bis zu welchem Grade sich die früheren Kristalle verkleinert haben.

Um den Vergleich zu erleichtern, ist ein Teil der Abb. 12 bei derselben Vergrößerung dargestellt worden wie Abb. 7, und es wurde ein Teil der ersteren Abbildung in die Mitte der letzteren gesetzt (Abb. 13). In der Fläche, die von den großen Kristallen eingenommen wird, ist genügend Platz für durchschnittlich 400 Kristalle vorhanden, die in dem verfeinerten, veredelten (vergüteten) Material zugegen sind. Abb. 13 gibt aber nur über die

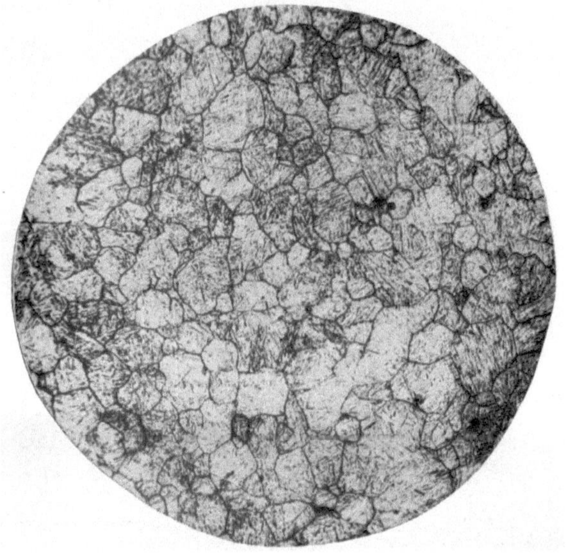

Abb. 12.   Bolzen nach der Erhitzung auf 850° C abgeschreckt.   × 25.

Schnittfläche und nicht über den Inhalt (Volumen) der Kristalle Auskunft. Nimmt man jedoch an, daß das dritte Maß (Dimension) des Kristalls von der gleichen Größe ist wie die beiden anderen Maße, so wird man rechnerisch ermitteln können, daß die Zahl der kleinen Kristalle, die an die Stelle des früheren größeren Kristalls gesetzt werden können, annähernd 8000 beträgt.

Die Behauptung ist vielleicht nicht ganz richtig, daß die Verfeinerung oder Verbesserung eines überhitzten Stahls in dem Maße durchführbar ist, wie sich der Perlit, der immer in seinen eigenen Kri-

stallen bei ungefähr 740 ⁰ C umgewandelt wird, mit dem
freien Ferrit bei kohlenstoffarmen Stählen oder mit dem freien
Zementit bei kohlenstoffreichen Stählen auflöst. Auch ist
es sicherlich unmöglich, das Gefüge eines Stahles ausreichend zu
verfeinern oder wiederherzustellen, wenn die Temperatur nicht

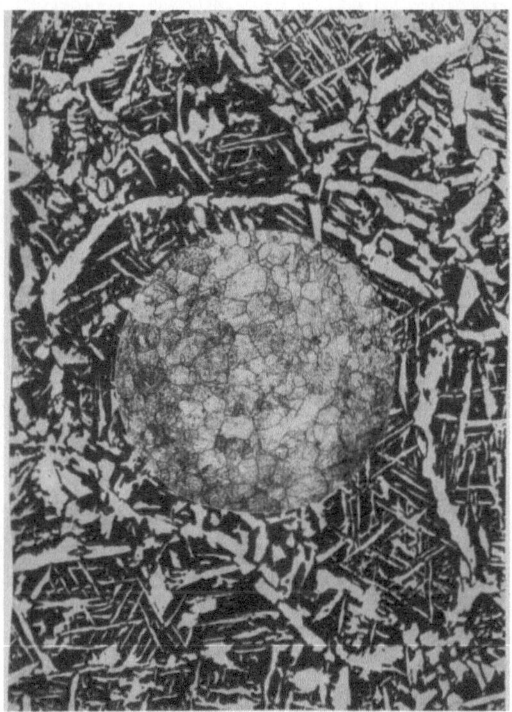

Abb. 13. Abb. 12 bei 25facher Vergrößerung
in Abb. 7 gesetzt.

wenigstens hoch genug ist, um zu bewirken, daß die Durchdringung (feste Lösung) auch vollstandig erreicht wird. Es ist daher
von hoher praktischer Wichtigkeit, diejenigen Temperaturen für
die Wärmebehandlung zu kennen, die für Stähle von verschiedener
Zusammensetzung zu wählen sind, und deswegen wird später eingehender auf die bildliche Darstellung einer solchen Erkenntnis,
die in dem Gleichgewichtsdiagramm (Zustandsdiagramm,

Schaubild) der Eisen-Kohlenstofflegierungen ihren Ausdruck findet, zurückgegriffen werden (S. 120).

Wendet man das gleiche Prüfungsverfahren (Polieren, Ätzen, Mikroskopieren) bei einem überhitzten Stahl an, der auf verschiedene Temperaturen abgekühlt wird, so wird man feststellen können, daß das vollständig umgewandelte und augenscheinlich einheitliche (homogene) Material bestimmte Gefügebestandteile zu

Abb. 14. Bolzen bei der Abkühlung von 800 ⁰ C abgeschreckt. × 100.

bilden beginnt, sobald die Temperatur bis zu einem gewissen Grade fällt, der für die gleichen Stähle auch immer der gleiche ist. Für das hier in Frage stehende Material sind 800⁰ C die höchste Abkühlungstemperatur, bei der noch Spuren von freiem Ferrit beobachtet werden können. Tatsächlich zeigt der genau bei 800⁰ C herausgezogene und abgeschreckte Bolzen hier und da sehr kleine Flecken von Ferrit (Abb. 14). Diese Abbildung ist absichtlich sehr dunkel wiedergegeben worden, um die winzigen Ferritteilchen deutlicher sichtbar zu machen (vgl. Abb. 11).

Nimmt die Temperatur allmählich weiter ab, so scheidet sich immer mehr Ferrit aus der festen Lösung aus. Die Menge desselben, die sich bei 760⁰ C gebildet hat, ist deutlich in Abb. 15

zu sehen, und bei 740⁰ C hat sich schon der größere Teil des Ferrits
ausgeschieden (Abb. 16). Die Menge des Ferrits nimmt noch zu,

Abb. 15. Bolzen bei der Abkühlung von 760⁰ C abgeschreckt. × 100.

Abb. 16. Bolzen bei der Abkühlung von 740⁰ C abgeschreckt. × 100.

bis die Temperatur auf etwa 680° C gefallen ist. In diesem Augenblick ist der Zustand des Stahls, aber nicht die wirkliche Gefügeanordnung sehr ähnlich demjenigen, der während der Erhitzung vorhanden war, als die Perlitkristalle die Umwandlung durchgemacht, aber noch nicht angefangen hatten, in die benachbarten Ferritkristalle einzudringen, sich also mit ihnen aufzulösen (Abb. 7 und 9).

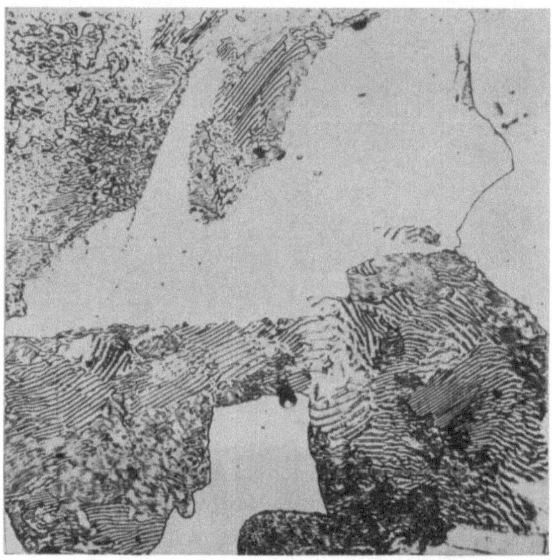

Abb. 17. Bolzen bei der Abkühlung von 670° C abgeschreckt. × 800.

Der nächste Bolzen wurde bei 670° C aus dem Block herausgezogen, nachdem sich schon aller freie Ferrit gebildet hatte und die Perlitflächen das ursprüngliche paarig nebeneinander liegende Aussehen anzunehmen im Begriff waren. In Abb. 17, die dem Gefüge des bei 670° C herausgezogenen Bolzens entspricht, ist zu erkennen, daß das Lamellargefüge des schon fertiggebildeten Perlits neben Teilchen desselben Kristalls mit der unveränderten festen Lösung erscheint. Hier ist wahrzunehmen, daß während des Sinkens der Temperatur um nicht mehr als 3 oder 4° C der Stahl von dem einen Zustand, in dem er durch Abschreckung hart gemacht werden kann, in den andern Zustand übergeht, in dem er trotz Abschreckung weich bleiben würde.

Nachdem aller verfügbare Ferrit gebildet worden ist, und die restliche feste Lösung sich in Perlit umgewandelt hat, können weitere Änderungen im Gefüge nicht mehr eintreten. Das mikroskopische Aussehen des Materials hat die in Abb. 18 erkennbare Form angenommen, und es bleibt in dieser Form unverändert bestehen, wie auch die weitere Abkühlung durchgeführt wird. Das, was hinsichtlich der Gefügebeschaffenheit der Bolzen bei hohen Tempe-

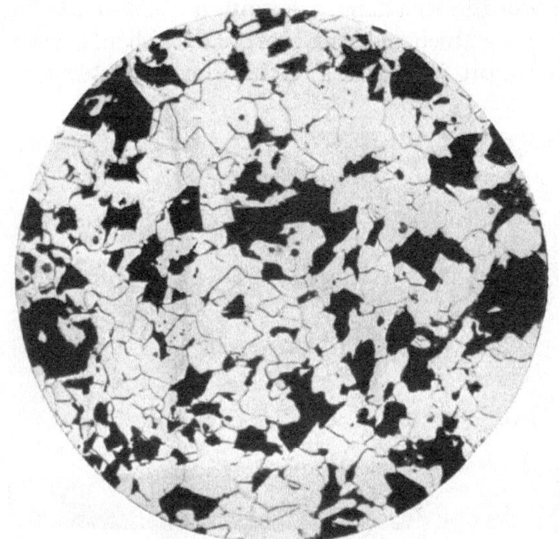

Abb. 18. Bolzen nach der Abkühlung unter 670⁰ C. × 100.

raturen und nach langsamer Abkühlung derselben erreicht worden ist, geben recht anschaulich die beiden unter Anwendung einer geringen Vergrößerung hergestellten nebeneinander gesetzten Lichtbilder in Abb. 19 wieder, die das Gefüge desselben überhitzten Materials vor und nach seiner Verfeinerung zeigen. Diese Abbildung ist als eine deutliche, wenn auch nicht genaue Darstellung der entsprechenden Zustände des Kerns von im Einsatz behandelten Gegenständen anzusehen, die einerseits sofort aus dem Einsatzkasten abgeschreckt und andererseits bis auf 900⁰C wieder erhitzt, in der Luft abgekühlt und dann wieder zum Zweck der letzten Härtung noch einmal erhitzt wurden. Die mechanischen Eigenschaften von Stählen nach verschiedener Wärmebehandlung und nach ihrem Bruchaussehen sollen später besprochen werden.

Werden im Einsatz gekohlte Gegenstände, die schon durch Wiedererhitzung und Luftabkühlung in gewissem Sinne verfeinert wurden, noch einmal bis auf eine niedrigere Temperatur, etwa 780⁰ C, erhitzt und dann abgeschreckt, um die äußere Schicht zu härten, so ist jetzt bekannt, was sich mit dem Kern ereignen wird. Die Umwandlung des Perlits findet statt, sobald die Temperatur 750⁰ C überschreitet, und die einzelnen Streifen (Lamellen) des Perlits werden sich dann, wenn auch nicht vollständig, durchdringen, sich also ineinander auflösen. Das sich nunmehr ergebende Gefüge wird sich je nach der Größe der Werkstücke mehr oder

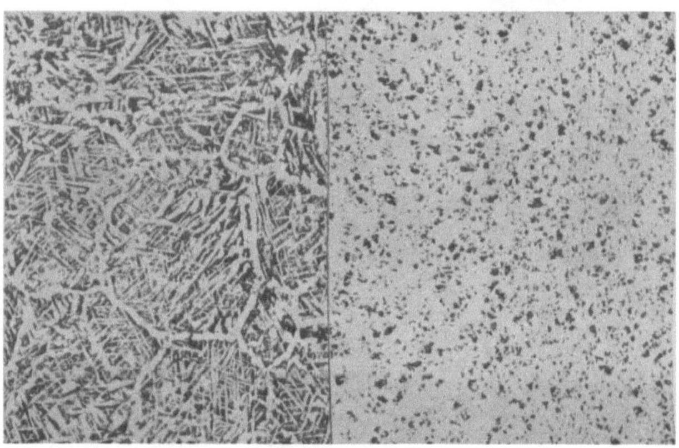

Abb. 19. Überhitzter Stahl vor und nach der Verfeinerung. × 10.

weniger scharf durch die darauffolgende Abschreckung festhalten lassen, aber es wird immer noch eine beträchtliche Menge von freiem Ferrit vorhanden sein, um dem Kern Weichheit und Zähigkeit zu verleihen.

Wird aber der Gegenstand nach der ersten Wiedererhitzung auf eine höhere Temperatur, d. h. bis sich die einzelnen Gefügebestandteile vollständig durchdrungen oder aufgelöst haben, in Wasser abgeschreckt, statt sich in der Luft oder auf andere Weise abzukühlen, so ist der Zustand des Materials vor der letzten Abschreckung ein ganz anderer. Es ist gerade richtig verfeinert, weil jede Wärmebehandlung, die beim Stahl zum Zwecke der Verfeinerung des groben Gefüges angewendet wird — mechanische

Wärmebearbeitung natürlich ausgenommen —, nur während der Zeitdauer der Erhitzung wirksam ist, da die Art des Abkühlungsmittels, etwa Luft oder Wasser, von geringer oder keiner Bedeutung ist, soweit die Größe der kristallinischen Körner in Frage kommt. Gleichwohl ist der Unterschied zwischen Probestücken, die schnell oder langsam von der hohen Verfeinerungstemperatur abgekühlt werden, von großer Wichtigkeit für den Einsatzhärter, dessen Bestreben es ist, eine harte Außenschicht rund um einen weichen, biegsamen Kern zu erzielen, der, wenn der Stab zerbrochen wird, ein graues, sehnig erscheinendes Aussehen haben soll. Der Grund für jene Unterschiede kann erschöpfend nur aus der Feststellung der Gefüge unter gleichzeitiger Ermittlung der mechanischen Eigenschaften hergeleitet werden. Daher ist es nötig, bei späteren Gelegenheiten auf das allein zuverlässige Verfahren nach Frage und Antwort, d. h. auf den sorgfältig angestellten Versuch und auf die gründlich ausgewerteten Ergebnisse der angestellten Versuche zurückzukommen.

Was geschieht nun, wenn ein Stück aus weichem Stahl, das bereits abgeschreckt wurde, um die ursprünglichen Gefügebestandteile Perlit und Ferrit in vollständig gelöstem Zustande festzuhalten, von neuem auf solche Temperaturen erhitzt wird, die für die schließliche Härtung der gekohlten Außenschicht von im Einsatz behandelten Gegenständen angewendet werden? In welcher Hinsicht unterscheidet sich der Kern solcher Gegenstände sowohl hinsichtlich seines Gefüges als auch hinsichtlich seiner mechanischen Eigenschaften von dem Kern eines Gegenstandes, dessen Bestandteile sich im ursprünglichen also nicht gelösten Zustande befinden?

Die für die letzte Härtung von oberflächlich gekohlten Gegenständen angewendete Temperatur muß mindestens 750 bis 760° C betragen. Es ist unzulässig, über 800° C hinauszugehen. Bei weichen Stählen von derselben unveränderten chemischen Zusammensetzung können je nach der Art der Wärmebehandlung innerhalb des Temperaturbereichs von 750 bis 800° C drei deutlich von einander verschiedene Zustände folgender Art erhalten werden:

a) Material, das aus dem Zustande der festen Lösung abgeschreckt wurde;

b) Material, das aus dem Zustande der festen Lösung durch langsame Abkühlung in den ursprünglichen oder ausgeglühten Zustand übergeführt wurde;

c) Material, das im Zustande der festen Lösung nur auf die niedrigere Härtungstemperatur abgekühlt und abgeschreckt wurde.

Zur Bestätigung dieser Einteilung wurden Stücke von gewöhnlichem Einsatzstahl (0,10 vH Kohlenstoff und 0,25 vH Mangan) mit den Abmessungen $25 \times 12 \times 6$ mm bis auf 920^0 C erhitzt und mit A, B und C bezeichnet. Die mit A bezeichneten Stücke wurden in Wasser abgeschreckt, die mit B be-

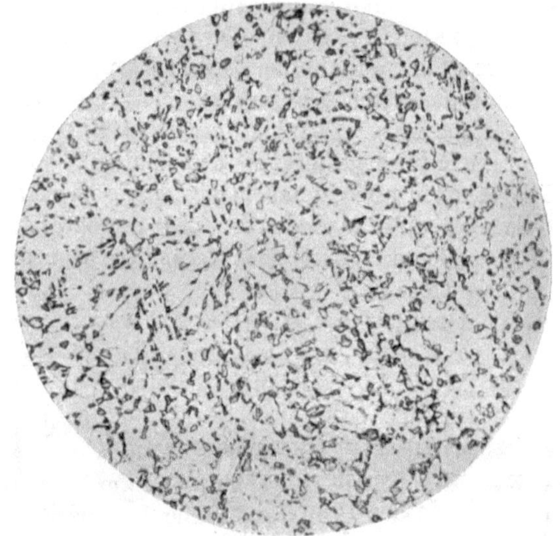

Abb. 20. Weicher Stahl (A) von 800^0 C abgeschreckt nach vorhergegangener Abschreckung von 920^0 C. $\times 200$.

zeichneten wurden in zwei Stunden bis auf gewöhnliche Temperatur abgekühlt, und ein mit C gekennzeichnetes Stück besaß eine Temperatur von 920^0 C, als es zusammen mit einem Stück von A und B in einen Ofen von 800^0 C gelegt wurde. Die drei Stücke wurden, nachdem sie eine Stunde bei 800^0 C belassen waren, in Wasser abgeschreckt und deren Gefüge nach geeigneter Vorbereitung unter dem Mikroskop beobachtet und in den Lichtbildern Abb. 20, 21 und 22 festgehalten.

Bei diesen Abbildungen ist die Tatsache auffallend, daß das völlig in fester Lösung befindliche und abgeschreckte Material A (Abb. 20) nicht wieder die bezeichnenden Stellen der beiden Bestandteile Perlit und Ferrit bei der Wiedererhitzung auf 800^0 C für die letzte

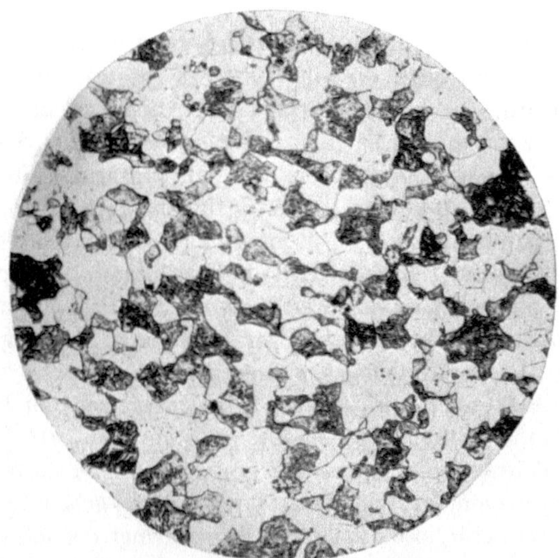

Abb. 21. Weicher Stahl (B) von 800 ⁰ C abgeschreckt nach vorhergegangener
Erhitzung auf 920⁰ C und langsamer Abkühlung.   × 100.

Abb. 22. Weicher Stahl (C) von 800 ⁰ C abgeschreckt nach vorhergegangener
Erhitzung auf 920 ⁰ C. × 100.

Abschreckung einnimmt. Es dürfte zweifellos richtig sein, daß die feste Lösung eine merkliche Veränderung durchmacht, wenn die Härtungstemperatur erreicht ist. Doch war nicht genug Zeit vorhanden, die beiden Bestandteile, selbst wenn sie auch Neigung hierzu gehabt hätten, im Verlaufe von einer Stunde zu trennen, um von neuem die verhältnismäßig große Menge von Ferrit zu bilden, die in dem ursprünglichen Material vorhanden war und die auch in den Abb. 21 und 22 zu sehen ist. Das, was mit dem A-Material während der Wiedererhitzung vor sich geht, kann etwa folgendermaßen erklärt werden: Das Material erweicht allmählich, wie dies bei allen gehärteten Stahlgegenständen bei der Wiedererhitzung (Anlassen) geschieht, bis zu einer genau festgelegten Temperatur, wo die Möglichkeit der Härtung des gewöhnlichen Stahls gegeben ist, also bis etwa 740⁰ C. Während dieser Wiedererhitzung wird irgendein anderer Zustand hinsichtlich desjenigen, der als Perlit bekannt ist, gebildet. Bei der Härtungstemperatur, also bei 750⁰ C, durchdringt der modifizierte Perlit seine eigenen kleinen Bestandteile (reines Eisen und Eisenkarbid oder Ferrit und Zementit) wie bei dem gewöhnlichen Stahl in den Abb. 8 und 9, und läßt den überschießenden Betrag an freiem Ferrit in einem äußerst verfeinerten Zustand zurück, der sehr gleichmäßig und gründlich durch die ganze Masse des Materials verteilt ist. In jedem Falle (A, B und C) liegt also ein Material vor, daß aus einem härteren und einem weicheren Bestandteil besteht, und in jedem Falle ist auch die allgemeine Härte annähernd dieselbe, aber in A sind diese beiden Bestandteile von viel geringerer Größe und inniger durch die ganze Masse des Materials vermischt. Diese Feststellung ist keine vollständig genaue, auch ist sie nicht frei von gewissen elementaren Voraussetzungen, jedoch liefert sie eine für den Härtungsbetrieb geeignete Erklärung für den Unterschied zwischen den doppelt und einfach abgeschreckten Stählen, denen der Einsatzhärter eine große Wichtigkeit aus dem Grunde beimißt, weil doppelt abgeschrecktes Material mit sehnigem Kern größere Geneigtheit zum Bruch besitzt. Wenn, wie es üblich ist, die Temperatur für die letzte Härtung unter 800⁰ C liegt, dann werden Umwandlungen ähnlicher Art auch für doppelt abgeschrecktes Material noch günstiger verlaufen. Es ist nicht nötig, die Gefüge von Stählen ähnlicher Versuchsreihen, wie oben beschrieben, bei Anwendung von 700⁰ C oder 760⁰ C in derselben

Art wie diejenigen wiederzugeben, die mit einer Abschreckungstemperatur von 800° C durchgeführt wurden. Jedoch ist der Hinweis wichtig, daß der doppelt abgeschreckte Stahl mit guter Kerbzähigkeit auch eine an sich höhere Dauerhaftigkeit mit verhältnismäßig hoher Härte verbindet. Zur Unterstützung dieser Tatsache ist in der folgenden Zahlentafel die Härte der oben besprochenen Versuchsstücke nach der Brinellprobe (Kugel von 10 mm Durchmesser und Belastung von 3000 kg) angegeben worden (vgl. S. 223):

Vorbehandlung	Durchmesser des Kugeleindruckes nach der letzten Abschreckung von		
	700° C mm	760° C mm	800° C mm
A. In Wasser abgeschreckt von 920° C	3,50	3,40	3,05
B. Abgekühlt in 2 Stunden von 920° C	3,80	3,50	3,30

Nach diesen Ausführungen ist es also für den Einsatzhärter eine unbedingte Notwendigkeit, zu wissen, welche Änderungen des Gefüges bei einfacher und doppelter Abschreckung des eingesetzten Stahls auftreten bzw. in welcher Weise die Festigkeitseigenschaften eines einsatzgehärteten Gegenstandes verändert werden, da die zweckentsprechende Nachbehandlung der Arbeitsstücke nach beendigter Zementation von allergrößter Bedeutung für deren einwandfreies Verhalten während der Dienstleistung ist. Doch bestehen immer noch Meinungsverschiedenheiten wegen dieser zweckentsprechenden Wärmebehandlung, weil fast jeder Betrieb mit dieser oder jener Nachbehandlung glaubt die besten Erfahrungen gemacht zu haben. Immerhin aber herrscht auch in der Härtewerkstatt Einigkeit darüber, daß die Wärmebehandlung des Stahles, ob eingesetzt oder nicht, nur auf Grund der Tatsachen ausgeführt werden kann, die aus dem hier in Frage kommenden Teil des Zustandsdiagramms der Eisenkohlenstofflegierungen (S. 120) entnommen worden.

Das Werkstück, welches, wie angenommen werden soll, bis zur verlangten Tiefe gekohlt und nicht überkohlt ist, kann im Einsatzhärteofen abgekühlt oder auch sofort aus der Härtekiste herausgenommen werden. Da es gewöhnlich 6—8 Stunden einer Temperatur von ungefähr 900—950° C ausgesetzt war, so ist sowohl die gekohlte Außenschicht als auch der wenig kohlenstoffhaltige Kern zweifellos überhitzt und spröde. Es ist daher kein erstklassiges Erzeugnis zu erwarten, wenn das Werkstück sofort nach der Herausnahme aus dem Kasten abgeschreckt wird, jedoch ist es immer noch besser im Vergleich zu einem nicht eingesetzten Stahl, der ebenfalls aus hoher Temperatur abgeschreckt wurde.

Über die Nachbehandlung des oberflächlich gekohlten weichen Eisens gibt Brearley folgendes an:

1. Läßt man nach Beendigung der Glühung das betreffende Werkstück, dessen äußere Schicht etwa 1 vH Kohlenstoff enthält, langsam erkalten und erhitzt es dann wieder auf eine 700° C wenig überschreitende Temperatur, etwa auf 740—760° C, so wird durch Abschreckung aus dieser Temperatur die gekohlte Oberfläche glashart. Der nicht gekohlte weiche Kern, dessen kritische Temperatur wesentlich höher liegt als diejenige der gekohlten Außenschicht, zeigt ein grobkörniges Gefüge (Abb. 61), besitzt also eine ungünstige Beschaffenheit für das betreffende Werkstück, und daher ist durch diese Härtung höchstens ein Stahl erzielt worden, der in seinen Eigenschaften einem schlecht geschmiedeten und gehärteten Werkzeugstahlstab nahekommt. Die Ursache hierfür ist die, daß bei der Kohlung eine Überhitzung des Werkstückes stattgefunden hat, und daß infolgedessen ihm die Eigenschaften zukommen, die ein überhitzter Werkzeugstahl besitzt, nämlich nach der Härtung rissig oder brüchig zu werden.

2. Erhitzt man dagegen den nach Beendigung der Glühung abgekühlten Gegenstand schnell auf 900° C oder, wenn das verwendete weiche Eisen weniger als 0,2 vH Kohlenstoff enthielt, sogar bis auf 950° C, und verbleibt der Stahl während 15—20 Minuten bei dieser Temperatur, um dann an der Luft abzukühlen, so wird das grobe Gefüge des Kerns beseitigt, und durch Erhitzung auf die Härtungstemperatur und nachfolgende Abschreckung kann ein brauchbares Werkstück erzielt werden.

3. Um den Kern des nach dem Einsetzen abgekühlten Werkstückes zu verbessern (vergüten), wird es, wie unter 2. erwähnt, bis auf 900 oder 950° C auf kurze Zeit erhitzt. Nach der Abkühlung wird derselbe Gegenstand noch einmal auf etwa 870° C erhitzt und dann abgekühlt, wodurch auch die gekohlte Außenschicht ein feines Gefüge erhält. Wird das so vorbehandelte Werkstück dann bis zur richtigen Härtungstemperatur (760° C) erhitzt, so erhält

man durch Abschreckung aus dieser Temperatur ein Werkstück, das neben einer sehr harten und feinen Außenschicht einen feinkörnigen und verhältnismäßig zähen Kern besitzt.

Wird die nach dem 3. Verfahren vorgenommene doppelte Erhitzung nicht unnötig verlängert, so wird sowohl die gekohlte Außenschicht als auch der Kern verfeinert und damit der Wert des Werkstückes sehr erhöht. Der größte Teil der unter den handelsüblichen Bedingungen eingesetzten Werkstücke wird auf diese Weise weiter behandelt. Allerdings in einigen Härtereien noch mit der Änderung, daß die Abkühlung nach der doppelten Erhitzung nicht an der Luft geschieht, sondern durch eine Abschreckung in Öl ersetzt wird. Hierdurch wird dem Werkstück sowohl in der harten äußeren Schicht als auch im Kern ein feines Gefüge verliehen, auch verhindert man durch die Abschreckung in Öl bis zu einem gewissen Grade die Verziehung des Werkstückes.

Die Beschaffenheit des weichen kohlenstoffärmeren und daher zäheren Kerns ist von großer Wichtigkeit bei Werkstücken, die kräftig beansprucht werden. Verbleibt der Kern in dem grobkristallinischen Zustande, den er bei der lang andauernden hohen Erhitzung während des Einsetzens angenommen hat, so kann jeder kleinste Fehler in der gekohlten Außenschicht Veranlassung zu einem Riß geben, der sich dann gewöhnlich durch das ganze Stück mit Leichtigkeit erstrecken wird.

Um zu erkennen, ob der Kern den für kräftige Beanspruchung notwendigen Feinheitsgrad neben einer genügend hohen Zähigkeit besitzt, und um ferner festzustellen, bei welcher Beanspruchung ein Rissigwerden des Materials eintritt, kann man die Kerbschlagprobe anwenden, die an Stäben ausgeführt wird, die mit einer Kerbe versehen sind (vgl. S. 45 und 231). Nach diesem Verfahren wird die bereits oben schon erwähnte Kerbzähigkeit ermittelt. Ein solcher Stab wird an der Kerbe in einen Schraubstock gespannt und mit einem Hammer zerbrochen. Sowohl die Kraft, die zum Abbrechen notwendig ist, als auch das Aussehen des Bruches geben schon ein Urteil über die Güte des Materials ab, das auch noch durch eine Biegeprobe geprüft werden kann. Wird nämlich ein eingesetzter Stahlstab nach der Abschreckung von der Härtungstemperatur scharf gebogen, dann wird die Oberschicht an mehreren Stellen in der Krümmung in parallelen Ringen absplittern, während der Kern, wenn er zäh genug ist, die Biegung aushalten wird, ohne

3*

Behandlung	Kugeldruckhärte im Kern	Kerbzähigkeit mkg/qcm
d) aus dem Einsatz an Luft erkaltet und bei 600° C 1 Stunde geglüht	232	17,8
e) aus dem Einsatz an Luft erkaltet und bei 780° C in Öl gehärtet	391	5,0
f) aus dem Einsatz an Luft erkaltet, bei 600° C 1 Stunde geglüht und bei 780° C in Öl geglüht	391	5,6
g) aus dem Einsatz an Luft erkaltet, bei 880° C in Öl gehärtet, bei 600° C 1 Stunde geglüht	252	17,4
h) wie untes g mit Schlußhärtung bei 780° C in Öl	391	4,9

Das Kleingefüge des Randes dieser nachbehandelten Proben bestand bei a) aus Austenit mit Martensitnadeln (vgl. Abb. 72), bei b) aus grobnadligem Martensit mit Austenit, bei c) aus Hardenit (sehr feinkörnigem Martensit), bei d) aus Perlit (vgl. Abb. 2), bei e) aus Martensit und Austenit, bei f) aus Hardenit, bei g) aus Perlit und bei h) aus Hardenit.

Die Folgerungen von Brüsewitz aus seinen Versuchen sollen wegen ihrer Wichtigkeit hier wörtlich wiedergegeben werden: „Das früher viel geübte Verfahren a, nur aus dem Einsatz zu härten ohne jede weitere Rückfeinung, gibt wohl eine hohe Kerbzähigkeit für den Kern, aber das überhitzte Gefüge der Oberfläche wirkt höchst ungünstig auf die Lebensdauer. Selbst eine zweite Härtung bei einer für die Oberfläche normalen Temperatur (Verfahren b) hebt dieses überhitzte Gefüge nicht auf. Die viel verbreitete Ansicht, daß man auf die hohe Härtung für den kohlenstoffarmen Kern gleich die normale Härtung folgen lassen kann, ist keinesfalls richtig. Das zementierte Stück ist auf der Oberfläche zu Stahl geworden, und kein Härtefachmann wird einen Stahl zweimal hintereinander härten, ohne ihn vor der zweiten Härtung auszuglühen, da er sonst infolge Spannungen leicht zn Härterissen und Absplitterungen auf der Oberfläche neigt. Die verminderte Zähigkeit kommt auch durch einen kleineren Wert der Kerbschlagarbeit zum Ausdruck.

Erst durch die Zwischenglühung (Verfahren c) hat eine vollständige Wiederherstellung stattgefunden und zum Höchstwert der Zähigkeit sowie zu dem feinsten Gefüge geführt.

Behandlung	Kugeldruck-härte im Kern	Kerb-zähigkeit mkg/qcm
d) aus dem Einsatz an Luft erkaltet und bei 600° C 1 Stunde geglüht	232	17,8
e) aus dem Einsatz an Luft erkaltet und bei 780° C in Öl gehärtet	391	5,0
f) aus dem Einsatz an Luft erkaltet, bei 600° C 1 Stunde geglüht und bei 780° C in Öl geglüht	391	5,6
g) aus dem Einsatz an Luft erkaltet, bei 880° C in Öl gehärtet, bei 600° C 1 Stunde geglüht	252	17,4
h) wie untes g mit Schlußhärtung bei 780° C in Öl.	391	4,9

Das Kleingefüge des Randes dieser nachbehandelten Proben bestand bei a) aus Austenit mit Martensitnadeln (vgl. Abb. 72), bei b) aus grobnadligem Martensit mit Austenit, bei c) aus Hardenit (sehr feinkörnigem Martensit), bei d) aus Perlit (vgl. Abb. 2), bei e) aus Martensit und Austenit, bei f) aus Hardenit, bei g) aus Perlit und bei h) aus Hardenit.

Die Folgerungen von Brüsewitz aus seinen Versuchen sollen wegen ihrer Wichtigkeit hier wörtlich wiedergegeben werden: „Das früher viel geübte Verfahren a, nur aus dem Einsatz zu härten ohne jede weitere Rückfeinung, gibt wohl eine hohe Kerbzähigkeit für den Kern, aber das überhitzte Gefüge der Oberfläche wirkt höchst ungünstig auf die Lebensdauer. Selbst eine zweite Härtung bei einer für die Oberfläche normalen Temperatur (Verfahren b) hebt dieses überhitzte Gefüge nicht auf. Die viel verbreitete Ansicht, daß man auf die hohe Härtung für den kohlenstoffarmen Kern gleich die normale Härtung folgen lassen kann, ist keinesfalls richtig. Das zementierte Stück ist auf der Oberfläche zu Stahl geworden, und kein Härtefachmann wird einen Stahl zweimal hintereinander härten, ohne ihn vor der zweiten Härtung auszuglühen, da er sonst infolge Spannungen leicht zn Härterissen und Absplitterungen auf der Oberfläche neigt. Die verminderte Zähigkeit kommt auch durch einen kleineren Wert der Kerbschlagarbeit zum Ausdruck.

Erst durch die Zwischenglühung (Verfahren c) hat eine vollständige Wiederherstellung stattgefunden und zum Höchstwert der Zähigkeit sowie zu dem feinsten Gefüge geführt.

Wegen der Befürchtung, daß bei verwickelten und schwachen Stücken die Härtung unmittelbar aus dem Einsatz leicht zum Verziehen führen könnte, wurden statt dessen die Proben nach dem Einsetzen an der Luft langsam abgekühlt und ohne bzw. mit Zwischenglühung (Verfahren e und f) normal gehärtet. Ein deutlicher Verlust in der Kerbzähigkeit ist die Folge. Noch größer ist dieser Abfall, wenn der Einsatz im Kasten erkaltet, ein Verfahren, das auch noch angewendet wird. Durch die langsame Abkühlung entsteht ein sehr grobes Korn, was durch schnelle Abkühlung vermieden wird. Außerdem ist bei laufender Fabrikation mit der Möglichkeit eines übereutektoiden Kohlenstoffgehaltes in der zementierten Schicht zu rechnen. Bei langsamer Abkühlung könnte nun das gelöste Eisenkarbid sich als Zementitnetz abscheiden. Dieses Zementitnetz würde die Zähigkeit der Oberfläche vermindern. Bei der Härtung unmittelbar aus dem Einsatz wird dagegen das Eisenkarbid in dem gelösten Zustand festgehalten. Der durch die hohe Härtungstemperatur unmittelbar aus dem Einsatz entstandene grobe Martensit der zementierten Schicht geht bei der Zwischenglühung bei 600^0 C in körnigen Perlit über. Da sich das Karbid in dieser Form bei der Erwärmung verhältnismäßig schwer löst, so bleibt bei der Erhitzung auf Härtungstemperatur ungelöster Zementit übrig, der, selbst fein verteilt, nur seinerseits als Keim für ein feines Härtungsgefüge (Hardenit) wirkt.

Außerdem wird bei Zwischenglühung der Übergang von dem zementierten Rand nach dem nicht zementierten Kern allmählicher. Je weniger scharf der zementierte Rand abgesetzt ist, je geringer ist die Gefahr des Abplatzens der Einsatzschicht.

Wie groß der Einfluß der ersten Härtung unmittelbar aus dem Einsatz ist, geht auch daraus hervor, daß sie sich nicht durch eine nachträgliche Härtung bei gleich hoher Temperatur ersetzen läßt, wenn der Einsatz erst erkaltet ist. Bei Verfahren h ist das an der Luft erkaltete Einsatzgut zuerst bei 880^0 C in Öl gehärtet, aber trotz Rückfeinung bei 600^0 C bleibt ein ziemlicher Verlust in der Kerbzähigkeit.

Versuche mit einem unlegierten Einsatzmaterial ergaben gleichfalls für unmittelbare Härtung aus dem Einsatz in Öl mit Zwischenglühung und Härtung bei 780^0 C in Wasser die höchste Kerbschlagarbeit sowie das beste Bruchaussehen und Feingefüge (kleines, gleichmäßig verteiltes Perlitkorn im Kern). Bei diesem Werkstoff war sogar die Kerbzähigkeit der im Einsatzkasten erkalteten Proben nur halb so groß wie bei den aus dem Einsatz in Öl gehärteten bei gleichzeitiger Zwischenglühung und Schlußhärtung.'' Hiernach ist nach Brüsewitz das beste Einsatzhärtungsverfahren: Härtung unmittelbar aus dem Einsatz in Öl, Zwischenglühung bei 600⁰ C 1 Stunde, Schlußhärtung bei 765 bis 800⁰ C in Wasser oder Öl je nach der Größe des Werkstückes.

IV. Sehne und Schichtenbildung im Kern eines einsatzgehärteten Stahls.

Man kann einen verhältnismäßig sehnigen Kern in einem
oberflächlich gekohlten Werkstück aus Schweißeisen erhalten,
wenn es unmittelbar aus dem Zementierkasten abgeschreckt
wird. Ein schnell hergestellter Bruch eines in derselben Weise
behandelten Gegenstandes aus Flußeisen wird gewöhnlich ein
kristallinisches Aussehen aufweisen. Dies besagt nun nicht, daß
das eine Material aus einer Ansammlung von Kristallen besteht
und das andere nicht. Natürlich sind beide Materialien kristal-
lin in dem Sinne, daß sie aus Kristallkörnern zusammengesetzt sind, wie es bei allen Metallen der Fall ist. Es soll
auch nicht behauptet werden, daß die Kristalle in dem einen
Falle kleiner sind als in dem anderen, doch wird gewöhnlich, wenn
sich alle anderen Verhältnisse gleich bleiben, das Material mit den
kleineren Kristallen eher mit einem grauen sehnigen Bruch brechen
als das grobkörnige Material.

Spricht man von einem kristallinen Bruch, so handelt es sich
gewöhnlich um einen interkristallinen, d. h. das Material hat sich
in zwei oder mehr Teile in Richtung der Begrenzungsflächen der
Kristalle (Korngrenzen) getrennt. Andererseits war die Kohäsion
zwischen den einzelnen Kristallen in dem sehnigen Material stärker als die Festigkeit der Kristalle selbst, und bei dem Bestreben,
sich zu trennen, haben sie sich verzerrt und gestreckt, um schließlich
eine Ansammlung von rauhen gebrochenen Enden zu bilden, die von
grauer Farbe sind und wie Sehne oder Faser aussehen. Jeder
Schlosser oder Schmied weiß, daß an einem Werkstück aus Flußeisen, das genügend dünn gemacht und langsam zerbrochen wird,
ein sehniger Bruch hervorgerufen werden kann, während das
zäheste Schweißeisen wahrscheinlich einen kristallinen Bruch
zeigt, wenn es richtig und mit genügender Schnelligkeit zerbrochen wird. Den Unterschied zwischen einem sehnigen und

kristallinen Bruch kann man durch eine Anzahl Personen mit verschlungenen Händen veranschaulichen. Die Hände können ineinander so lose greifen, daß sie bei einer gewissen Anstrengung auseinander gezogen werden, sie können aber auch so fest fassen, daß das eine oder andere Gelenk ausgerenkt wird und sogar Muskeln zerrissen werden, ehe die Hände locker lassen. Mit diesem letzteren Falle kann der sehnige Bruch verglichen werden.

Es ist sehr wünschenswert, daß ein einsatzgehärteter Gegenstand im allgemeinen mit einem sehnigen Bruch bricht. Nicht immer ist jedoch ein sehniger Bruch maßgebend für einen gut einsatzgehärteten Gegenstand, wenn man diesem Bruch auch eine größere Bedeutung beimißt, als wie zugestanden werden kann. In der Annahme, daß sehniger Bruch auf eine Zertrümmerung der Kristalle zurückzuführen ist, und zwar durch eine geringere Anstrengung als nötig ist, um die Kristalle voneinander zu trennen, kann ein sehniger Bruch auf zweierlei Weise erzielt werden:

1. durch Erhöhung der interkristallinen Kohäsion;
2. durch Verminderung der Festigkeit der Kristalle.

Für gewisse Zwecke sind sehr weiche Stähle mit sehnigem Kern nicht so gut verwendbar wie ein härterer Stahl, bei dem es nicht möglich ist, unter den üblichen Werkstattsbedingungen Sehne oder Faser herzustellen. Die bemerkenswertesten Beispiele sind Laufringe für Kugellager und solche Gegenstände, die einem starken Druck widerstehen müssen, aber gleichzeitig eine gleichmäßige und nicht abgesplitterte Oberfläche behalten sollen. In vielen Werkstätten werden solche Gegenstände aus Stählen mit hohem Kohlenstoffgehalt gefertigt und manchmal auch aus Chromstählen, die beide gehärtet werden, ohne vorher zementiert zu sein. Vielfach werden aber auch Laufringe aus Einsatzstahl hergestellt, und diese haben dann einen feinen kristallinen Kern, der besonders geeignet ist, hohen Belastungen standzuhalten, d. h. die Kristalle an sich sind sehr fest geworden, damit sie nicht unter hohen Drucken nachgeben. Das Bruchgefüge von solchen widerstandsfähigen Gegenständen ähnelt sehr demjenigen, das in Abb. 23 dargestellt ist.

Oftmals wird die Frage auftauchen, ob der Kern eines einsatzgehärteten Werkstückes, das aus einer besonderen Art von weichem Stahl gefertigt wurde, sehnig gemacht werden, oder ob er in kristallinischem Zustande verbleiben soll. Ist der zuerst genannte

Zustand erwünscht, so kann man diesen am sichersten durch eine Doppelabschreckung erreichen. Die Erhaltung eines sehnigen Kerns durch Abschreckung der oberflächlich gekohlten Gegenstände unmittelbar aus dem Zementierofen ist, wie schon betont, nicht immer möglich. Unter solchen Bedingungen würde das kristalline Gefüge grob und die Kristalle selbst würden verhältnismäßig hart sein, und diese beiden Umstände sind, wie sich aus den vorhergehenden Ausführungen ergibt, für die Entstehung eines interkristallinen Bruches günstig. Sofern die Gegenstände

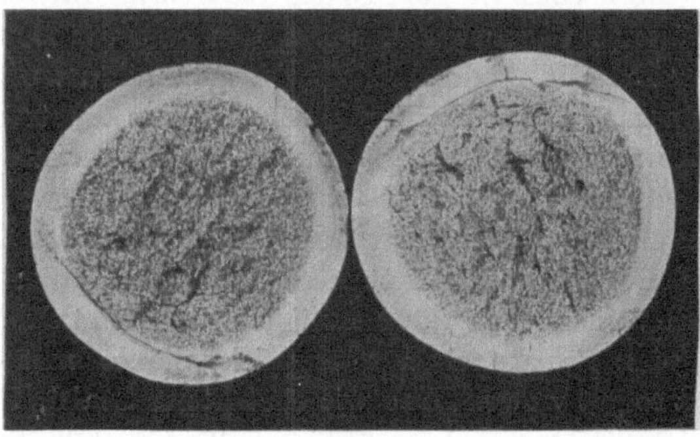

Abb. 23. Feiner kristallinischer Kern bei einsatzgehärteten Stählen.

nach der Verfeinerungshitze luftgekühlt werden, ist es möglich, einen sehnigen Bruch herbeizuführen, weil das kristalline Gefüge an sich schon fein ist. Sind aber die Gegenstände von der Verfeinerungshitze wasserabgeschreckt worden, so sind die Bedingungen am günstigsten, weil die Kristalle außer ihrer Kleinheit auch die Beschaffenheit von gehärtetem und angelassenem Stahl haben und sie sind auch homogener als jene, die langsamer von der Verfeinerungshitze abgekühlt wurden. Diese Tatsache läßt sich leicht aus den Abb. 20, 21 und 22 herauslesen.

Gerade so wie die Luftabkühlung von der Verfeinerungshitze weniger günstig für die Entstehung eines sehnigen Kerns ist als die Wasserabschreckung, so ist auch die Ölabschreckung für diesen Zweck weniger wirkungsvoll als Wasser, weil Öl den erhitzten Stahl langsamer abkühlt und die Bestandteile des Stahls dann nicht so vollständig in dem gelösten Zustande erhalten bleiben. Doch wird Öl aus dem Grunde häufig gebraucht, weil sich die Gegenstände weniger werfen und eine geringere Gefahr zur Bildung von Rissen besteht und auch Absplitterung der Außenschicht wengier zu befürchten ist.

Während der eingesetzte Gegenstand für die letzte Härtung wiedererwärmt wird, wird der Kern in dem Maße allmählich weicher, wie die Temperatur steigt, und er erreicht nach der Wasserabschreckung von einer Temperatur zwischen 720 und 740° C den Höchstgrad an Zähigkeit und Weichheit. Die ideale Bedingung zur Herstellung von sehnigen Kernen wäre gegeben, wenn die gekohlte Außenschicht in diesem Temperaturgebiet wirkungsvoll gehärtet werden könnte. Dies ist aber nicht möglich, denn irgendeine Temperatur, die für die Härtung der zementierten Hülle gewählt wird, wird naturgemäß auch dem Kern einen gewissen Härtegrad verleihen, weil der Perlit auch bei Stählen mit niedrigem Kohlenstoffgehalte bei ungefähr derselben Temperatur in den gelösten also härtungsmöglichen Zustand übergeführt wird, bei der auch hochgradige Kohlenstoffstähle, die noch eine gewisse Menge von Mangan enthalten und nur aus Perlit bestehen, die gleiche Umwandlung des Gefüges erleiden. Dann und wann kann es von praktischem Wert sein, die Außenschicht eines eingesetzten Stahls so schnell wie möglich auf die Härtungstemperatur zu erhitzen, daß die Temperatur des Kernes merklich nachbleibt, genau so wie die Zähne von Gewindebohrern und Räumahlen gehärtet werden können, ohne daß man den Hauptteil des Werkzeuges, den Schaft, mithärtet. Aber solche Beispiele sind nur begrenzt anwendbar und selten empfehlenswert (vgl. S. 217).

Es muß jedoch stets dafür gesorgt werden, daß die niedrigste Temperatur angewendet wird, bei der die gekohlte Außenschicht auf den gewünschten Härtegrad gebracht werden kann, ohne hierbei die Bildung von weichen Stellen zu befürchten. Unter solchen Umständen wird der Kern nur in geringerem Maße, bei dicken Werkstücken dagegen fast gar nicht gehärtet. Hat man es mit dünnen Gegenständen zu tun, so wird der gewünschte Zweck entweder durch den Gebrauch eines Stahls, der so wenig wie möglich Kohlenstoff und Mangan besitzt, oder durch Abschreckung des Stahls in Öl anstatt Wasser unterstützt. Die Brüche in Abb. 24 wurden von Teilen desselben zementierten Stabes nach der Abschreckung von der gleichen Temperatur in Wasser (rechts) und Öl (links) erhalten. Diese Bemerkungen über Abschrecktemperaturen beziehen sich im allgemeinen natürlich auch auf die Kerne von einsatzgehärteten Gegenständen, die so weich wie möglich ausfallen müssen, ob sie nun sehnig werden sollen oder nicht.

Es ist bereits angeführt worden, daß viele Hersteller von einsatzgehärteten Gegenständen dem Auftreten von Sehne auf den Bruchflächen des Stahls einen unverdienten Wert beimessen. Sie verlangen von dem Material, daß es auf den Bruchflächen nicht glatt, sondern verzerrt oder zerrissen erscheint, ein Aussehen, das etwa die vom Winde seitwärts gedrückten Spitzen eines

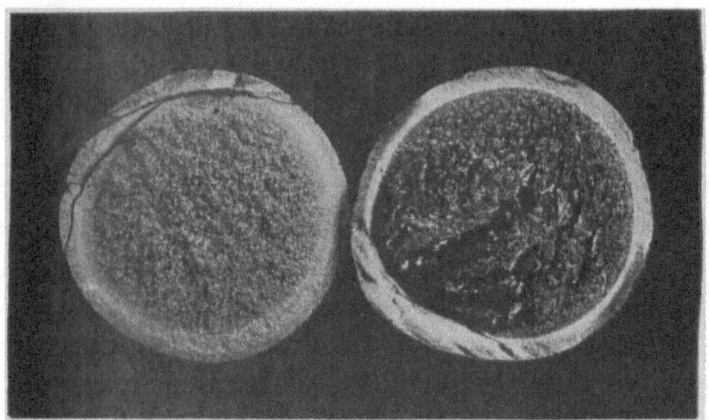

Abb. 24.   Bruchflächen von eingesetztem und in Öl (links) und Wasser (rechts) abgeschrecktem weichen Stahl.

Schilffeldes darbieten und das die Bruchflächen von Stäben aus Schweißeisen erkennen lassen. Es ist aber unstreitig richtig, daß auch der kurze, grau aussehende Bruch Zähigkeit anzeigt, so daß sich seine Erzeugung verlohnt, wenn dadurch in anderer Hinsicht kein Nachteil hervorgerufen wird. Ein sehniger Bruch darf aber nicht mit einem ähnlich aussehenden und durch Abblättern der äußeren Schichten hervorgerufenen Bruch verwechselt werden, der den Anschein eines sehnigen Bruches erweckt und manchmal auch für das Verhalten des Kerns vorteilhaft sein kann, stets aber schädlich für das Verhalten der äußeren Schichten des Werkstückes ist. Ein solches Abblättern der Außenschichten ist auf Ungleichmäßigkeit des Werkstückes zurückzuführen, die ihrerseits durch löcherige oder „schwammige" Stahlblöcke, die während des Hämmerns oder Walzens unvollkommen zusammengeschweißt sind, oder auch durch die Schlackeneinschlüsse, die mit den Rohblöcken zu Streifen ausgezogen worden sind, verursacht wird. Wird die streifige Beschaffenheit auf die eingeschlossene Schlacke zurückgeführt und fällt sie nicht mit der Art der Herstellung des Stahls zusammen, so kann sie als ein Vorteil angesehen werden, wie dies bei Schweißstahl (Raffinierstahl, Gärbstahl) der Fall ist, dessen Aussehen durch das Vergießen von „schwammigen" Blöcken vorgetäuscht werden kann.

Wünscht nun aber der Einsatzhärter Schweißnähte oder Schlackenstreifen, und ist er bereit, sie sowohl in der gehärteten Außenschicht als auch in dem beanspruchten Kern zu dulden? Das Vorhandensein zahlreicher Schlackenstreifen in wahrnehmbarer Größe und Häufigkeit ist mit der Herstellungsart des Schweißeisens unvermeidlich verbunden. Sie sind bloß Reste der Schlacke, die nicht aus dem gepuddelten Block herausgedrückt werden konnten und bilden den Hauptunterschied zwischen Flußeisen und Schweißeisen. Ihr Vorkommen gibt die Erklärung dafür ab, daß das Schweißeisen bisweilen höher bewertet wird als Flußeisen oder weicher Stahl für die Nockenwellen von Quarzbrechern

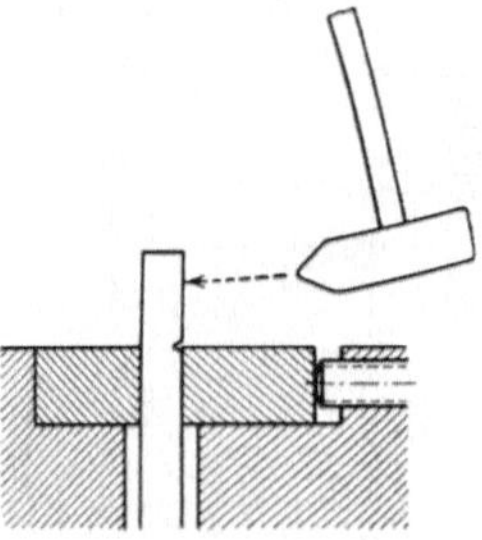

Abb. 25. Schematische Darstellung der Schlagprüfung.

und von anderen Gegenständen, die sehr großen Stößen und Verdrehungen ausgesetzt sind.

Wird das richtige Gerät, z. B. eine Schlagprüfmaschine, wie sie skizzenmäßig in Abb. 25 wiedergegeben ist, zur Messung der Energie verwendet, die nötig ist, um einen eingekerbten Stab zu zerbrechen, so findet man, daß die Kerbzähigkeiten übermäßig groß sind, wenn ein Material, das Schlackenstreifen oder Schweißnähte enthält, durch einen Schlag quer zur Richtung der Streifen zerbrochen wird, wohingegen kleine Kerbzähigkeiten auftreten, wenn der Schlag in Richtung parallel zu den Streifen abgegeben wird, wie es jeweilig durch die Abb. 26A und 26B gezeigt wird. In der folgenden Zahlentafel sind einige ausgeprägte Kerbzähigkeiten verschiedener Materialien angegeben, die die Widerstandsfähigkeit des Materials zeigen, wenn es durch Schlag längs und quer zur

Streckrichtung (Walzen oder Hämmern) beansprucht wird. Die Versuche wurden in dreifacher Ausführung gemacht.

Stahlart	Kerbzähigkeit mkg/qcm					
	quer zur Streckrichtung			längs zur Streckrichtung		
Nickelchromstahl	11,3	11,8	11,6	4,2	3,5	4,9
Nickelstahl	7,8	8,5	8,1	2,4	2,9	3,3
Wagenfeder	5,0	4,9	5,4	1,1	1,0	1,3
Titanstahl	3,5	3,6	3,8	0,8	0,4	0,7
Sondereinsatzstahl	13,7	14,5	14,8	4,4	6,0	5,2

Die Kraft, die nötig ist, um einen Bruch quer zur Achse eines Stabes aus streifigem Eisen oder Stahl herbeizuführen, ist größer als die Kraft, die aufgewendet werden muß, um einen Bruch quer zur Streckrichtung des Materials derselben Art, das jedoch frei von Schlackenstreifen oder Schweißnähten ist, zu erzielen. Betrachtet man Abb. 27, die oben links eine Einkerbung erkennen läßt, so ist es klar, daß der Riß, der im Kerbgrunde begonnen hat, bei einem gewissen Kraftaufwand durch den ganzen Stab gehen würde, wenn das Material homogen wäre. Wenn jedoch

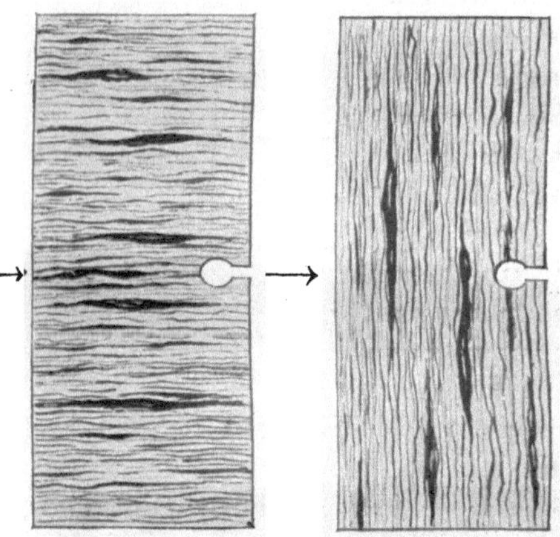

Abb. 26. Einfluß der Lage von Schlackenstreifen gegen Schlag.

der Riß in seinem Verlaufe den Schlackenstreifen erreicht, so ist der Stab bereits um einen größeren oder kleineren Winkel gebogen und die Biegungskraft ist nicht mehr genau parallel zur Richtung des Risses wirksam, d. h. ein Teil der Biegungskraft zeigt das Bestreben, den Riß in Richtung des Schlackenstreifens, also längs der Streckrichtung des Stabes, abzulenken. Ein gewisser Teil der Kraft ist also für den beabsichtigten Zweck, den Stab quer zur Längsrichtung zu zerbrechen, vollständig verloren-

gegangen.   Hierzu kommt noch, daß der ursprüngliche Riß
sich nur dann in der beabsichtigten Richtung, also quer durch
den Stab, erweitern kann, wenn der Schlackenstreifen zerstört und jenseits desselben der Anfang zu einem neuen Risse ge-
schaffen wird. Das Material wird sich zunächst auf der anderen
Seite des Schlackenstreifens wieder verbiegen müssen, bis ein
neuer Riß gebildet werden kann. Es ist eine Erfahrungstatsache,
daß es viel schwieriger ist, weiches Stahlmaterial ohne Kerbe oder

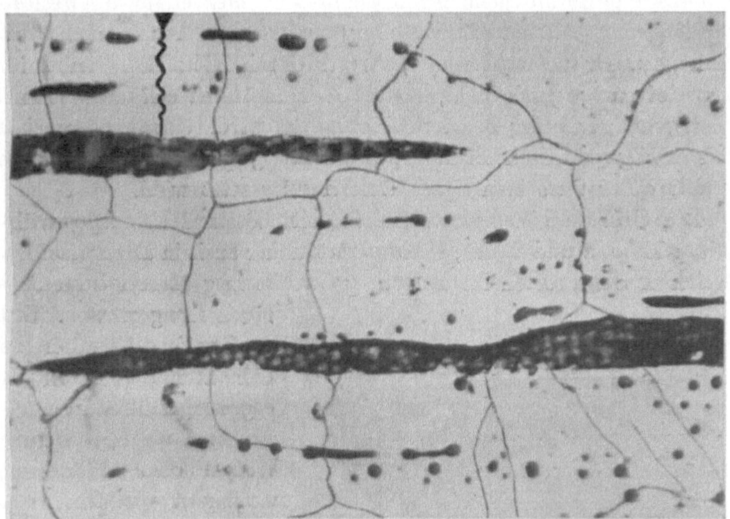

Abb. 27. Schweißeisen mit Schlackenstreifen. × 150.

Riß als mit Kerbe oder Riß zu zerbrechen. Deshalb ist es leicht
verständlich, weshalb die in einer Stange aus Schmiedeeisen oder
weichem Stahl vorhandenen Schlackenstreifen oder Schweißnähte
der weiteren Ausdehnung eines zufällig quer zur Streckrichtung auftretenden Risses Widerstand leisten. Es können also
Schlackenstreifen und Schweißnähte unter gewissen Umständen
vorteilhaft sein, aber es muß auch gleichfalls betont werden, daß
das Einreißen eines Stabes mit Schlackenstreifen in der Streck-
oder Walzrichtung verhältnismäßig leicht vonstatten geht.

Die Schichtenbildung bei Schweißeisen, die am Bruch dieses
Werkstoffes erkennbar ist, der quer zur Walzrichtung oder zur
Hammerbahn verläuft, ist eine unausbleibliche Folge der ein-

geschlossenen Schlackenstreifen. Die Art, wie sich Schichtenbildung entwickelt, kann folgendermaßen erklärt werden: Wenn
man einen V-förmigen Einschnitt in den Längsrand eines Bogens
Briefpapier macht, dann mit der Spitze eines scharfen Messers
den Bogen der Länge nach schwach ritzt und darauf den Bogen
von dem Einschnitt aus zerreißt, so wird der Riß rechtwinklig von
seiner ursprünglichen Richtung abweichen, sobald er die von der
Messerspitze herrührende Längsritze erreicht hat. Der Riß wird
dann einen sehr unregelmäßigen Verlauf nehmen, ehe er den gegen-
überliegenden Rand des Briefbogens erreicht. Auch ein Stahl-
draht, z. B. für Grubenseile, wird durch Kaltziehen in seiner
Querrichtung geschwächt, so daß er in einem schiefen Winkel
bricht, wenn er eingekerbt und gebogen wird. Genau so verhält
sich der gewöhnliche Schiefer, der blättrig spaltet, wenn er einem
Druck quer zu seinen Spaltflächen ausgesetzt wird.

Die Schlacke ist ein unvermeidlicher Bestandteil des gewöhnlichen Eisens und Stahls, sie kommt daher auch in allen handelsüblichen Stahlsorten für Härtungszwecke in größeren oder klei-
neren Mengen vor. Sind die Streifen, die vorher als Schlackenkörner in den gegossenen Blöcken vorhanden waren, durch Walzen oder Hämmern verlängert worden, groß und zahlreich wie beim Schweißeisen, so kann der Bruch blättrig (schichtig) ausgebildet sein, wie dies bei dem einsatzgehärteten

Abb. 28.   Schichtiger Bruch eines einsatzgehärteten Stabes aus Schweißeisen.

und zerbrochenen Werkstück in Abb. 28 dargestellt ist. Die
Schlackenteilchen können aber auch so klein sein, daß sie
keine in die Augen springende Schichtung verursachen, und dennoch sind sie groß genug, um zahllose winzige Schichtchen zu
bilden, die das Aussehen von Sehne auf der Bruchfläche des
Werkstückes erwecken.

Gut verteilte Schlackenstreifen von kleinen Abmessungen sind
für die Bildung von sehnigem Bruch auch noch aus einem anderen
Grunde günstig. Als kleine Kügelchen in den sich abkühlenden

Blöcken und als Streifen in Brammen haben sie die Fähigkeit, den aus der festen Lösung sich ausscheidenden freien Ferrit anzuziehen genau so wie sich an den Fäden, die in eine langsam verdunstende Zuckerlösung gehängt werden, die Zuckerkristalle ausscheiden.   Die Fäden wirken mithin als Kerne (Keime) bei der Kristallbildung. Die auf diese Weise gebildeten großen Zuckerkristalle sind als Kandiszucker bekannt.   In Abb. 29 ist ein

Abb. 29. Von einem Ferrithof umgebenes Schlackenkügelchen. × 50.

Schlackentropfen in seiner Ferritumhüllung dargestellt, wie er in Rohblöcken vorkommt. Abb. 30 zeigt eine Anzahl von langgestreckten Ferritstreifen, von denen jeder einen langen Schlackenstreifen oder eine Reihe von kurzen Streifen einschließt, die mit dem Stahl während des Walzens oder Schmiedens gestreckt wurden (Zeilengefüge). Wird ein Material dieser Art quer zur Längsrichtung der Ferritbänder zerbrochen, so muß sich der Riß seinen Weg durch die verschiedenen Schichten des Materials bahnen, die abwechselnd hart und weich und gleichzeitig breit genug sind, um als zwei besondere Stoffe angesehen werden zu können, die imstande sind, die für das Durchbrechen aufgewendete

Kraft abzulenken, die alsdann in anderer Richtung wirkt. Dieser Umstand ist es daher, der den Einfluß der Schlackenstreifen

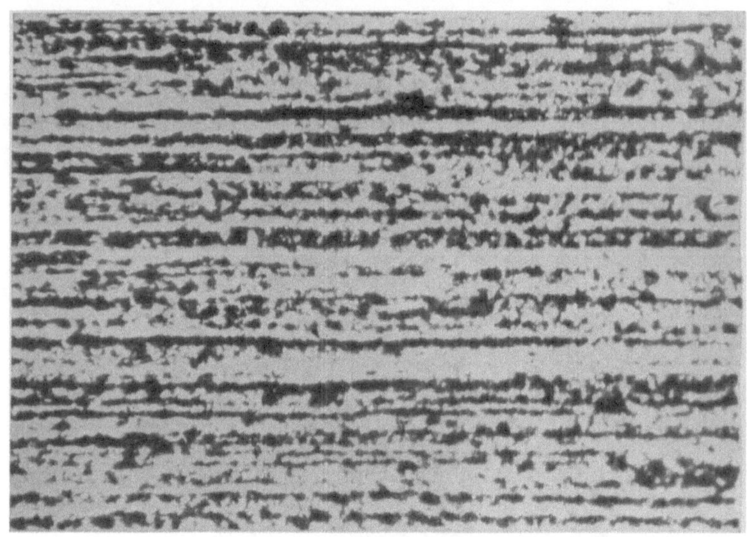

Abb. 30. Schlackenstreifen in Ferritbändern. Zeilengefüge. $\times$ 50.

vergrößert, da sie den geradlinigen Verlauf eines Risses verhindern und dadurch in erhöhtem Maße eine sehnige Beschaffenheit des Stahls hervorrufen.

V. Eigenschaften und Fehler der einsatzgehärteten Außenschicht.

Das Versagen von gehärteten Stahlgegenständen während oder schon vor ihrem Gebrauche wird selten auf irgendeine einfache und leicht zu erklärende Ursache zurückgeführt werden können. Nach einem abgeänderten Härtungsverfahren würde das verwendete Material vielleicht einen brauchbareren Gegenstand liefern, bei einem anderen Material würde aber auch dieses neue Verfahren nicht günstig sein. Ein geringer Grad von Überhitzung oder leichtsinnige Abschreckung ist entweder belanglos oder kann zu verhängnisvollen Härtungsergebnissen führen, je nachdem gleichzeitig noch andere Umstände von maßgebendem Einfluß vorhanden sind. Auch lassen sich zahlreiche Beispiele anführen, die im Gegensatz zu der allgemeinen Behauptung stehen, daß freier Zementit in einsatzgehärteten Gegenständen zu beanstanden ist.

Das Vorhandensein von freiem Zementit in oberflächlich gekohlten Gegenständen (Abb. 4) ist zumeist darauf zurückzuführen, daß die Glühung bei zu hoher Temperatur vorgenommen wurde. In besonderen Fällen kann der Zementit entlang den Kanten der einzelnen Körner und auch sehr deutlich an den Ecken einer Bruchfläche beobachtet werden, denen er ein sehr grobes und ausgeprägtes kristallinisches Aussehen verleiht (siehe die obere Kante der Abb. 31 und 32). Wird der Bruch mittels einer gewöhnlichen Lupe untersucht, so treten die einzelnen kristallinen Körner mit großer Deutlichkeit hervor. Soll der einsatzgehartete Gegenstand eine sehr kräftige reibende Beanspruchuug ohne Stoß aushalten, so wird sich nach den Beobachtungen der Werkstatt die beanspruchte Fläche eher abnutzen, wenn sie freien Zementit enthält. Es muß aber auch daran erinnert werden, daß der Zementit ein äußerst harter und spröder Gefügebestandteil ist, der im Stahl in einer Beschaffenheit vorhanden ist, die derjenigen von haarrissigem Glas sehr nahe kommt. Außerdem findet er sich meist in größeren Mengen und in dem ge-

Abb. 31. Grobes kristallinisches Bruchgefüge durch
freien Zementit verursacht.

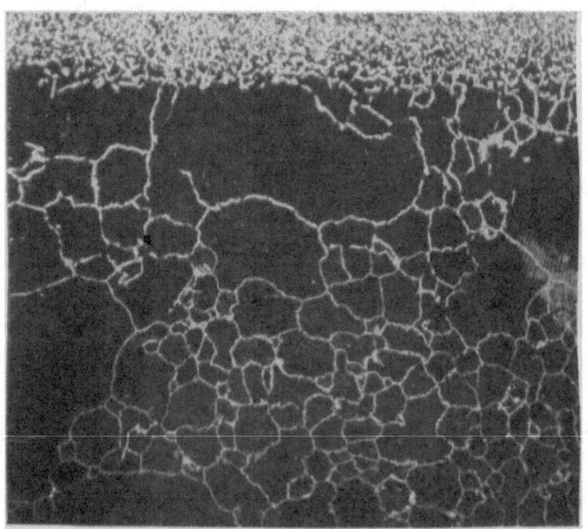

Abb. 32. Wie Abb. 31. Kleingefüge des Randes. Zementit
(helle Adern) und Perlit (dunkel). × 25.

fährlichsten Zustande in jenen Teilen des Gegenstandes (Ecken und Kanten), die am meisten den verderblichen Spannungen ausgesetzt sind, die während der Abschreckung auftreten. Der freie Zementit hat nicht denselben Ausdehnungskoeffizienten wie das Material, in dem er eingebettet liegt, und sein Vorkommen ist deshalb für die Entstehung und Ausbreitung von Rissen sehr günstig. Die dunklen Adern in Abb. 33, die bei einem einsatzgehärteten Gegenstand gefunden wurden, sind freier

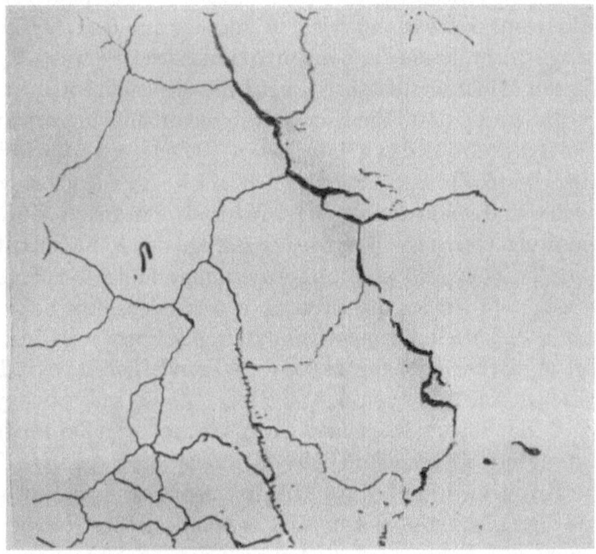

Abb. 33. Entlang den Zementitadern verlaufender Riß. × 100.

Zementit. Dieser wurde durch Eintauchen eines polierten Stückes des betreffenden Gegenstandes in eine heiße Lösung von Natriumpikrat sichtbar gemacht. Der deutlich erkennbare Riß hat seinen Weg entlang den Zementitadern genommen.

Wenn ein Material, das freien Zementit enthält, in dem Zementierungskasten abkühlt, so hat es ein grobes überhitztes Gefüge nicht nur im Kern, wie in einem vorhergehenden Abschnitt gezeigt wurde, sondern auch in den Außenschichten. Ebenso wie eine wirkungsvolle Verfeinerung des Kerngefüges nicht stattfinden kann, ehe es auf eine Temperatur wieder erhitzt worden ist, bei der sich Perlit und Ferrit vollständig ineinander auflösen, ebenso ist es andererseits auch unmöglich, die äußersten

Schichten zu verfeinern, wenn sich der Perlit und der freie Zementit, den sie vielleicht enthalten, nicht vollständig ineinander aufgelöst haben. Sind diese Bedingungen nicht erfüllt, so kann man mit ziemlicher Sicherheit an den Ecken ein gröberes Gefüge erwarten als auf irgendeinem anderen Teil der Bruchfläche. Kommt der freie Zementit in genügender Menge vor, so umschließt er vollständig die kristallinen Körner (Perlit), und die Größe dieser Körner steht im Einklang mit dem Grade der Überhitzung, der während der Zementation erreicht wurde. Irgendwelche Wiedererhitzungstemperatur, die nicht genügend hoch ist, um eine vollständige Auflösung der Zementitumhüllungen zu bewirken, läßt die Größe des kristallinen Gefüges unverändert.

Die niedrigste Temperatur, die nötig ist, um ein grobkristallinisches Material und ebenso ein Material, das freien Zementit enthält, zu verfeinern, hängt von der Menge des Kohlenstoffs ab, die in jenem Teil der Außenschicht vorkommt, in der der Zementit enthalten ist. Je größer die Menge des Kohlenstoffs ist, desto höher muß die Verfeinerungstemperatur angesetzt werden. Das Verhältnis zwischen diesen beiden Veränderlichen wird auf Seite 120 besprochen werden. An dieser Stelle soll nur gesagt werden, daß nach wirksamer und langandauernder Zementation die Höchstmenge an eingeführtem Kohlenstoff durch die Temperatur bedingt wird, und diese Höchstmenge an Kohlenstoff ist gewissermaßen ein Merkmal für die erreichte Höchsttemperatur, d. h., beträgt der Kohlenstoff in der äußersten Schicht des Werkstückes etwa 1,5 vH, so muß die Zementationstemperatur wenigstens 950 ⁰ C gewesen sein, und eine ebenso hohe Temperatur, bei der der Kohlenstoff eingeführt wurde, muß angewendet werden, um das Gefüge, das der Zementit umhüllt, wirkungsvoll zu verfeinern.

Wo es üblich ist, erstmalig von einer hohen Temperatur abzuschrecken und das Werkstück alsdann wieder zu erhitzen, um den Kern zu verfeinern, kann mit ziemlicher Sicherheit angenommen werden, daß sich der freie Zementit vollständig in dem danebenliegenden Perlit auflösen wird, wenn der Kohlenstoffgehalt 1,3 vH nicht übersteigt. Ein kleiner Fehler in bezug auf die Zementationstemperatur macht hierbei nichts aus. Während dieser Arbeit wird ein Teil des Zementits in dem aufgelösten Zustande festgehalten, doch der Rest wird sich wieder aus der

festen Lösung als Zellenwandungen oder in nadelähnlicher
Form oder in beiden zugleich ausscheiden, wie das Beispiel in
Abb. 34 lehrt. In dieser mehr verdünnten Art begünstigt der
Zementit die Bildung und Ausbreitung von Rissen viel weniger.
Sein Vorkommen in irgendwelcher Form beeinträchtigt jedoch
stets die Sorgfalt, die das Verfahren der ersten Abschreckung
aus hoher Temperatur erheischt.

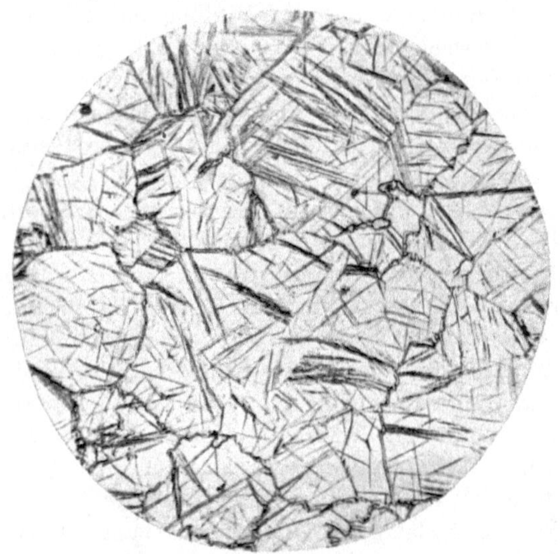

Abb. 34. Zementit in Nadeln und als Zellenwandungen in der
Außenschicht eines abgeschreckten und wiedererhitzten
zementierten Stahls. $\times$ 300.

Wird auf das Auftreten von freiem Zementit absichtlich hin-
gearbeitet, so sind die Bedingungen gewöhnlich die, daß es
nicht viel ausmacht, ob der Kern des Gegenstandes sehnig gemacht wird oder nicht, und die Abschreckung aus hoher Temperatur mit ihren gefährlichen Begleiterscheinungen kann dann weggelassen werden. Bei gewissen besonderen Gegenständen, wie
Panzerplatten werden die weichen Teile vorher sehnig gemacht
und während der letzten Wiedererhitzung und Härtung der
zementierten Flächen kalt gehalten. Jedoch muß man bei der
Einsatzhärtung ganz allgemein dafür sorgen, daß freier Zementit
in der Außenschicht gar nicht entstehen kann, und dies wird

am leichtesten durch scharfe Überwachung der Temperatur während der Zementation erreicht.

Falls hohe Kohlungstiefen erzielt werden sollen, etwa 5 mm und mehr, so sind ungewöhnlich hohe Temperaturen nötig, weil eine so tiefe Eindringung des Kohlenstoffs in den Stahl auf keine andere Weise möglich ist. Hierdurch wird aber bewirkt, daß die Menge des von der Oberfläche aufgenommenen Kohlenstoffs ebenfalls zunimmt, und die Bildung von freiem Zementit ist alsdann unvermeidlich. Wenn die Kohlung der Oberfläche mit steigender Temperatur verringert werden könnte, dann könnte zwar eine tiefe Eindringung ohne Überkohlung eintreten, doch ist es unausführbar, gewerbliche Einsatzverfahren solchen Bedingungen anzupassen.

Wird jedoch ein Gegenstand, der schon tief zementiert ist, wieder auf eine hohe Temperatur erhitzt, und zwar in einer Atmosphäre, die nichtoxydierend und auch nicht wahrnehmbar kohlend ist, so wird der schon gebildete Zementit noch tiefer eindringen, die gekohlte Oberfläche wird an Dicke zunehmen, und die gehärteten Gegenstände werden auf ihren Bruchflächen keine oder nur geringe Anzeichen von „gesprenkelten" Ecken aufweisen. Diese Tatsachen können durch das folgende Beispiel erhärtet werden. Ein Stück Stahl (Portevin und Bériot) wurde 8 Stunden lang bei 1000⁰ C zementiert. Bei der Abmessung der zementierten Schicht fand man, daß sie bestand aus Lagen von:

1,2 mm Dicke mit mehr als 1 vH Kohlenstoff (übereutektisch);

0,9 mm Dicke mit etwa 1 vH Kohlenstoff (eutektisch);

1,1 mm Dicke mit weniger als 1 vH Kohlenstoff (untereutektisch; vgl. Fußnote S. 121).

Teile des Stahlstückes wurden dann verschieden lange bei 1000⁰ C in einer nichtoxydierenden Atmosphäre erhitzt, und es wurde alsdann bei polierten und geätzten Schnitten (Schliffen) festgestellt, daß die zementierte Schicht aus folgenden Teilen bestand:

Erhitzungszeit	übereutekt. mm	eutektisch mm	untereutekt. mm	Gesamt mm
zementierte Schicht	1,20	0,9	1,1	3,2
5 Std. erhitzt	0,00	2,3	2,0	4,3
15 „ „	0,00	2,4	3,2	5,6
30 „ „	0,00	3,0	> 6,6	> 10,0

Eine bildliche Darstellung derselben Erscheinung wird in den Abb. 35 A und B gegeben. Diese Abbildungen zeigen beim Vergleich deutlich das Tieferwerden der zementierten Schicht und auch das Dünnerwerden der Hülle mit freiem Zementit. Die vorstehenden Darlegungen geben mithin die Schritte an, die in Frage kommen können, um entweder eine hochgekohlte Ober-

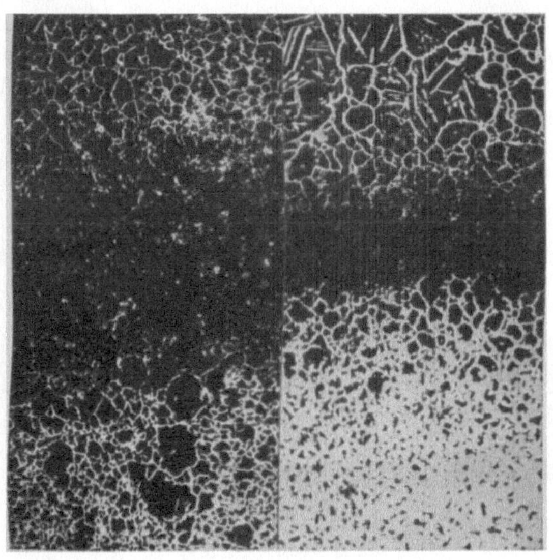

B   A

Abb. 35. A. Probestab bei 1050 ° C 8 Stunden zementiert. B. Derselbe Stab 12 Stunden auf 1000 ° C wiedererhitzt. × 25.

fläche zu erhalten, die schnell bis zu dem normalen Kohlenstoffgehalt des Stahles vermindert wird oder eine Hülle, die weniger plötzlich ihren Kohlenstoffgehalt nach dem Innern zu verändert. Im ersteren Falle muß die Zementation bei einer verhältnismäßig hohen Temperatur erfolgen, im letzteren Falle ist eine niedrigere Temperatur und eine längere Erhitzungszeit wünschenswert. Natürlich kann auch eine tiefere und im Gefüge einheitlichere Hülle erhalten werden, wenn man zuerst auf kurze Zeit bei hoher Temperatur zementiert und dann das Stück, wie schon gezeigt, in Abwesenheit eines Kohlungsmittels wieder erhitzt.

Wie schon bei der Erklärung über die Herkunft von Rissen, die auf das Vorhandensein von freiem Zementit und auch auf zufällige Schlackeneinlagerungen zurückzuführen sind, erwähnt wurde, wird das Vorkommen dieser unvermeidbaren Fehler meist dem Einsatzhärter aufgebürdet. Dies geschieht zu Unrecht, und auch der Stahlhersteller kann für das Auftreten von Schlackenstreifen nicht immer verantwortlich gemacht werden. Zweifellos ist es viel leichter, dem Stahlhersteller alle Schuld beizumessen, wenn die gehärtete Oberfläche eines eingesetzten Gegenstandes reißt und abblättert, als eine gründliche Untersuchung über die

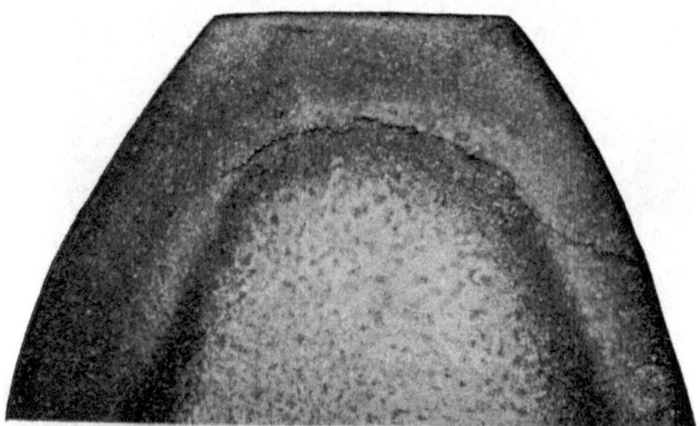

Abb. 36. Schalenbildung im Kopfe eines Zahnes eines einsatzgehärteten Zahnrades. × 5.

Ursachen dieser Erscheinung anzustellen, die meist ergeben wird, daß die Schuld vielfach anderswo gesucht werden muß. So kann auch z. B. dem Stahlhersteller nicht die Schuld zugeschoben werden, daß ein einsatzgehärtetes Ritzel infolge Schalenbildung an den Zähnen durch Abplatzen der gehärteten Schicht unbrauchbar wurde (Abb. 36). Die Ursache dieser Schalenbildung liegt darin, daß beim Zementieren die Temperatur zu schnell angestiegen ist. Der Kohlenstoff der äußeren übersättigten Zone hat dann keine Zeit, gleichmäßig weiter in den Kern zu wandern. Die Folge hiervon ist die Entstehung einer scharfen Grenze zwischen Schale und Kern. Bei der Härtung des eingesetzten Stückes entstehen dann zwischen diesen Teilen Spannungen, die noch wesentlich durch die hoch zementithaltige Außenschicht unterstützt werden. Diese Spannungen verursachen schließlich ebenfalls ein Abplatzen der Schale vom Kern (vgl. Abb. 23 u. 24). Kohlung bei nicht zu hoher Temperatur während einer genügend langen Zeit ist hiergegen das einzige Mittel, durch das sanfte Übergänge von der Schale zum Kern gewährleistet werden.

Der Einsatzhärter muß für seine Vorliebe für Kerne mit sehnig aussehendem Bruch, die zähe sind und andere dem Schweißeisen ähnliche Eigenschaften besitzen, reichlich bezahlen und dabei noch eine weniger dauerhafte Hülle mit in den Kauf nehmen (Abb. 28). Für manche Zwecke sind einsatzgehärtete Gegenstände, ob die Hülle nun Schlackenstreifen enthält oder nicht, völlig brauchbar, genau so wie es Werkstücke gibt, die nicht durch die Gegenwart von freiem Zementit beeinträchtigt werden. Es ist aber stets von Vorteil, wenn Mängel sich einstellen sollten, die Ursachen zu kennen, auf die diese Mängel zurückzuführen sind. Die längeren oder kürzeren schwarzen Linien, die z. B. in einsatzgehärteten Spindeln von Schleifmaschinen beobachtet werden, verdanken ihre Herkunft am häufigsten den haarfeinen Schlackenstreifen, die sich als Oberflächenfehler unter Mitwirkung von Härtungsspannungen ausgebreitet haben. Auch in Laufringen von Kugellagern wird ein Schlackenstreifen, der für das ungeübte Auge vollständig unwahrnehmbar ist, Splitterungen verursachen können. Wenn sich die Kugeln in dem Ring bewegen, werden sie zunächst kaum von den im Stahl eingebetteten Unreinigkeiten beeinflußt, doch da die Schlackenstreifen spröde und auch nicht mit dem Stahl fest verbunden sind, so werden sie früher oder später gelockert. Diese losen Schlackenteilchen verursachen, daß die Kugeln zunächst unmerklich hopsen, wenn sie über die Schlacke hinweggehen. Später jedoch werden die harten Kanten des Stahls, die den ausgebrochenen Schlackenstreifen begrenzen, durch die hopsende Kugel niedergebrochen, und im Laufe der Zeit wird die von der Schlacke vorher eingenommene Höhlung in meßbarer Ausdehnung zersplittert, und sowohl der Ring wie die Kugeln sind verdorben.

Kugeln werden gewöhnlich nicht aus im Einsatz zu härtendem Stahl hergestellt. Manchmal enthalten sie aber Streifen, die auf eine gewisse Art der Stahlherstellung zurückzuführen sind und die, obwohl sie keine Schlacke darstellen, sich in manchen Fällen wie Schlacke verhalten. Solche Kugeln können sich in konzentrischen Ringen·abblättern, aber meist blättern sie in grob parallel zu einander liegenden Lagen ab. Wird eine Kugel in Schnitte zerlegt, die parallel zu diesen Lagen verlaufen, so findet man fast immer, daß die auf diese Weise hergestellten Schnitte gewöhnlich in der Längsrichtung der ursprünglichen Stahlstange liegen.

Schlackenstreifen sowohl in der Hülle als auch im Kern einsatzgehärteter Gegenstände sind dann sehr schädlich, wenn die Kräfte, denen sie widerstehen sollen, das Bestreben haben, den Gegenstand in der Richtung zu spalten, in der er vom Schmied gestreckt wurde. Geschnittene Getrieberäder z. B. sind widerstandsfähiger, wenn sie aus geschmiedeten Scheiben gefertigt sind, als wenn sie aus Scheiben hergestellt werden, die von einer geschmiedeten Stange abgesägt wurden. In beiden Fällen verhält sich das Material gegenüber etwa auftretenden Beanspruchungen verschieden, je nach der Richtung, in der die Schlackenstreifen liegen. Es ist klar, daß aus ähnlichen Gründen ein Material vollständig brauchbar in Gestalt von einsatzgehärteten Kolbenbolzen sein kann, aber es kann auch sehr enttäuschen, wenn es für die Herstellung von Zahnrädern verwendet wird. Abb. 30 rührt von einem gebrochenen Zahn eines einsatzgehärteten Getriebes her. Die langen Ferritbänder, die die Schlackenstreifen einschließen, lagern in der Längsrichtung des Zahnes. Bei der ersten ernstlichen Beanspruchung würde jeder Zahn von dem Rad abgebrochen werden, und die Bruchflächen, die sich dann zeigten, hätten schilfartige Beschaffenheit und könnten sicher als sehnig angesprochen werden, aber die Sehne liegt in der falschen Richtung.

Abb. 37 stellt die Bruchfläche einer einsatzgehärteten Matrize zur Herstellung von Nagel- oder Bolzenköpfen dar. Es ist klar, daß das Material während des Gebrauchs in der Längsrichtung des Stabes, aus dem die Matrize gefertigt worden war, stark beansprucht wurde. In dieser Richtung des augenscheinlich sehr sehnigen Gefüges war die Matrize sehr schwach. Solches Material mit weichem Kern kann mit einem Stück Bambusrohr verglichen werden. Abb. 38 und 39 geben noch die geätzten Schliffe der Matrize nach Abb. 37 wieder. Kleine Schweißnähte oder Schlackenstreifen in der gehärteten Hülle haben eine gewisse Ähnlichkeit mit rissigem Glas, die gewöhnlich zu Brüchen Veranlassung geben.

Von den unangenehmen Begleiterscheinungen, die mit der Einsatzhärtung verbunden sind, sind weiche Stellen immerhin doch sehr störend. Sie können auf der Oberfläche des abgeschreckten Gegenstandes entweder dadurch entstanden sein, daß eine un-

Abb. 37. Sehniger Bruch längs der Achse einer einsatzgehärteten Matrize. $\times 1^1/_2$.

Abb. 38. Geätzte Schlifffläche der Matrize nach Abb. 37. $\times 1^1/_2$.

genügende Temperatur in dem Wiedererwärmungsofen vorhanden war oder auch dadurch, daß die Temperatur an einzelnen Stellen des Werkstückes während seines Weges vom Ofen zum Abschreckbottich zu niedrig wurde. Grund für diese letztere Annahme kann auch die Handhabung mit kalten oder nassen Zangen, die Berührung mit einem ungleich erhitzten Ofenboden, zufällige Bespritzung mit Wasser oder Berührung des Werkstückes mit irgendeinem kälteren Gegenstande während seiner

Beförderung zum Härtungsbottich sein. Die weichen Stellen sind immer, wie sie auch entstanden sein mögen, mit einer Feile leicht auffindbar, aber es ist nicht möglich, mittels einer Feile zu bestimmen, ob die weichen Stellen dadurch entstanden sind, daß die Stähle nicht bis zu einer geeigneten Härtungstemperatur erhitzt wurden, oder die Temperatur vor der Abschreckung örtlich zufällig zu tief gesunken war.

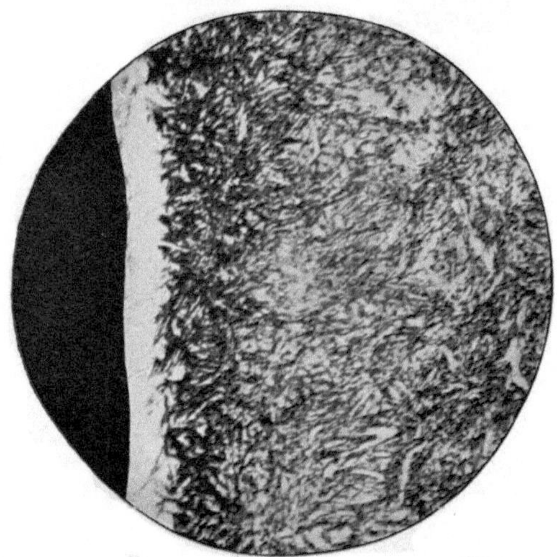

Abb. 39. Zu Abb. 38. Randschicht. × 200.

Es ist jedoch möglich, durch die Ätzprobe festzustellen, auf welche Fehler die Entstehung weicher Stellen zurückzuführen ist:

1. Ob an einzelnen Teilen des Werkstücks die niedrigste Härtungstemperatur im Ofen nicht erreicht wurde;

2. ob die Temperatur an einzelnen Teilen des sonst richtig erhitzten Werkstückes zu niedrig war oder die Abschreckflüssigkeit den Gegenstand nicht gleichmäßig abgekühlt hatte.

Wird ein poliertes Stück des Gegenstandes, der fehlerhaft nach 1. behandelt wurde, in eine Mischung von Alkohol oder nicht synthetischem Methylalkohol, zu der zwei Volumenprozente Salpetersäure (1,42) hinzugegeben wurden, eingetaucht, so werden die weichen Stellen etwas heller gefärbt als die harten sie umgebenden Stellen. Liegt der unter 2. genannte Fehler vor, dann werden die weichen Stellen schnell dunkel gefärbt, sobald sie mit dem angesäuerten Alkohol in Berührung kommen. In Abb. 40 ist ein sehr gutes Beispiel eines einsatzgehärteten Ringes veranschaulicht, der sich nach der Abschreckung als fehlerhaft gehärtet erwies. Es wurde gefunden, daß der Ring an ungewöhnlichen Stellen weich war, als er mit einer Feile geprüft wurde, aber der dunkle Umriß, der gleich bei der Ätzung des blankgemachten Ringes zum Vorschein kam, deckte nicht nur die genaue Lage der weichen Stellen auf, sondern er zeigte auch an, daß der Fehler weder auf ungenügende Erhitzung noch zufällige Abkühlung, vielmehr auf Mängel bei der notwendigen gleichmäßigen und schnellen Abschreckung im Härtungsbottich zurückzuführen war.

Auch durch die stärkste Vergrößerung ist man nicht imstande, in dem dunklen Umriß der Abb. 40 irgend etwas anderes

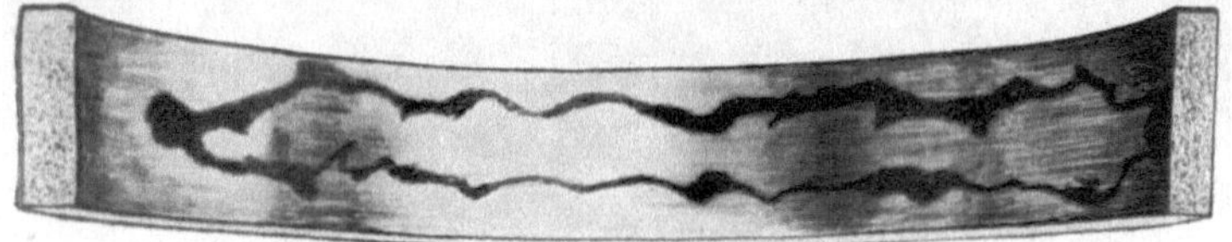

Abb. 40. Durch Ätzung aufgedeckte weiche Stellen auf einem einsatzgehärteten Stahlring.

als eine dunkel geätzte gefügelose Masse zu entdecken. Wenn der Stahl aus dem härtungsmöglichen Zustande sehr langsam abkühlt, dann sind die gebildeten Perlitlamellen bei einer 200- bis 300fachen Vergrößerung schon gut sichtbar (Abb. 17). Je schneller der Stahl durch das Härtungstemperaturgebiet abkühlt, je weniger deutlich wird der Perlit ausgeprägt sein. Wird die Abkühlungsgeschwindigkeit innerhalb des Härtungsgebietes gebremst, so gelingt die Unterdrückung der gewöhnlichen Perlitbildung scheinbar vollständig und die Lamellen, wenn sie überhaupt entstanden sind, sind ultramikroskopisch, d. h. unmeßbar klein. Sofern der Stahl diesen Zwischenzustand einnimmt, wird er durch eine Ätzflüssigkeit sehr schnell dunkel gefärbt und in diesem Zustande sind die dunklen Stellen als Troostit bekannt. Diese Abkühlungsverhältnisse müssen an irgendeiner Stelle zwischen den Oberflächenschichten und dem Inneren der meisten im Einsatz gehärteten Gegenstände bestehen und dunkel gefärbte Flecken, die denen der obengenannten ähnlich sind, kann man dann gewöhnlich nach dem Schleifen, Polieren und Ätzen eines Stahlstückes auffinden.

Bei der Härtung von Feilen kühlen sich die Kanten der Zähne sehr schnell ab, weil sie klein sind und das Abschreckwasser sie vollständig umspült. Auch wird die Wärme in jenem Teil der Feile gerade unter jedem Zahn, zu dem das Wasser keinen unmittelbaren Zugang hat, nicht schnell genug abgeleitet, weil der

Abb. 41. Troostitstreifen in einer gehärteten Feile.

Raum zwischen den Zähnen teilweise durch eine Paste ausgefüllt ist, die verhüten soll, daß das Blei, das von dem Bleibade (zur Erhitzung der Feilen) herrührt, zwischen den Zähnen haften bleibt. In dem kleinen Raum, der durch einige wenige Zähne begrenzt wird, ist ein Material vorhanden, das schneller oder weniger schnell abgeschreckt wird. In diesem letzteren Falle ist die Entstehung von gut ausgebildeten Troostitstreifen gegeben. Dies ermöglicht es, den Troostit als einen Kleingefügebestandteil des Stahls in ausgeprägter Form zu erhalten (Abb. 41), und es wird hier auch ein Beispiel für die Bedingungen geliefert, die für seine Bildung günstig sind.

Bei der Erforschung von mißlichen Eigenschaften, wie z. B.

weichen Flecken, ist manchmal eine genaue Feststellung darüber notwendig, an welcher Stelle Fehler gemacht worden sind: ob diese nun in der eigenen Härterei oder in einer anderen Werkstätte gesucht werden müssen. So streng oder weniger streng auch das Urteil ausfällt, so muß es doch stets durch die bestimmtesten Beweise gestützt werden, die überhaupt beizubringen sind. Aus diesem Grunde ist es nützlich, die Schnelligkeit zu beobachten, mit der sich die weichen Stellen bei der Ätzung dunkel färben. Die Art, in der die Ätzung gewöhnlich vonstatten geht, ist die, daß zunächst nur die Ränder leicht gefärbt werden, so daß sie einen zellenartigen Saum bilden, der unter dem Mikroskop klar zu erkennen ist. Es ist dies ein Zeichen, daß der Stahl die weichen Stellen nur durch fehlerhafte Abschreckung in der Härterei erhalten hat. Diese zellenähnlichen leichtgeätzten Säume sind in Abb. 42 sichtbar. Säume ähnlicher Art, die um die Kanten von umgewandelten Perlitkörnern im Kern einsatzgehärteter Gegenstände vorkommen können, sind in Abb. 43 wiedergegeben.

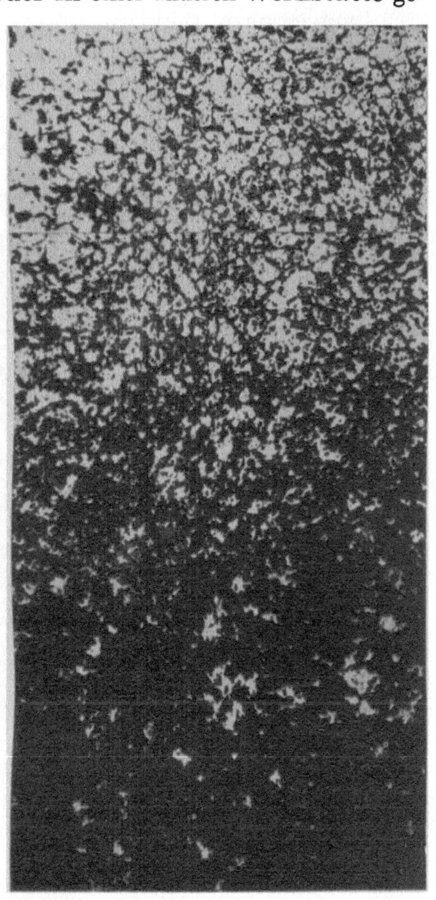

Abb. 42. Troostitsäume an den Rändern weicher Stellen bei einem gehärteten Stahl. × 200.

Weiche Stellen können auch durch eine Entkohlung der Oberfläche des gehärteten Stückes während der Wiedererhitzung verursacht werden oder auch dadurch, daß die Zementation aus dem einen oder anderen Grunde örtlich versagt hat. Der erstgenannte Fall kommt weniger häufig vor, trotzdem natürlich eine nachlässige Wiedererhitzung in einer oxydierenden Atmosphäre dazu beitragen kann, daß die ganze Oberfläche durch Kohlenstoffabnahme weich wird. Der zweite Fall wird für die Entstehung von weichen Stellen als Entschuldigung vor-

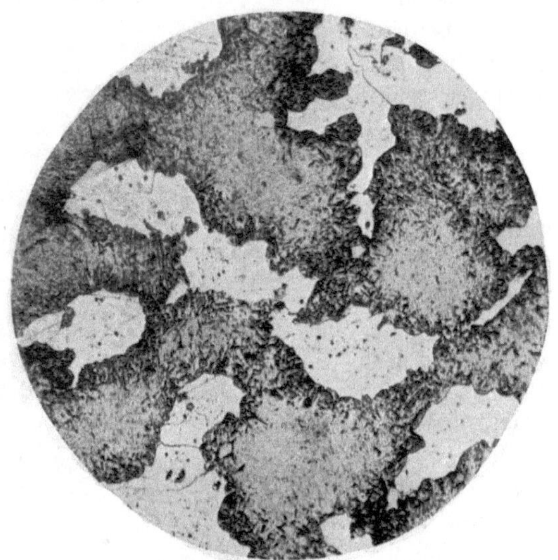

Abb. 43. Troostitsäume in umgewandelten Perlitkristallen des Kerns eines einsatzgehärteten Stahls. $\times$ 200.

gebracht, die sich aber selten als wahr herausstellt. Doch in allen Fällen, bei denen ein Mangel an genügendem Kohlenstoff des Kohlungsmittels der Grund für das Auftreten von weichen Stellen ist, bleiben diese weich, auch wenn der Gegenstand wieder gehärtet worden ist, während weiche Stellen, die durch unrichtige Abschreckung oder durch die Reibungswärme beim Schleifen hervorgebracht wurden, wieder hart gemacht werden können.

Weiche Stellen können tatsächlich sehr leicht und häufig bei der Schleifarbeit entstehen. Ein kleiner gehärteter Gegenstand, z. B. Kolbenbolzen oder Stempel, der an einer trockenen Schmirgelscheibe geschliffen wird, wird allmählich so heiß, so daß man ihn nicht mehr mit der Hand halten kann, und er ist dann gewöhnlich auf dieser ganzen Fläche vollständig weich. Die Reibungswärme, die zwischen dem Bolzen und der Scheibe erzeugt wird, wird hauptsächlich abgeleitet durch:

1. die abspringenden Funken;

2. den Luftstrom, der durch die drehende Scheibe verursacht wird;

3. den Bolzen selbst.

Abb. 44. Auf einer Glasplatte aufgefangene Schleiffunken. × 20.

Bekanntlich sind die Funken Metallstückchen, die von dem Stahl durch die sich mit hoher Geschwindigkeit drehende Scheibe mit einer so plötzlichen Gewalt abgerissen oder abgeschnitten werden, daß diese Teilchen zum Glühen gebracht werden und zum Teil während ihres äußerst schnellen Weges durch die Luft schmelzen. Trifft ein Funkenregen von einer Schmirgelscheibe auf eine Glasplatte, so bleibt eine gewisse Anzahl der abgerissenen Teilchen auf der Platte haften. Diese haben zwei verschiedene Formen. Die ersteren sind von rundlicher Gestalt, die als geschmolzenes Material angesprochen werden können, und die zweiten sind geringelte Metallstückchen und ähneln Stahlspänen (Abb. 44).

5*

„Die Funkenprobe läßt sich sehr schnell durchführen. Es bedarf nur der Beobachtung der beim Schleifen des Werkstoffs auf einer Schmirgelscheibe entstehenden Funkenart. Der durch das Losreißen glühend gewordene Span wird fortgeschleudert und bildet den Schleiffunken. Je größeren Widerstand die Moleküle der Trennung entgegensetzen, um so größer wird die freiwerdende Wärme und je schneller der Widerstand überwunden wird, um so höher ist die Temperatur des glühenden Spans und um so heller seine Farbe. Der Einfluß der Zusammensetzung und der Geschwindigkeit der Schmirgelscheibe überwiegt hierbei die Eisenqualität. Die Eigenartigkeit der Funkenstrahlen besteht darin, daß sie eine glatte Lichtlinie bilden, deren Ende die Form eines langgestreckten Tropfens annimmt. Dieser erweitert sich zu einem zweiten Tropfen. Da, wo die Tropfenform am breitesten ist und am hellsten glüht, spaltet sie sich explosionsartig zu einem Strahlenbüschel. Dieser ist für die verschiedenen Eisensorten verschieden. Mit abnehmendem Kohlenstoffgehalt der Eisensorte vermindert sich die Anzahl der stachelartigen, aus einem Mittelpunkte hervorschießenden Linien[1]“.

Es wird behauptet, daß Stähle, die um weniger als 0,05 vH Kohlenstoff voneinander abweichen, durch ihre Funkenprobe leicht unterschieden werden können. Es kann jedoch mit Sicherheit nur gesagt werden, daß die Funkenbilder, die Schweißeisen, Flußeisen und hochkohlenstoffhaltiger Stahl ergeben, genügend stark ausgeprägt sind, um die genannten Werkstoffe nebeneinander zu erkennen, unbekannte Materialien in eine dieser Gruppen einzugliedern und mit geringer Mühe Fragen zu beantworten, ob ein Gegenstand entweder ganz aus Stahl besteht oder geschweißt, ob er nicht oder doch einsatzgehärtet ist und in welchem Umfange und bis zu welchen Tiefen er einsatzgehärtet wurde[2].

Es ist deshalb nicht schwer, zu verstehen, daß die gehärtete Oberfläche des oben erwähnten Bolzens, von dem die Teilchen während des Schmirgelns abgerissen werden, nach und nach erweicht und zwar nicht allein durch jenen Teil der erzeugten

---

[1] Schulze und Vollhardt, Werkstoffprüfung für Maschinen- und Eisenbau. Berlin: Julius Springer 1923.

[2] Keinesfalls darf die Funkenprobe überschätzt werden. Über ihren Wert für die Werkstatt sind sich die Fachleute noch nicht einig. — Vgl. Mars, Die Spezialstähle. 1. Aufl., S. 280. Stuttgart 1912.

Gesamtwärme, die von dem Bolzen aufgenommen und abgeleitet wird. Man kann auch unschwer feststellen, daß eine weiche Stelle, die absichtlich durch leichtsinniges Schleifen hervorgerufen wurde, viel härter unter als auf der Oberfläche ist. Dies kann aber nur dann eintreten, wenn die Erweichung im Augenblick der Berührung zwischen der harten Oberfläche des Gegenstandes und der Schleifscheibe zustande kam. Aus den vorhergehenden Ausführungen folgt, daß, ganz gleichgültig, wie massig ein Gegenstand oder wie reichlich der Wasserzufluß für seine Abkühlung ist, das Auftreten von weichen Stellen beim Schleifen mit einer Schleifscheibe vermieden werden muß. Die Beachtung der folgenden Leitsätze muß daher empfohlen werden:

1. der Härter muß wissen, daß durch Schleifen weiche Stellen auf einem gehärteten Stahl entstehen können;

2. die Scheibe soll ungezwungen und leicht schneiden;

3. die Wasserzuleitung soll selbsttätig erfolgen, und die Kühlungsbedingungen müssen so beschaffen sein, daß sich keine weichen Stellen bilden können;

4. die Scheibe soll öfters abgezogen werden und der besondere Gegenstand, der kurz vor dem Abziehen der Scheibe geschliffen wurde, soll sorgfältig untersucht werden;

5. besondere Aufmerksamkeit muß verlangt werden, wenn eine neue Scheibe in Gebrauch genommen wird;

6. lange Gegenstände sollen während der Härtungsarbeit so gehalten werden, daß sie sich nicht krümmen und die Menge des Metalls, die von irgendeinem Teil des Gegenstandes abgeschliffen werden muß, nicht übermäßig groß wird.

Die durch das Schleifen verursachten weichen Stellen werden durch Ätzung ebenfalls dunkel gefärbt, wenn sie in angesäuerten Alkohol getaucht werden, aber sie färben sich nicht so leicht und auch nicht mit derselben gleichmäßigen schwarzen Tönung wie jene, die durch die gebremste Abschreckung hervorgebracht wurden, sofern nicht die Oberfläche des Stahls nur einen Augenblick lang bis zur Rothitze gebracht wurde. Eine gehärtete Stahlfläche kann augenblicklich auf Rothitze gebracht werden, indem man sie gegen eine Schmirgelscheibe preßt, ohne daß irgendwelche Erscheinung von Röte während dieser Arbeit wahrnehmbar ist. Unter diesen Umständen kühlt die Masse des kalten Stahls dessen augenblicklich erhitzte Oberfläche mit einer Schnelligkeit ab, die mit jener bei der Abschreckung vergleichbar ist. Es kann also eine harte Stelle auf der Oberfläche eines ungehärteten Stahls oder eine weiche Stelle auf der Oberfläche des gehärteten Stahls durch dieselbe Art der Behandlung hervorgerufen werden. Jeder dieser beiden Fälle kann als ein Beispiel von gebremster Härtung angesehen werden, so wie sie auch durch unvollständige Abschreckung entsteht. In beiden Fällen färben sich die betreffenden Stellen in angesäuertem Alkohol dunkel und sie zeigen auch den Zellensaum nach Abb. 42.

Eine ernstliche Verwechslung kann nicht so leicht bei dem Versuch vorkommen, zwischen sehr dunkel geätzten Stellen, die der Härtung zuzuschreiben sind und jenen, die auf die Schleifarbeit zurückgeführt werden müssen, zu unterscheiden. Bei verhältnismäßig geringer Vergrößerung zeigt die letztere Art eine Streifung von Troostit auf dem geätzten Stahl, die durch die verschiedenartige Wirkung der einzelnen Körner der Schmirgelscheibe verursacht wird (Abb. 45), während durch sorglose Härtung eine unbestimmbare Färbung ohne irgendwelches besondere Muster auftritt.

Abb. 45. Durch Schleifen im Stahl hervorgerufener streifiger Troostit (dunkel). ×25.

Die Tatsache, daß eine Schleifscheibe Metall von der Oberfläche eines Werkzeuges durch Ausschneiden von aufeinander folgenden Rillen oder Furchen entfernt, kann durch ein vorsichtiges Schleifen der Schneidkante eines gehärteten und angelassenen Schneidwerkzeuges, z. B. eines Stechbeitels, bewiesen werden. Der Grat, der der Schneidkante anhängt, kann als ein Saum von feinen biegsamen Stahlstreifen angesehen werden (Abb. 46), die durch Zwischenräume voneinander getrennt sind, welch letztere mit der Gröbe des Schmirgelkorns übereinstimmen. Ein vollkommener Saum kann nur an gehärtetem und angelassenem Stahl erzeugt werden. An weichem Stahl wird er formlos, und an hartem Stahl bricht er weg, ehe er vollständig gebildet wurde.

Durch das Auftreten von weichen Stellen, ob sie nun durch unvollkommene Abschreckung oder fehlerhaftes Schleifen verursacht wurden, können Risse oder Abblätterungen auf der Oberfläche einsatzgehärteter Gegenstände herbeigeführt werden. Bei der Betrachtung der Bedingungen, die das Zustandekommen eines Bruches begünstigen, darf nicht vergessen werden, daß die Oberfläche des gehärteten Gegenstandes dauernd ausgedehnt ist. Der weiche Teil ist jedoch nicht in demselben Grade dauernd ausgedehnt, und er muß deshalb, solange er ein ununterbrochener Teil der Außenschicht ist, sich in einem gewissen Spannungszustande befinden, so daß er tatsächlich gestreckt ist.

Abb. 46. Fransenartiger Saum an der Schneidkante eines Stechbeitels.

Dieser weichere Teil kann sich aber am wenigsten in der Nähe seiner Kanten strecken und irgendwelche Störung, wie eine kleine Temperaturerhöhung oder ein plötzlicher Stoß kann veranlassen, daß die Grenze der Dehnbarkeit (Streckbarkeit) an diesen empfindlichen Stellen überschritten wird. Die weiche Stelle, die dann Bewegungsfreiheit erlangt hat, kann sich jetzt nach ihrem Belieben zusammenziehen und hinterläßt dann einen Zwischenraum an derjenigen Stelle, die die harten und weichen Teile voneinander trennt. Ein Fall dieser Art, der mitunter an der Oberfläche eines einsatzgehärteten Laufringes eines Kugellagers vorkommt, wird in Abb. 92 bei Brearley-Schäfer, Werkzeugstähle, 3. Aufl., gezeigt. Auch durch die Feilenstriche auf dem weichen Teil des in dieser Abbildung dargestellten Ringes wird die verhältnismäßig hohe Weichheit des abgesplitterten Teiles gekennzeichnet. Bei der Untersuchung von weichen Plättchen dieser Art kann man feststellen, daß sie gewöhnlich in der Mitte dicker sind und allmählich in eine dünne Kante auslaufen, auch sind sie auf der Unterseite härter.

Risse, deren Entstehung nicht einer ausgesprochenen Oberflächenerweichung zuzuschreiben ist, können auch durch Schleifen verursacht worden sein (Schleifrisse). Der Härter, dessen Bestreben es ist, glasharte Oberflächen herzustellen, soll nicht vergessen, daß „Glashärte" und „Glassprödigkeit" nahe verwandte Eigenschaften besitzen. Es ist nicht überraschend, daß durch einen scharfen Schlag ein harter Gegenstand zerbrochen wird, weil er, wie es bekannt ist, nicht sogleich seine Form beim Vorhandensein von Spannungen verändern kann. Aber die Reibungswärme, die durch leichtsinniges Schleifen zustande kommt, muß örtliche Ausdehnungen hervorrufen, für welche das Material zu starr ist, um sich ihnen anpassen zu können. Daher sind

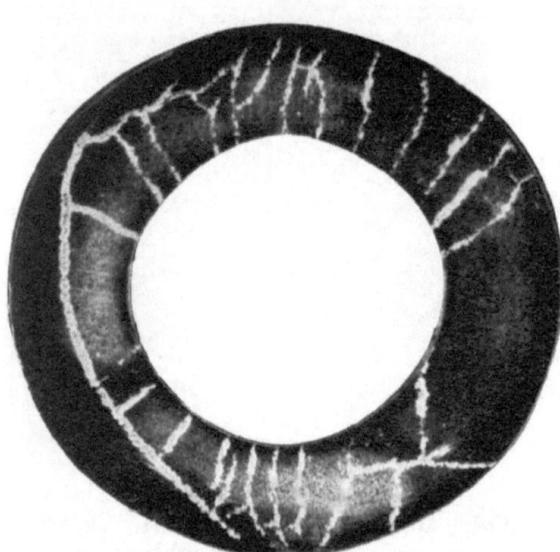

Abb. 47.　Durch Salmiaklösung kenntlich gemachte Schleifrisse auf der Oberfläche einer gehärteten Unterlagsscheibe.

Risse unausbleiblich. Vom Stahlhersteller wird häufig verlangt, Material zu ersetzen, in dem Risse vorhanden sind, die sich während des Schleifens gebildet haben. Aber für diese ist er überhaupt nicht verantwortlich. Risse entstehen sehr leicht während des Schleifens von Innenflächen, die nicht wirkungsvoll wassergekühlt werden können. Ihre Bildung wird auch größtenteils durch das Vorkommen von freiem Zementit in den gekohlten Schichten unterstützt. Ein ausgeprägtes Beispiel von Schleifrissen auf der Oberfläche einer gehärteten Unterlagsscheibe wird in Abb. 47 gezeigt. Die Schleifrisse können für das bloße Auge fast unsichtbar sein, wahrnehmbar werden sie erst an dem Klang des Stahls. Sie können aber dadurch sehr deutlich gemacht werden, daß man den Gegenstand in eine verdünnte heiße Lösung von Salmiak eintaucht und ihn dann nach dem Waschen und Trocknen ein oder zwei Tage lang an einem trockenen Orte lagern läßt. Die Salmiaklösung, die in die Risse eindringt, zwingt letztere auseinander oder sie wird selbst aus den Rissen herausgepreßt und hinterläßt hierbei bestimmte Kennzeichen wie jene, die in Abb. 47 sichtbar sind.

Die beim Schleifen von Innenflächen z. B. bei Daumenwellen auftretenden Schleifrisse liegen gewöhnlich rechtwinklig zur Achse der Schmirgelscheibe, während die meisten Risse, die auf Fehler im Stahl zurückgeführt werden können, parallel zur Achse der Scheibe liegen, d. h. längs der Richtung, in der der ursprüngliche Stahlblock, aus dem die Gegenstände hergestellt sind, gewalzt oder geschmiedet wurde.

VI. Arbeiten in der Einsatzhärterei.

Um die Zementationsarbeiten in großem Maßstabe wirtschaftlich durchzuführen, sind Werkstätten von verschiedener Art von Zeit zu Zeit entworfen worden. Die Einrichtungen einer solchen Werkstatt werden je nach dem besonderen in Aussicht genommenen Zweck verschieden sein, jedoch fällt es nicht in den Rahmen dieser Ausführungen, weder den Entwurf noch die Einrichtungen einer Anlage für Einsatzhärtungen zu besprechen, da alle diese Fragen notwendigerweise nach den örtlichen Verhältnissen entschieden werden müssen. Es hängt z. B. ganz von den Umständen ab, ob das Kohlungsmittel fix und fertig gekauft oder ob es gegebenenfalls an Ort und Stelle besonders zubereitet wird. Auch wird die Art und Weise, nach der es zubereitet werden soll, von den Materialien abhängen, die man als vorteilhaft für die Zementation ansieht. Diese haben wechselnde Beschaffenheit und können nur von Fall zu Fall für bestimmte Zwecke herangezogen werden.

Wenn gesagt wird, daß die Zementierungsöfen entweder mit Generator- oder Leuchtgas geheizt werden müssen, so soll hiermit keineswegs angedeutet werden, daß Öfen, die mit Kohle oder Koks betrieben werden, gegebenenfalls für einen bestimmten Zweck ungeeignet sind, ja daß sie sogar unter besonderen Umständen minderwertig arbeiten. Um große Mengen Einsatzgut billig behandeln zu können, ist es notwendig, große Öfen zu verwenden. Diese erreichen aber niemals an allen Stellen dieselbe Temperatur, auch wenn sie mit Gas geheizt werden. Dies ist jedoch kein ernstlicher Nachteil, weil man, wenn die Temperatur, die in den verschiedenen Teilen des Ofens vorherrscht, bekannt ist, von dieser Tatsache insofern Gebrauch machen kann, als man jene Gegenstände, von denen eine stärkere gekohlte Außenschicht verlangt wird, in die heißeren Teile des Ofens stellt. Die jeweiligen Temperaturen können entweder durch ein Thermoelement, das in die verschiedenen Teile des Ofens gelegt wird, oder auch durch ein optisches Pyrometer bestimmt werden. Um die Höchsttemperatur, die in unzugänglichen Stellen z. B. im Inneren des Einsatzkastens erreicht wird, festzustellen, kann irgendein Stoff gebraucht werden, der einen bestimmten Schmelzpunkt besitzt, z. B. ein Sentinelpyrometer (S. 207). Unterschiede in der Temperatur in den verschiedenen Teilen eines Ofens rühren auch von der Art her, in der die Kästen in ihn gestellt werden, und wenn diese Tatsache und auch andere Einzelheiten, wie z. B. das Verhältnis von Gas und Luft, die Stellung der Schieber usw. berücksichtigt werden, so werden im voraus bestimmte Änderungen der Temperatur kaum zuverlässigen Wert haben.

Gußeisenkästen zur Aufnahme des Einsatzgutes sind billiger als Kästen aus geschmiedetem und zusammengenietetem Eisenblech. Erstere sind aber nicht so dauerhaft und vielleicht auch nicht so zuverlässig und sparsam für den ständigen Gebrauch wie die letzteren. Auch sind die Verwendungsmöglichkeiten der gußeisernen Kästen gering und noch keinesfalls ausgeprobt. In den letzten Jahren ist eine große Anzahl von Beobachtungen über das Verhalten des Gußeisens während wiederholter Erhitzung und Abkühlung, der auch die Einsatzhärtungskästen unterworfen sind, gemacht worden. Es scheint, daß das gewöhnliche Gußeisen so ziemlich die schlechteste Art des Gußeisens, welches gebraucht werden kann, darstellt. Der Grund liegt darin, daß das Silizium, das in allen Gußeisensorten enthalten ist, bei hohen Temperaturen allmählich zu Siliziumdioxyd verbrennt, wodurch eine Volumenvergrößerung des Eisens herbeigeführt wird, die dann zu Rissen oder Sprüngen und schließlich zu völligem Zerfall des Eisens führt. Das weiße Eisen jedoch, d. h. Gußeisen, das verhältnismäßig wenig Silizium aufweist, neigt, wenn es auch noch gewisse Mengen von Mangan enthält, viel weniger zu einer Volumenvergrößerung als graues Eisen.

Kästen aus weißem Gußeisen sind natürlich sehr spröde, aber wenn sie nach dem Gießen noch „angelassen" werden, dann versagen sie selten. Sie können nur gebraucht werden, wenn die Höchsttemperatur im Zementierungsofen unter 1100° C liegt. Auch können sie nicht leicht wieder gerichtet werden, wenn sie etwa ihre Form verloren haben. Trotzdem sind sie unter Umständen ein willkommener Ersatz für die Graueisenkästen und auch für die teuren Kästen aus Schmiedeeisen. Auch Kästen aus Stahlguß und neuerdings aus alitiertem Eisen sind wegen ihrer Dauerhaftigkeit beliebt (Fry, Werkstattstechnik 1924, S. 614).

Rundkästen sind für die Einsatzhärtung nicht immer zu empfehlen. Die Vorteile, die sie scheinbar bieten, wie z. B. schnellere Erhitzung des Stahls, Sparen an Einsatzhärtepulver usw. sind jedoch trügerisch. Nach kurzer Zeit verlieren nämlich diese Kästen ihre Gestalt, die Gegenstände werden dann mit Schwierigkeit ein- und ausgepackt, die Deckel passen nicht mehr gut, und unnötig viel Lehm wird verbraucht, um nur leidlich gut Kasten und Deckel zu dichten.

Haben die Kästen viele Ecken und Kanten, so reißen sie infolge der an diesen Stellen vorhandenen Spannungen und infolge von Volumenänderungen, die durch die Erhitzung und Abkühlung herbeigeführt wurden, leicht ein. In allen Fällen, wo gußeiserne Gegenstände, sei es Zementierkästen, Bleitöpfe oder Gießformen immer wieder erhitzt und abgekühlt werden, soll man diese möglichst einfach gestalten und alle scharfen Winkel und Ecken vermeiden.

Die Deckel für die Kästen sind zweckmäßig so herzustellen, daß sie in die Kästen hineinpassen. Diese können dann leicht verschmiert und fast ganz gasdicht gemacht werden. Da der Druck der Gase, die aus dem festen Kohlungsmittel während der Erhitzung frei geworden sind, nicht ohne Einfluß auf den Grad und die Tiefe der erreichbaren Kohlungsschicht des Einsatzgutes ist, so muß der Deckel mit einer Lehm- oder Tonmischung verschmiert werden, die nicht rissig wird, wenn sie getrocknet und erhitzt wird. Manche Ofenwärter bringen sogar eine Lage von gußeisernen Bohrspänen unter dem Deckel an, um die Gefahr der Oxydation des zu kohlenden Gegenstandes zu vermeiden, wenn der Deckel zufällig undicht geworden ist. Es wird sogar die Verwendung einer Lage von gußeisernen Bohrspänen anstatt eines Deckels empfohlen, da die Späne dicht zusammensintern und so eine leidliche Abdeckung ergeben, die zur Not gute Dienste leistet. Ein richtig verschmierter Deckel ist jedoch zuverlässiger, billiger und angenehmer.

Die Kästen sollen nicht größer sein, als für eine genügende Kohlung nötig ist. Die Abmessungen der Kästen richten sich nach der Größe des Gegenstandes zuzüglich 40 bis 50 mm Zwischenraum für die Kohlungsmischung. Es ist besser, bei der

Zementation vieler Gegenstände eine Anzahl kleinerer Kästen als einen einzelnen großen Kasten zu verwenden, nicht nur wegen der Leichtigkeit in der Handhabung der kleinen Kästen, sondern auch aus dem Grunde, weil die Zementationsergebnisse gleichmäßiger sind. Es ist leicht, einen Ofen bis zu einer bestimmten Temperatur zu erhitzen und diese Temperatur auch aufrecht zu erhalten, jedoch ist es nicht leicht, die Temperatur in irgendeinem Teil eines großen Kastens festzustellen, noch die Zeit zu errechnen, die verstreicht, ehe jener Teil wahrscheinlich annähernd die Ofentemperatur erreicht hat.

Die gebräuchlichen Härtepulver sind hinsichtlich ihrer Wärmeleitfähigkeit ziemlich verschieden voneinander und Unregelmäßigkeiten bei der Zementation, die auf ungleiche oder geänderte Packung zurückzuführen sind, dürfen nicht außer acht gelassen werden. Um sich eine ziemlich zutreffende Meinung über den Einfluß, der durch eine Packungsänderung ausgeübt werden kann, zu bilden, können Probestäbe, die mitten im Kasten einmal in seiner Längsrichtung und dann in seiner Breitenrichtung eingepackt sind, zementiert und später gehärtet und zerbrochen oder auf andere Weise geprüft werden, um die Eindringungstiefe des Kohlenstoffs festzustellen. Wo ein registrierendes Pyrometer zur Verfügung steht, ist es leicht, einen qualitativen Vergleich zwischen verschiedenen Härtepulvern in folgender Weise anzustellen:

Zwei Löcher werden durch die gleiche Seite eines Zementierungskastens, in dem der Versuch gemacht werden soll, gebohrt. Die Löcher werden mit einem Gewinde versehen, in die Stücke von schmiedeeisernem Gasrohr geschraubt werden, die lang genug sind, um aus der Tür eines kleinen Gasofens, in dem der Kasten erhitzt werden soll, herauszuragen. Das eine Rohr soll das Thermoelement aufnehmen, das bis in die Mitte des Kastens reicht und an einer Seite des Kastens anliegt. Das zweite Thermoelement ragt bis zur gleichen Tiefe hinein, liegt aber mit seiner Heißlötstelle genau in der Mitte des Kastens. Der Kasten wird dann mit der Probemischung gefüllt und durch Schütteln und Stampfen festgepackt. Die offenen Enden der Röhren werden mit Asbest verschlossen und mit feuerfestem Ton verschmiert, um einen gasdichten Abschluß herzustellen. Der Ofen wird dann gleichmäßig erhitzt, indem man sofort so viel Gas einströmen läßt, als not-

wendig ist, um die Temperatur des Ofens bis auf den gewünschten
Wärmegrad zu bringen. Die gewonnenen Ergebnisse werden
ähnlich denjenigen sein, die in Abb. 48 wiedergegeben sind und
die sich auf Holzkohle (Linienpaar links) und auf eine Mischung
von Holzkohle und Bariumkarbonat beziehen, die als „Hardenit"
verkauft und manchmal auch als Caronsmischung bezeichnet
wird (Linienpaar rechts).

Die punktierten Linien bedeuten die Temperaturen, die das
Thermoelement in der Mitte des Kastens anzeigt. Die vollen

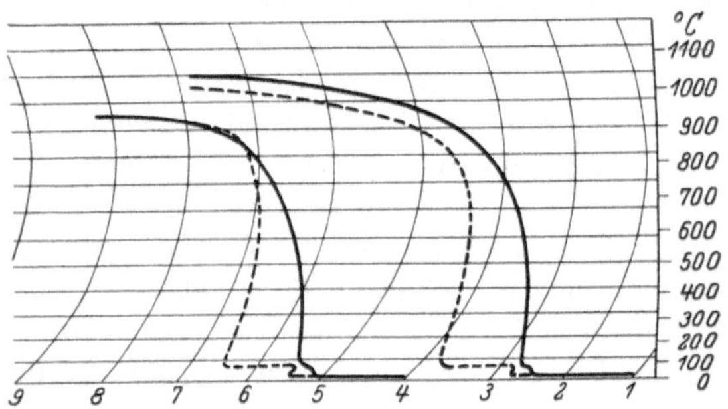

Abb. 48. Wärmeleitfähigkeit von Holzkohle und
Holzkohle und Bariumkarbonat (60 : 40).

Linien gehören zu dem Thermoelement, das dicht an der Seite des
Kastens liegt. In beiden Fällen zeigen die punktierten Linien
einen langen Halt bei 100⁰ C, der sich über die Zeit erstreckt,
während welcher die 2 oder 3 vH Feuchtigkeit aus der Mischung
entfernt werden. Es soll noch besonders betont werden, daß,
während die erhaltenen Linienzüge für Holzkohle zuletzt zusam-
menlaufen, dies bei denen für die Caronsmischung nicht zutrifft,
d. h. im letzteren Falle erreicht das Kasteninnere niemals die
wirkliche Ofentemperatur. Dieselbe Beobachtung kann stets
gemacht werden, ob nun Holzkohle und Caronsmischung frisch
bereitet oder schon gebraucht worden sind.

Ähnliche Ergebnisse haben Nead und Bourg nach einem
anderen Untersuchungsverfahren erhalten. Sie erwärmten ein
Bleibad auf konstante Temperatur (650⁰ C) und stellten die Zeit
fest, welche nötig war, bis ein Thermoelement dieselbe Temperatur anzeigte, das sich in der Mitte eines in das Bleibad

eingehängten Topfes befand, der mit dem zu prüfenden Härtepulver gefüllt war. Die Forscher erhielten auf diese Weise folgende Ergebnisse:

Kohlungsmischung	Gewicht je cbdcm kg	Zeit zur Erreichung von 650° C Minuten
Gewöhnliche Knochenkohle (neu).	0,83	145
„ „ (alt)	—	99
Verkokte Mischung von Kohle, kalzinierter Soda und Kalkstein (neu)	0,45	52
Desgleichen (alt)	0,45	34
Holzkohle und Bariumkarbonat (neu).	0,56	110
„ „ „ (alt)	—	96
Knochenkohle und Bariumkarbonat (neu) . . .	0,72	112
Mischung von Holz- und Knochenkohle.	—	150
Verkohlte Knochen mit 25 vH Teeröl	—	143
Holzkohle und Kalziumsaccharat (neu)	0,82	114
„ „ „ (alt)	—	76

Es ergibt sich hieraus, daß eine verkokte Mischung von Kohle, kalzinierter Soda und Kalkstein (alt) 34 Minuten gebraucht, um die Temperatur von 650° C zu erreichen, während Knochenkohle sogar 2 Stunden und 25 Minuten verlangt. Bei gleichen Verhältnissen würde bei Anwendung der ersteren Mischung der Zementierungsprozeß mithin eine erhebliche Brennstoffersparnis ergeben, weil das Einsatzgut viel schneller auf die Kohlungstemperatur gebracht wird als beim Gebrauch von Knochenkohle.

Sofern es gewünscht wird, daß bestimmte Teile eines zementierten Gegenstandes nach der Abschreckung weich bleiben sollen, müssen diese Teile nicht nur vor der Berührung mit dem festen Kohlungsmittel, sondern auch vor den entwickelten Gasen, die in alle Hohlräume des Kasteninneren eindringen, geschützt werden. Zur Ausfüllung von Teilen der Kiste, die keine zu zementierenden Gegenstände aufnehmen sollen, verwendet man zweckmäßig eine Mischung von Sand und Ton. Ist der Ton zu fett und schrumpft er bei der Erhitzung ein, dann muß er mit gebranntem feuerfestem Ton, Schamottemehl, körnigem Graphit, Koksstaub oder einem anderen nicht schrumpfenden Stoff in solcher Menge vermischt werden, daß die Mischung noch eine ausreichende plastische Beschaffenheit besitzt. Um ihre Schmelzbarkeit zu erhöhen, kann die trockene Mischung mit Wasserglas befeuchtet werden. Der Ziegelton, der gerade bei der Zementationstemperatur frittet, ist im allgemeinen brauchbarer als die feuerfesten Tone. Jedoch weder der Ton noch Asbestwicklungen, noch irgendeine andere Schutz-

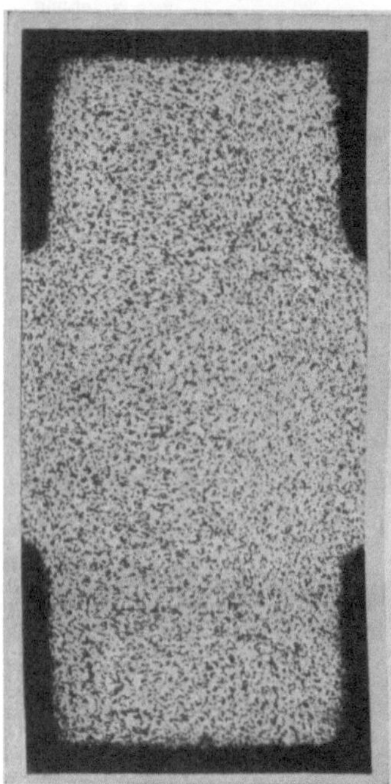

Abb. 49. Schnitt durch einen vor Kohlung teilweise geschützten Stab. × 5.

masse sind wirklich befriedigende Mittel, die Außenflächen des Stahls vor Zementation zu schützen. Eine der besten solcher Schutzmassen ist eine Mischung von Natronwasser- glas und sehr fein gemahlenem Sand, die mit einer Bürste in einer Dicke von etwa 1 mm oder besser noch dünner aufgetragen und an einer warmen Stelle getrocknet wird, ehe der Gegenstand in die Zementierkiste gepackt wird. Abb. 49 stellt einen polierten und geätzten Schnitt eines Stabes dar, der in der Mitte seiner Breitflächen durch den Gebrauch dieser Schutz- auflage weich behalten wurde. Auch ist vorgeschlagen worden, den gegen eine Kohlenstoffaufnah- me zu schützenden Teil des Werk- stückes mit einem elektrolytischen Überzug von Kupfer oder Nickel zu versehen, und es wird auch behauptet, daß dieser Vorschlag zu guten Ergebnissen geführt hat,

aber eine allgemeine Anwendung hat dieser Vorschlag bei den in Frage kommenden Werken nicht gefunden. Die viel einfachere Art des Aufstriches einer angesäuerten Lösung von Kupfersulfat oder -chlorid auf den Teil des Werkstückes, der weich bleiben soll, hat keinen besonderen Erfolg gehabt. Das Verfahren des Nickel- überzuges ist sicherlich kostspielig und mühsam. Der Kupfer- überzug ist nicht ganz zuverlässig, wenn er nicht von einer be- stimmten Dicke und so dicht ist, wie er nur durch die Elektrolyse gewonnen werden kann. Das am meisten angewendete und zuverlässigste Verfahren bei einfachen und geradachsigen Gegenstänen, z. B. Kolbenbolzen besteht darin, daß man dem Teil, der weich bleiben soll, einen größeren Durchmesser gibt als nötig ist und das überschüssige Material nach der Zementation vor der ersten Abschreckung des Stahls abdreht. Ein befriedigendes Ergebnis kann auch erzielt werden, wenn man einen dünnen eisernen Ring auf den weich zu haltenden Teil eines geraden runden Werkstückes aufzieht und diesen Ring durch einen Hammerschlag beseitigt, nachdem das Werkstück zementiert und abgeschreckt worden ist.

Nachdem die oberflächlich sauberen Gegenstände in einen Kasten von richtiger Größe bei Verwendung der richtigen Art des Kohlungsmittels gepackt worden sind, das möglichst frei von Feuchtigkeit und anderen leicht flüchtigen und nachteiligen Verunreinigungen ist, und alle Maßnahmen getroffen sind, um weiche Stellen dort zu erhalten, wo sie gewünscht werden, auch die Kästen der verlangten Temperatur ausgesetzt wurden, kann man zu der Klärung der Frage übergehen, in welcher Weise sich der Kohlenstoff des Kohlungsmittels mit dem Eisen vereinigt. Es ist möglich, die Oberfläche eines rotglühenden Eisenstückes zu zementieren, indem man reinen Kohlenstoff mit ihm in Berührung bringt, so daß sich diese beiden Stoffe durch eine direkte Reaktion miteinander verbinden. Aber eine direkte Reaktion zwischen dem Kohlenstoff und dem Eisen findet nicht in wahrnehmbarem Maße bei denjenigen Temperaturen statt, die in Zementierungsöfen gewöhnlich vorhanden sind. Bei allen Arten von gewerblicher Einsatzhärtung wird die Kohlung durch die heißen Gase bewirkt, die entweder aus der Kohlungsmischung frei geworden sind oder sich durch eine Reaktion zwischen der eingeschlossenen Luft und dem Härtepulver entwickeln. Diese Tatsache kann leicht bewiesen werden. Wenn ein Stück eines rechteckigen Stabes aus weichem Stahl fast bis zu seiner obersten Fläche in groben Sand eingepackt wird, alsdann der Sand mit Asbestpapier bedeckt und der Kasten mit irgendeinem festen Kohlungsmittel, etwa Holzkohle und Bariumkarbonat, gefüllt und darauf das Ganze erhitzt wird, dann kann man leicht feststellen, daß die Kohlung nicht nur auf den in das Kohlungsmittel hineinragenden Oberflächen des Stabes, sondern auch auf jeder anderen Fläche desselben stattgefunden hat. Abb. 50

stellt den Querschnitt eines solchen Stabes dar, der nach der beschriebenen Art zementiert und dann poliert und geätzt wurde. In der Werkstatt gibt es zahlreiche Gelegenheiten, diese Beobachtung zu machen und die Eindringung des Kohlenstoffs ist in manchen Fällen fast in jenen Flächen so groß, die in keiner Berührung mit dem Kohlungsmittel stehen als in jenen, die sich in unmittelbarer Berührung mit dem Härtepulver befanden.

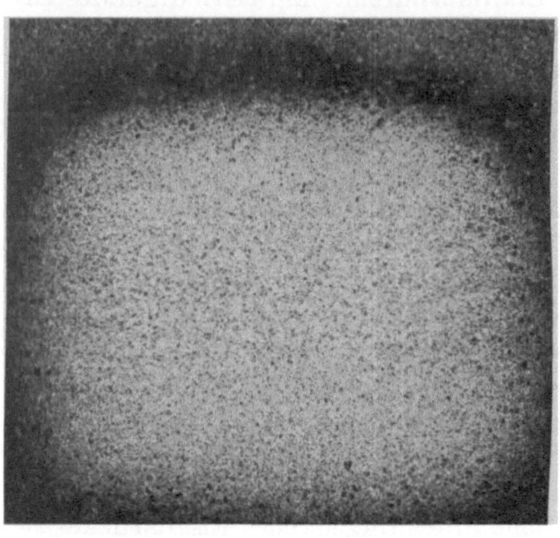

Abb. 50. Querschnitt eines Stabes, bei dem das zum Zementieren verwendete Kohlungsmittel nur den oberen Teil des Stabes berührte. × 5.

Um die Tatsache, daß jene Teile eines Stabes, die nicht in unmittelbarer Berührung mit dem Härtepulver stehen, trotzdem zementiert werden, zu erklären, wird angenommen, daß sich das aus dem Kohlungspulver entwickelte Kohlenoxydgas folgendermaßen zersetzt:

$$2CO + 3Fe = Fe_3C + CO_2.$$

Das gebildete Kohlendioxyd kann sehr leicht wieder durch den Überschuß an Kohlenstoff etwa aus der Holzkohle zu Kohlenoxyd reduziert werden gemäß der Gleichung:

$$C + CO_2 = 2CO^1).$$

Diese Reaktionen klären jedoch keineswegs den wirklichen Kohlungsvorgang auf, noch wird dies durch noch so gelehrte Abhandlungen geschehen können, die darauf hinauslaufen, daß der Stickstoff durch Bildung von komplexen Zyaniden bei der Ze-

---

¹) Von verschiedenen Forschern ist festgestellt worden, daß diese Gleichung nur bei Temperaturen über 800° C besteht, bei tieferen Temperaturen (400—500° C) tritt der umgekehrte Vorgang ein. In diesem Falle würde sich fester Kohlenstoff auf dem Eisen ablagern (s. S. 136).

mentation eine bestimmte Rolle spielt. Es ist eine bekannte Tatsache, daß ein Zyanidbad bei der richtigen Temperatur die Oberfläche eines weichen Stahls zementiert, doch sind sich die meisten Einsatzhärter auch bewußt, daß weicher Stahl durch Gase zementiert werden kann, die keinen Stickstoff in irgendwelcher Form enthalten und die Zementation allein durch Kohlenoxyd bewirkt wird. Es scheint deshalb ratsam, die obige einfachere Erklärung, die in den beiden chemischen Gleichungen ausgedrückt wird, anzunehmen. Man kann dann wenigstens zu der endgültigen Feststellung kommen, daß das wirksame Zementationsmittel nicht das feste Härtepulver, sondern ein Gas oder eine Mischung von Gasen ist, die aus dem heißen Pulver entstehen.

Immerhin scheint der Stickstoff auch bei dem sehr geschätzten Härtepulver aus Holzkohle (Buchen- oder Eichenholzkohle) und Bariumkarbonat meist im Mischungsverhältnis von 60:40 eine wichtige Rolle zu spielen. Bei hohen Glühtemperaturen (über 900° C) entsteht nämlich aus diesem Gemenge unter Mitwirkung des Luftstickstoffs Zyanbarium, wobei Kohlenoxyd frei wird:

$$2N + 4C + BaCO_3 = Ba(CN)_2 + 3CO.$$

Die Kohlung wird einmal durch Zersetzung des Zyanbariums, zum anderen durch die gleichzeitige Anwesenheit von Kohlenoxyd bewirkt. Da in der Holzkohle als Verunreinigung stets Kaliumkarbonat und in der Härtekiste stets Luftstickstoff zugegen ist, so dürfte die kohlende Wirkung der Holzkohle nur im Zusammenhang mit diesen Bestandteilen zu erklären sein[1]).

Ob sich die Wirkung der Kohlungsgase an der Oberfläche des Stahls allein auf die Bildung von Eisenkarbid (Fe_3C) beschränkt, das als fester Körper in das Eisen eindringt, oder ob die Gase an sich in das Eisen eindringen und sich dort zersetzen, ist eine Frage, die in allgemein befriedigender Weise noch nicht beantwortet worden ist. Es ist bekannt, daß feste Körper bei hoher Temperatur einander durchdringen können, und es ist auch durch Versuche festgestellt worden, daß der Kohlenstoff eines harten Stahlkerns in einen Ring von weichem Stahl wandert, der in innigste Berührung mit ihm gebracht worden ist, wenn beide auf eine bestimmte Temperatur erhitzt werden. Auch ist aus den vorher-

---

[1]) Stahl und Eisen 1904, S. 1061. — Vgl. Oberhoffer, P.: Das technische Eisen, 2. Aufl., S. 508. Berlin: Julius Springer 1925.

gehenden Betrachtungen die Erscheinung bekannt, daß die Karbide
in die kohlenstofffreien Teile des Stahls eindringen. Doch die Auflösung der festen Stahlbestandteile ineinander erstreckt sich nur
über sehr kleine Entfernungen, die praktisch nicht berücksichtigt
zu werden brauchen, wenn sie mit solchen Eindringungstiefen
(bis zu 20 mm) verglichen werden, wie sie unter Umständen im
praktischen Zementationsbetriebe erreicht werden.

Trotzdem es schwierig ist, einen unmittelbaren Beweis für die
Art und Weise der Oberflächenkohlung zu erbringen, gibt es doch

Abb. 51. Abgeschreckter Stahl mit kohlenstoffreier
Außenschicht. × 100.

viele mittelbare Beweise, die für die oben wiedergegebene Ansicht
sprechen, daß die Auflösung von festen Bestandteilen im Stahl
auf mikroskopisch enge Grenzen beschränkt ist, und man schreibt,
wie gesagt, die Kohlungswirkung auf das Eisen den aus den
Härtepulvern entwickelten Gasen zu. Diese Ansicht kann zwar
erklärt, aber natürlich nicht dadurch bewiesen werden, daß man
die Vorgänge bei der Entkohlung betrachtet. Ein Stahlstab, der
eine entkohlte Oberfläche besitzt, kann als ein sehr günstiger
Versuchsgegenstand angesehen werden, indem man die ,,feste
Auflösung'' über wahrnehmbare Entfernungen beobachten kann.

Wenn dieser Stahlstab auf die gewöhnlich bei den Zementationsarbeiten angewendete Temperatur erhitzt und dann abgeschreckt wird, so bleibt die Dicke der kohlenstofffreien Außenschicht so groß wie vorher. Könnte die „feste Auflösung" quer durch die kohlenstofffreie Außenschicht stattfinden, dann könnte man billigerweise erwarten, daß das Eisenkarbid vom Kern allmählich nach außen hin wandern wird, und es müßte eine meßbare Menge von Kohlenstoff selbst in den äußersten Schichten des Stahlstabes wahrnehmbar sein. Man findet jedoch im Gegenteil, daß die Grenze zwischen dem gekohlten und kohlenstofffreien Teil ziemlich scharf ist, wie aus Abb. 51 entnommen werden kann. Man kann daher mindestens als sehr wahrscheinlich annehmen, daß sowohl die Kohlung (wie bei der Zementation) als auch die Entkohlung (wie beim Temperprozeß) durch die Eindringung von wirksamen Gasen in das Metall herbeigeführt wird. Der Gedanke ist nicht neu, daß Gase in festes Metall eindringen, denn wenn ein Stück Stahl im Vakuum erhitzt wird, entstehen Gase, die im Stahl vorhanden gewesen sein müssen. Wenn ferner das graue Gußeisen wächst, reißt und in viele Stücke zerfällt, dann rührt dies daher, daß das im grauen Eisen vorhandene Silizium durch eindringende Gase oxydiert wird. Das durch die Oxydation entstandene Siliziumdioxyd sprengt wegen seines gegenüber dem Silizium größeren Volumens das Eisen auseinander (s. S. 75).

Wenn Stahl nach dem Abbrennen (Abbeizen) spröde wird, oder Blasen an der Oberfläche entstehen, so wird der Grund hierfür dem Wasserstoffgas zugeschrieben, das während dieser Arbeit frei geworden ist und von dem Metall aufgenommen wurde.

Die Annahme, daß die Kohlung wahrscheinlich durch die Eindringung von Zementierungsgasen in das Eisen bewirkt wird, wird jedoch nicht durchweg geteilt. Aus diesem Grunde wurde ein sehr lehrreicher Schiedsversuch gemacht. In ein weiches Stahlstück von etwa 25 mm Durchmesser wurde ein Loch von etwa 19 mm gebohrt. In diese hierdurch entstandene Röhre wurde ein Stahlstab, der stufenweise auf verschiedene Durchmesser abgedreht worden war, hineingedrückt, so daß er mit der Röhre nur an den stehengebliebenen Ansätzen in inniger Berührung war. Die offenen Enden der Röhre wurden dann zur vollständigen Abschließung zugeschweißt. Darauf wurde die Röhre in der üblichen Art verpackt und zementiert. Sie wurde dann ganz aufgeschnitten,

poliert und geätzt. Die geätzte Fläche ist in Abb. 52 wiedergegeben. Das Innere der Röhre stand in keinem Fall in unmittelbarer Berührung mit dem festen Kohlungsmittel. Der stufenweise
abgedrehte im Inneren der Röhre liegende Stahlstab konnte
durch „feste Auflösung" nur an den Ansätzen gekohlt werden, die
in Berührung mit der inneren Wandung der Röhre standen. An
den anderen Stellen konnte der Stab nur durch solche Gase gekohlt werden, die die Wandung der Röhre durchdrungen hatten.
Der Stab ist tatsächlich genau so tief an jenen Teilen gekohlt
worden, die nicht in Berührung mit der Röhre standen, wie

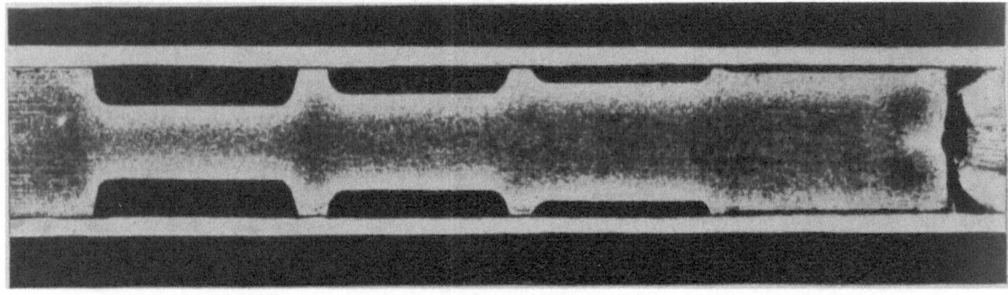

Abb. 52. Durch Wanderung von Kohlungsgasen durch eine Stahlröhre
gekohlter Stab.

an jenen Stellen, die sich unmittelbar berühren. Hieraus folgt,
wenigstens in diesem Falle, daß die Zementation nur durch die Eindringung der Kohlungsgase in das Metall stattfand, und man kann
sich den Vorgang so vorstellen, daß die wirksamen Gase nach
innen und die gasartigen Nebenbestandteile nach außen wanderten.

Der freie Zementit, der in der gehärteten Außenschicht durch
Reißen und Absplittern dieser Schicht viel Ärger verursacht, kann
auch im Kern von einsatzgehärteten Gegenständen vorkommen,
die man sehr langsam in der Zementierungskiste hat abkühlen
lassen. Alle Kohlungspulver sind verhältnismäßig schlechte
Wärmeleiter, und der Inhalt von großen Zementierkästen kann
viele Stunden lang rotglühend bleiben, wenn man sie ungestört
abkühlen läßt, nachdem sie aus dem Ofen herausgenommen worden sind. Dies ist ein weiterer Grund, warum unnötig große
Kästen vermieden werden müssen. Kommt es jedoch vor, daß
der Stahl, der kleine Mengen von Mangan enthält, diesen un-
günstigen Bedingungen ausgesetzt wird, so wird während

der sehr allmählichen Umwandlung der festen Lösung der entstehende Perlit sich nicht in abwechselnd gelagerten Lamellen vorfinden, die sich in den gewöhnlichen weichen Stählen im allgemeinen gleichmäßig anordnen, sondern der Perlit legt sein Karbid in einer mehr massigeren Form ab, die sich gegen Ätzmittel genau so wie feiner Zementit verhält. Solche Ansammlungen von freiem Zementit in weichen Stählen zeigen ein Aussehen, das

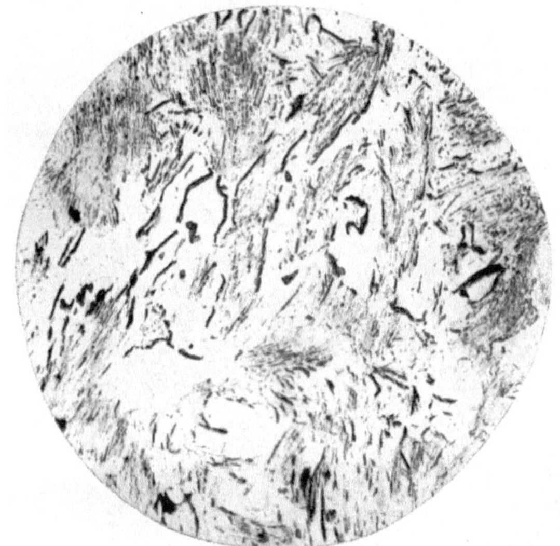

Abb. 53. Durch langsame Abkühlung erhaltene dicke Karbidplättchen im Perlit. × 200.

sich allmählich von den dicken Karbidplättchen in den Perlitkörnern, wie sie Abb. 53 erkennen läßt, bis zu feinen Häutchen ändert, die teilweise oder ganz einen Kristall von dem anderen trennen. Das sich in dem letzteren Falle ergebende Material ist bei einem plötzlichen Stoß so spröde, als ob es Rasiermesserstahl wäre.

Abb. 54 stellt einen Schliff eines weichen Stahlstückes dar, der mit heißer Natriumpikratlösung geätzt wurde. Man erkennt die zellenartige Form des freien Zementits, der weichen Stählen (0,1 bis 0,3 vH Kohlenstoff) einen sehr hohen Grad von Sprödigkeit verleiht. Diesen Nachteil kann man mitunter in den Lasthaken von Flaschenzügen feststellen, die aus weichem Stahl geschmiedet und sehr langsam abgekühlt wurden. Der Fehler kann dadurch beseitigt werden, daß man den Stahl auf eine Temperatur wiedererhitzt, bei der das Karbid wieder vollständig und gleichmäßig von dem umgebenden reinen Eisen (Ferrit) aufgelöst wird, d. h. durch Erhitzung auf etwa 950⁰ C unter Vermeidung einer nachfolgenden langsamen Abkühlung.

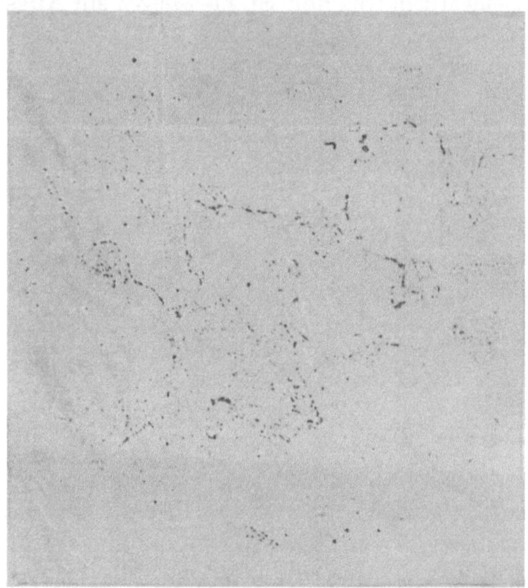

Abb. 54. Zementithüllen in einem langsam abgekühlten weichen Stahl. × 100.

Als Beispiel können die nachstehenden Kerbzähigkeiten angeführt werden, die sich auf einen Kranhaken beziehen, der 0,09 vH Kohlenstoff und 0,3 vH Mangan enthielt:

Nach langsamer Abkühlung in einem Glühofen . 0,6 mkg/qcm
Nach Wiedererhitzung auf 950⁰ C und schneller
     Abkühlung 12,0   ,,

Das Kleingefüge des Ausgangsmaterials glich dem in Abb. 54, das Kleingefüge nach der Behandlung hatte in jeder Hinsicht das Aussehen eines normalen Stahls (Abb. 64). Aus den Ergebnissen des Zerreißversuches konnte nach den folgenden Festigkeitszahlen nicht der geringste Schluß auf hohe Sprödigkeit des Materials gezogen werden (die Dehnung bezieht sich auf fünffache Maßlänge):

Zerreißfestigkeit . . . . . . 40 kg/qmm
Streckgrenze 22   „
Dehnung . . . . 40 vH
Querschnittsverminderung . 70 vH

Die Tiefe, bis zu der sich die Oberflächenkohlung ausdehnt, kann in grober Weise durch die Untersuchung des Bruches eines einsatzgehärteten Stahlstückes festgestellt werden. Der Unterschied in der Kohlung zwischen Hülle und Kern schwankt je nach der Größe des Stückes und je nach der Behandlung vor der Abschreckung. Bei kleinen Gegenständen ist die Hülle verhältnismäßig nicht so dick, wie sie zu sein scheint und in Gegenständen, die unmittelbar vom Zementierungsofen abgeschreckt worden sind, scheinen Kern und Hülle ineinander überzugehen, weil beide ein grobkristallinisches Gefüge besitzen. Wenn der Kern durch eine Zwischenbehandlung verbessert wird, etwa durch Erhitzung zwischen 900 und 950⁰ C mit nachfolgender schneller Abkühlung in der Luft oder in Öl oder Wasser, und wenn das Stück später auf 760 bis 780⁰ C wiedererhitzt und dann nochmals abgeschreckt wird, dann ist der Unterschied zwischen Kern und Hülle besser erkennbar. Wird endlich die Abschreckung bei 760 bis 780⁰ C in Öl anstatt Wasser vorgenommen, so ist der Unterschied noch deutlicher ausgeprägt und ganz besonders dann, wenn der Stahl zufällig eine große Menge Mangan enthielt. Die Gründe für diese Unterschiede im Bruchaussehen von Hülle und Kern sind vollkommen klar. Der Grad der Deutlichkeit, der durch Abschreckung kleiner Stücke in Öl und Wasser erreichbar ist, wird durch Abb. 24 belegt.

Keins der obigen Verfahren gibt jedoch eine genaue Auskunft weder über die Eindringungstiefe des Kohlenstoffs noch über die Stärke der verschiedenen gekohlten Schichten. Um hierüber Klarheit zu schaffen, sind zwei Verfahren im Gebrauch. Das erste und älteste Verfahren besteht darin, daß man aufeinanderfolgende Lagen von einem runden Gegenstand, $^1/_{10}$ oder $^2/_{10}$ mm dick, abdreht, die Menge des Kohlenstoffs in den einzelnen Lagen durch die chemische Analyse feststellt und die erhaltenen Ergebnisse in Form von Linienzügen aufzeichnet (Abb. 55). Derartige Linienzüge zeigen nicht nur die Eindringungstiefe des Kohlenstoffs an, sondern auch gemäß ihrer Steilheit die Art und Weise, wie sich der Kohlenstoff vermindert. Wenn die einzelnen analysierten Lagen dünn genug sind, dann können eine oder zwei Lagen einen Kohlenstoffgehalt von annähernd 1 vH besitzen. Diese verhältnismäßig breite Zone des Perlits kann auf polierten und geätzten Schliffen klar erkannt werden. Das chemische Verfahren ist aber, trotzdem es manchmal sehr notwendig ist, für den allgemeinen Gebrauch zu mühsam und auch wohl in diesem Falle ungenau.

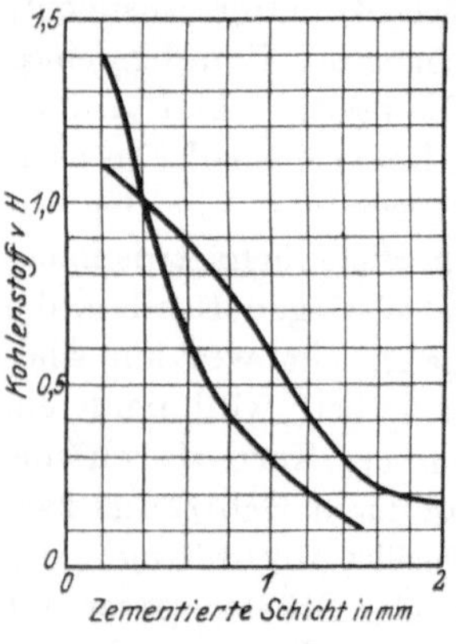

Abb. 55. Grad und Tiefe einer zementierten Schicht. Durch chemische Analyse bestimmt.

Das zweite Verfahren besteht in der Untersuchung eines polierten und geätzten Schliffs unter dem Mikroskop oder in manchen Fällen mit genügender Genauigkeit mittels einer guten Handlupe. Den Gegenstand, der auf diese Weise untersucht werden soll, muß man in der Zementierkiste langsam abkühlen lassen, um das grobe Gefüge, das von der hohen Zementierungswärme herrührt, festzuhalten und auch die gekohlte Schicht durch die langsame Abkühlung unverändert zu gewinnen. Abb. 56 stellt ein Probestück dar, das auf diese Weise erhalten wurde. Sie beantwortet klar und deutlich beide Fragen über Grad und Tiefe der Kohlung — bzw. Kohlungsschichten. Die Abbildung läßt ferner den großen Vorteil erkennen, der durch die mikroskopische Untersuchung von grobkristallinischem Material erzielt wird, denn man braucht nur eine geringe, etwa 25fache Vergrößerung anzuwenden, wodurch ein verhältnismäßig großer Teil der zu untersuchenden Fläche im Bilde festgehalten wird.

Durch das beschriebene optische Verfahren ist es auch möglich, die äußerste Oberflächenschicht des eingesetzten Stahles zu betrachten, die dann und wann eine unerwünschte Menge von Zementit enthält und dessen Tiefe durch aufeinanderfolgende Schnitte von $^1/_{10}$ bis $^2/_{10}$ mm Dicke nicht genau festgestellt werden kann. Damit die äußerste Kante während der Polierarbeit scharf bleibt und nicht abgerundet wird, empfiehlt es

sich, das Probestück in einen kurzen von einem Messingrohr ab-
geschnittenen Ring einzupassen und die Lücken zwischen Rohr
und Metallstück mit Weißmetall auszugießen, so daß das Probestück vollständig fest sitzt. Die auf diese Weise vorbereitete
Probe wird dann in der üblichen Weise geschliffen und poliert,
wobei das Stahlstück überall, auch an den Kanten vollkommen
eben bleibt und nach der Ätzung unter dem Mikroskop betrachtet
werden kann, ohne daß eine erneute Einstellung des Mikroskops

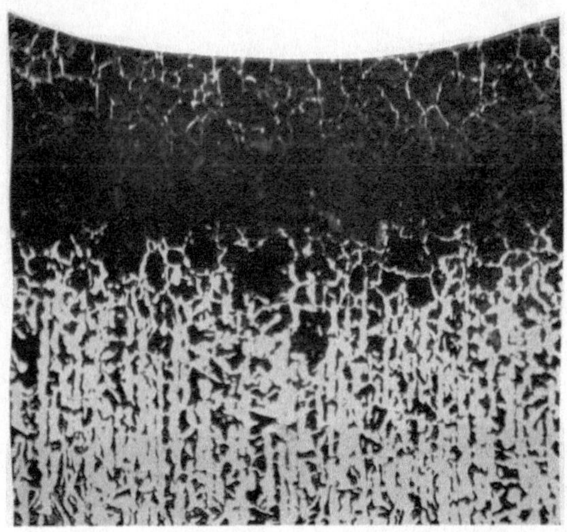

Abb. 56. Grad und Tiefe der zementierten Schicht eines polierten
und geätzten Stahlschliffs. × 25.

beim Verschieben des Schliffs nötig wird. In den Abb. 58 bis 60
sind die Querschnitte eines Rundstahles, der bei der gleichen
Temperatur von 950° C verschieden lange zementiert wurde,
wiedergegeben. Diese Abbildungen lassen den Grad und die
Tiefe der einzelnen gekohlten Schichten in klarer und äußerst
lehrreicher Weise erkennen. Während bei einer 5stündigen Er-
hitzungsdauer nur zwei Zonen vorhanden sind, die vollständig
perlitische Außenzone und die ferritisch-perlitische Kernzone
(Abb. 58), haben sich bei 10stündiger Zementation bereits
Zementitadern in der Außenzone gebildet (Abb. 59), die sich
bei 15stündiger Kohlung wesentlich nach innen erweitert hat

(Abb. 60). Hier ist nur noch ein geringer Teil des Kerns von der Kohlung verschont geblieben. Zwischen den einzelnen Zonen gibt es natürlich noch Übergangszonen, die je nachdem verschiedene Gefügebestandteile aufweisen (Abb. 63). Abb. 57 stellt den Querschnitt des ungekohlten Rundstahls dar, während Abb. 61

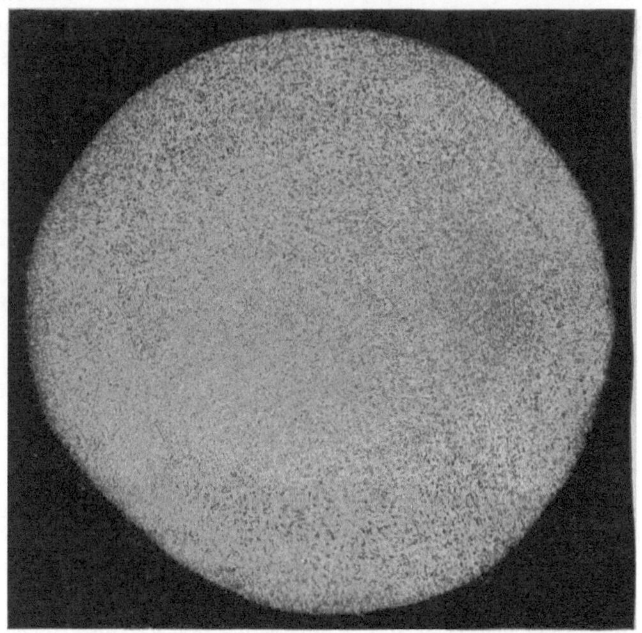

Abb. 57. Rundstab aus Flußeisen mit 0,05 vH Kohlenstoff. × 10.

die oben besprochene Tatsache beweist, daß bei der Zementation eine Überhitzung, eine Vergröberung des Korns gegenüber dem Ausgangsmaterial (Abb. 62) stattfindet.

Man darf nicht etwa annehmen, daß bei Anwendung jedes auf den Markt gebrachten Einsatzpulvers nach einer bestimmten Glühdauer und einer vorgeschriebenen Temperatur die Kohlungstiefen bzw. die Art der gekohlten Schichten stets gleich sind. Daher müssen zur Prüfung jedes Kohlungsmittels zunächst Probeversuche angestellt werden, wobei im großen und ganzen die Größe des Versuchsstückes von geringerer Wichtigkeit ist. Man sollte es sich aber zur Regel machen, daß die Versuchsstücke für die Prüfung jedes Härtemittels von gleicher Größe sind. Es darf ferner die Tatsache nicht übersehen werden, daß alle Stahlsorten auch bei Beobachtung der gleichen Bedingungen nicht im gleichen Grade zementiert werden. Eine vorhergehende chemische Unter-

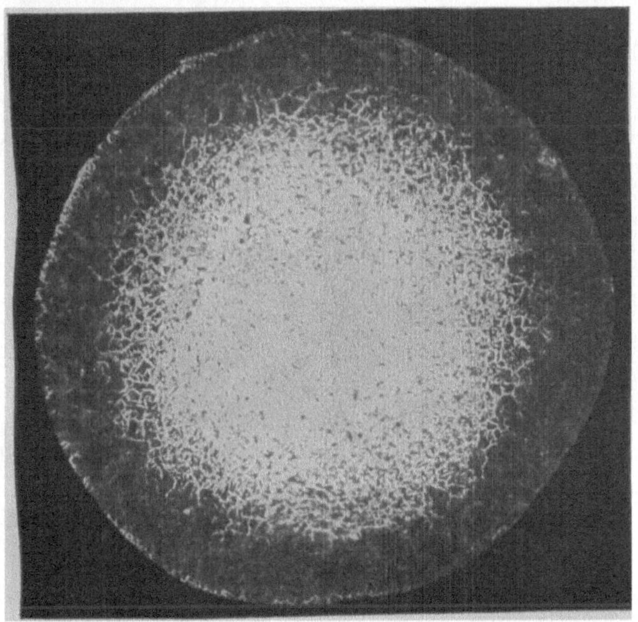

Abb. 58. Rundstab nach fünfstündigem Einsetzen in einem Gemisch von Holzkohle und Bariumkarbonat (60:40). $\times$ 10.

suchung der Stahlproben ist daher stets anzuraten. Am zuverlässigsten, wenn auch nicht am bequemsten verfährt man so, daß man Flachstäbe zementiert, von denen die Enden und schmalen Seiten abgefräst oder abgefeilt werden, bevor zum Zwecke der chemischen Untersuchung einzelne Lagen entfernt werden. Probestücke mit quadratischem oder rechteckigem Querschnitt sind aus dem Grunde für Versuchszwecke sowohl hinsichtlich des Stahles selbst als auch zur Erprobung des Härtemittels zu empfehlen, weil gerade scharfe Ecken und Kanten nach den vorhergehenden Betrachtungen sehr empfindliche Anzeiger für

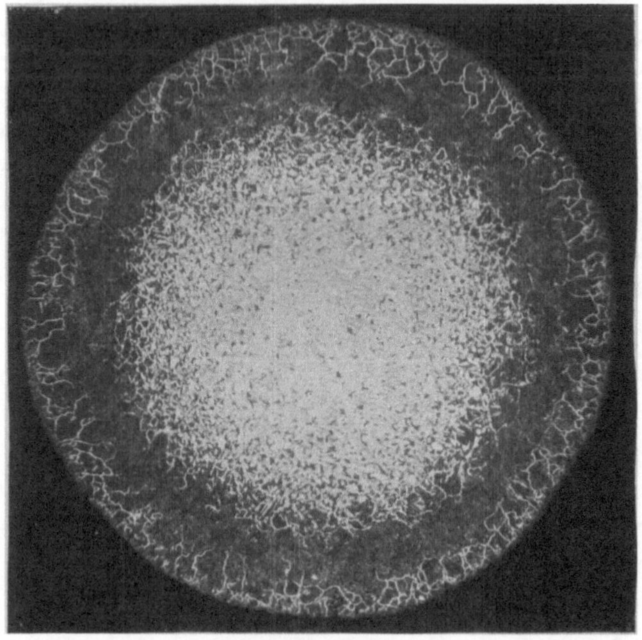

Abb. 59. Rundstab nach zehnstündigem Einsetzen in einem Gemisch von
Holzkohle und Bariumkarbonat (60:40). × 10

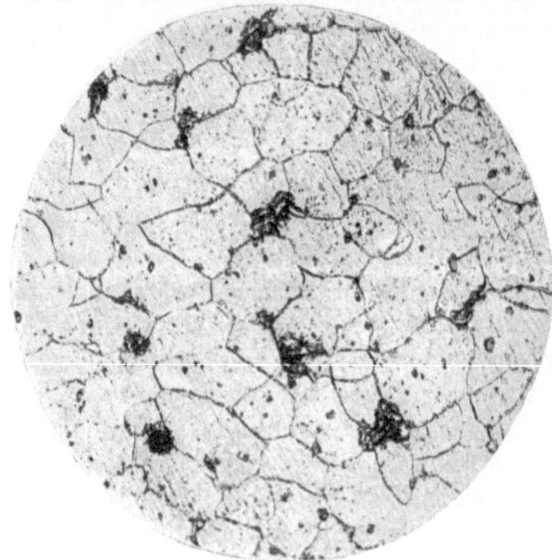

Abb. 61. Gefüge des Kerns eines Rundstabes aus Flußeisen mit 0,05 vH
Kohlenstoff nach dem Einsetzen. Grober Ferrit und Perlit. × 200.

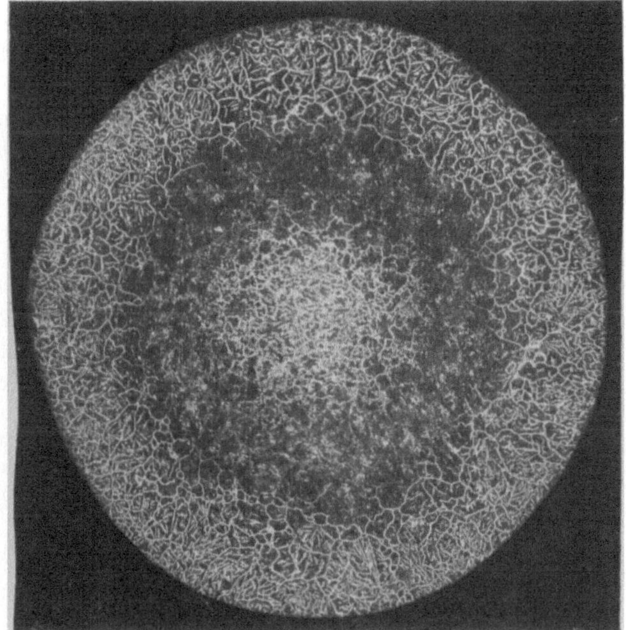

Abb. 60. Rundstab nach 15 stündigem Einsetzen in einem Gemisch von Holzkohle und Bariumkarbonat (60:40). × 10.

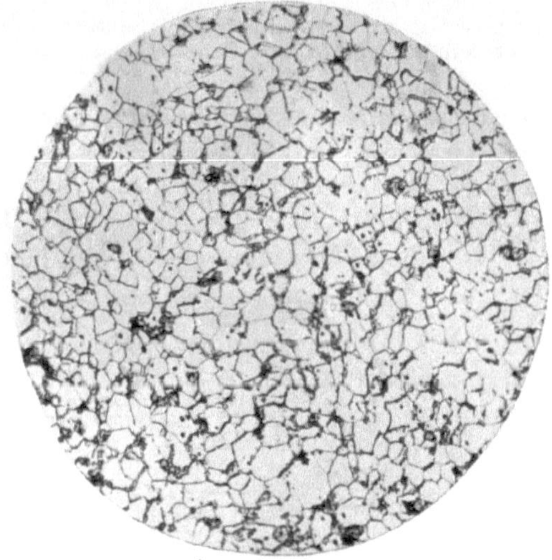

Abb. 62. Flußeisen mit 0,05 vH Kohlenstoff. Feiner Ferrit, wenig Perlit. × 200.

irgendeine Gefahr sind, die aus der Entstehung von freiem Zementit erwachsen kann. Dieser in scharfen Ecken auftretende Zementit hat, wie schon erwähnt ist, ein eigentümliches Aussehen, so daß man die freien Zementit enthaltenden Ecken als „gesprenkelte" oder „gefleckte" Ecken bezeichnet. „Gesprenkelte

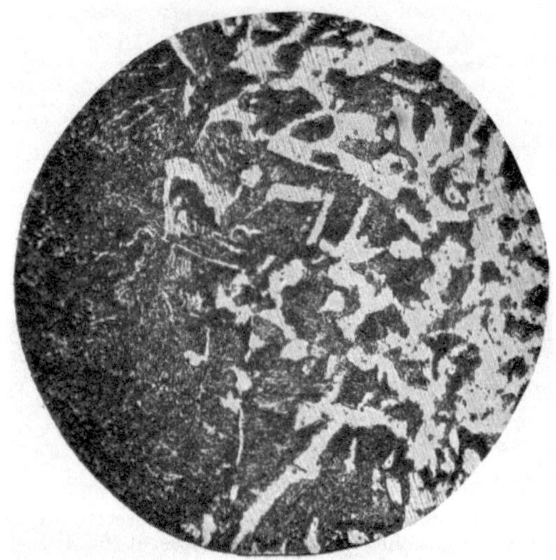

Abb. 63. Übergangsgefüge zwischen der reinen perlitischen Zone (links) und der perlitisch-ferritischen Zone (rechts). × 200.

Ecken" findet man häufig in den Zähnen einsatzgehärteter Zahnräder, in Kugellagerringen und ähnlichen Gegenständen, die scharfe Kanten oder Kanten mit kleinen Radien haben und die unter solchen Bedingungen zementiert wurden, nach denen sich in einem Probestück mit rundem Querschnitt kein freier Zementit gebildet hätte.

VII. Einsatzstähle.

Die Auswahl von Stählen für die Herstellung einsatzgehärteter Gegenstände ist eine Angelegenheit, die am besten mit
dem Hersteller des Stahls besprochen wird. Wird die Kenntnis, die Erzeuger und Verbraucher auf diesem besonderen Gebiete
der Wärmebehandlung gesammelt haben, auf beiden Seiten ver-
ständnisvoll schon beim Aussuchen des Stahls benutzt, so
können spätere Mißerfolge vermieden werden, für die gewöhnlich
weder Erzeuger noch Verbraucher verantwortlich sein wollen. Die
Gewinnung von Stahl für Einsatzhärtungszwecke ist nicht mehr
eine Nebensächlichkeit der Stahlindustrie, vielmehr ist der Stahlhersteller heute stets geneigt, den berechtigten Forderungen
der Maschinen- und Automobilbauer, wenn irgend möglich, nach-
zukommen und dahin zu streben, daß nur Stähle mit den besten
Eigenschaften auf den Markt kommen. Schweißeisen würde für
viele Zwecke eine größere Verbreitung finden, wenn es ebenso
anstandslos zu Gegenständen verarbeitet und so bequem behandelt
werden könnte wie Flußeisen, denn die große Zähigkeit und die
sehnige Beschaffenheit des Schweißeisens sind Eigenschaften, die
hoch bewertet werden müssen. Aber einsatzgehärtete Gegenstände
aus Schweißeisen müssen oft noch einer Schleifarbeit unterworfen oder in irgendeiner anderen Weise nachbehandelt werden,
nachdem sie in die verlangte Form gebracht worden sind. Einige
weiche Stähle sind nicht frei von demselben Fehler, der dann un-
angenehm wird, wenn kleine Bolzen, Buchsen, Schrauben, verwickelte Anlaßgetriebe und andere Werkstücke, die ihre endgültige Gestalt z. B. auf einer Fräsmaschine erhalten müssen,
hergestellt werden.

Im Maschinenbau ist die Ansicht verbreitet, daß ein gehärteter und dann auf schwache Rotglut wiedererhitzter und
in Wasser abgekühlter Stahl sich wohl zäher schneiden, aber
doch besser schlichten läßt, als derselbe Stahl, der in
irgendeinem anderen Zustande vorliegt. In manchen Werk-

stätten wird angenommen, daß Abschreckung und Wiedererhitzung von Stahlstücken, die zur Schraubenherstellung usw. verwendet werden sollen, sich entschieden schon deshalb lohnen, weil die erhaltenen Schrauben besser ausfallen, wobei noch nicht einmal die durch jene Vorbehandlung erzielte Verbesserung der Zähigkeit berücksichtigt ist.

Diese Beobachtung kann als ein Hinweis für die Richtung dienen, in der eine Erklärung für die Tatsache zu erblicken ist, daß Stähle von gleicher Zusammensetzung und sogar aus derselben Lieferung sich bei ihrer Verwendung im Maschinenbau als ungleichmäßig und sogar als unzuverlässig erweisen. Wenn sich weiches Eisen unter dem Werkzeug verzieht und reißt, dann muß es möglichst ausgeschaltet werden. Der Härtungsvorgang führt nach der Erklärung auf Seite 19 eine Auflösung des Eisenkarbids in dem umgebenden reinen Eisen (Ferrit) herbei und auch eine Wiedererwärmung ändert das erhaltene Gefüge nicht wesentlich. Es ist dies der Grund dafür, daß alle Stähle, die freien Ferrit enthalten (Stähle mit etwa 0,7 vH abwärts), Fertigerzeugnisse mit besseren Eigenschaften ergeben, wenn diese Gegenstände nach der Härtung auf eine Temperatur wiedererhitzt werden, die unter der Härtungstemperatur liegt, wodurch sie fast ebenso weich werden, wie sie vorher waren. Auf die Erzielung einer hohen Zerreißfestigkeit wird zwar bei dieser Behandlung weniger Wert gelegt, aber die Streckgrenze des Materials wird verbessert und seine Zähigkeit nimmt bedeutend zu. Der beabsichtigte Zweck, d. h. gute Eigenschaften bei der Fertigbearbeitung zu erhalten, wird daher vollkommen erreicht, und zu gleicher Zeit werden auch andere Eigenschaften des Materials, bei denen es sich um Widerstandsfähigkeit gegen alle Arten von Beanspruchungen, Abnutzung, Anfressung und sonstige Zerstörungen handelt, wesentlich erhöht.

Ein Stahl aber, der gehärtet und wiedererhitzt worden ist, um seine maschinellen Eigenschaften zu verbessern, verliert bei der darauffolgenden Zementierungsarbeit alle die genannten Vorteile. Der Einsatzhärter verlangt deshalb, daß der Stahl in einem Zustande angeliefert wird, der auch für die maschinelle Behandlung geeignet ist, da er natürlich zögert, nur für einen zeitweiligen Nutzen Ausgaben für eine weitere Arbeit zu übernehmen, wenn sie vermieden werden kann. Der Stahlhersteller, der weiß, daß sein Material bei der Zementation überhitzt wird, wird nicht gutwillig Arbeit und Kosten auf sich nehmen, die bei der Wärmebehandlung solcher Stähle aufzuwenden sind, wenn sie unmittelbar durch Maschinen in die verlangten Formen gebracht werden sollen.

Der Grund, warum gewisse weiche Stähle sich in der Maschine ähnlich dem Schweißeisen verhalten, ist der, daß sie größtenteils aus reinem Eisen (Ferrit) bestehen. Aber die sich bei der Verarbeitung dieser Stähle ergebenden Schwierigkeiten entstehen nicht so sehr durch die nicht zu ändernde Menge von reinem Eisen, das diese weichen Stähle enthalten, sondern durch die Art, in der die einzelnen Gefügebestandteile, d. h. die Perlit- und Ferritkristalle verteilt sind, und welche Größe sie haben. Ein sehr harter Werkstoff, z. B. Glas, kann so dünn sein, daß er mit einer Schere zerschnitten werden kann, gerade so, wie das sehr harte Eisenkarbid zerschnitten wird, das z. B. in den Perlitinseln von gehärtetem und angelassenem Meißelstahl vorhanden ist. In derselben Weise kann daher auch ein weiches und zähes Material, das mit härteren Bestandteilen im Zustande feinster Verteilung abwechselnd gelagert oder gut gemischt ist, z. B. geschlichtet werden, ohne daß ein Nachschleifen nötig ist.

Man kann erwarten, daß jede Behandlung, die die gleichmäßige Verteilung möglichst kleiner Perlit- und Ferritinseln in dem weichen Stahlgegenstand fördert, die maschinelle Bearbeitung erleichtert, und dies trifft auch tatsächlich zu. Härtung und Wiedererhitzung können gegenwärtig als bestes Mittel dafür gelten, die härteren und weicheren Bestandteile, die durch irgendeine Wärmebehandlung entstanden sind, gleichmäßig zu verteilen. Es ist auch bekannt, daß ein ähnliches Ergebnis durch mechanische Arbeiten erreicht werden kann, doch kann man feststellen, daß weicher Stahl, der den Hammer oder die Walzen in heller Rotglut verlassen hat, sich auf der Maschine weniger zufriedenstellend bearbeiten läßt, als das gleiche Material, das bei dunkler Rotglut fertiggestellt wurde.

Der Stahlhersteller, der mit der maschinellen Bearbeitung des Materials nicht unmittelbar zu tun hat, weiß, wie schon oft betont, daß dieses auf jeden Fall bei der späteren Zementation überhitzt wird. Aus dieser Tatsache wird er wahrscheinlich die Folgerung ziehen, daß sehr weicher Stahl, wie das Schweißeisen, das Feuer gut verträgt und sich leichter walzen läßt, wenn er sehr heiß ge-

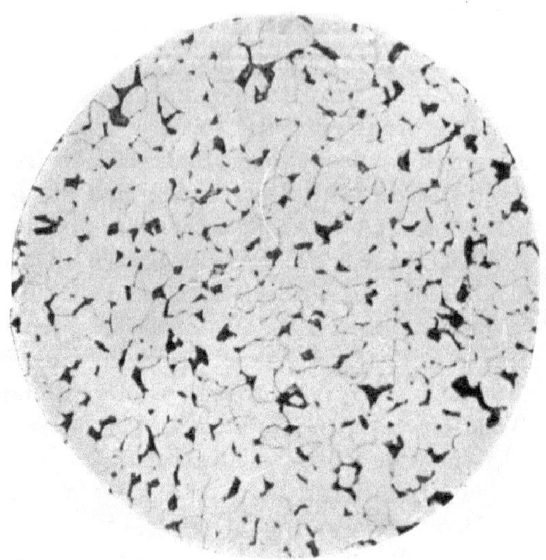

.Abb. 64. Gut bearbeitbarer Stahl. × 100.

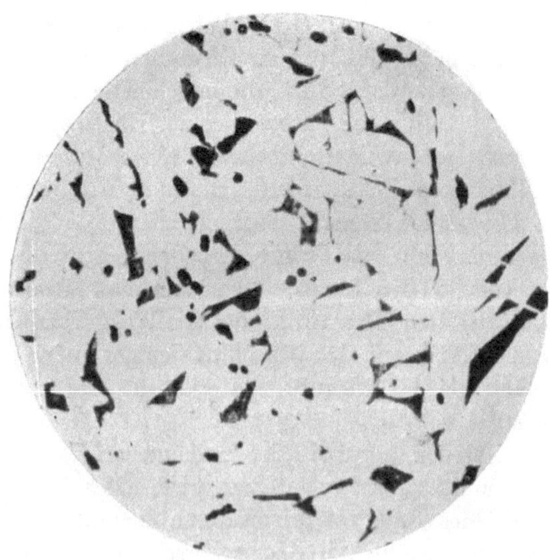

Abb. 65. Stahl ähnlich dem nach Abb. 64, aber schlechter bearbeitbar.
× 100.

macht wird. Die Folge hiervon ist, daß Stahlstücke, anstatt daß
sie das feine gleichmäßige Gefüge nach Abb. 64 haben, das mit guten
Eigenschaften für die maschinelle Bearbeitung verbunden ist,
häufig das Gefüge nach Abb. 65 besitzen, das nicht diese günstigen
Eigenschaften aufweist, weil die Ferritkristalle so groß sind, daß
sie sich in sichtbar grober Form herausheben. Müssen Gegenstände

Abb. 66. Durch grobe Bearbeitung erhaltene rissige Oberfläche
eines Stahlgegenstandes. Vergrößert.

nach der Zementation und Härtung auf der Oberfläche noch geschliffen werden, so rufen große Ferritkörner ein rauhes Aussehen
hervor, das zu Beanstandungen Veranlassung gibt, da die ge-
rauhte und daher verzerrt aussehende Oberfläche im gehärteten
Zustande für die Entstehung von Rissen und Absplitterungen günstiger ist (Abb. 66 und 67). Die Schwierigkeit, diese Tatsache dem
Verständnis mancher Stahlhersteller nahezubringen, dürfte wohl
ziemlich groß sein, aber nichtsdestoweniger ist sie ein Beispiel für
den Umstand, daß Leichtsinn in der Behandlung des Stahls selten

ganz so unscheinbar in seinen Auswirkungen ist, wie sich sein Urheber vorstellt.

Beziehen, sich die obigen Bemerkungen hauptsächlich auf Stahlgußstücke, so sind sie gleichfalls auch auf Schmiedestücke anwendbar, die sich vorteilhaft härten und wiedererwärmen lassen,

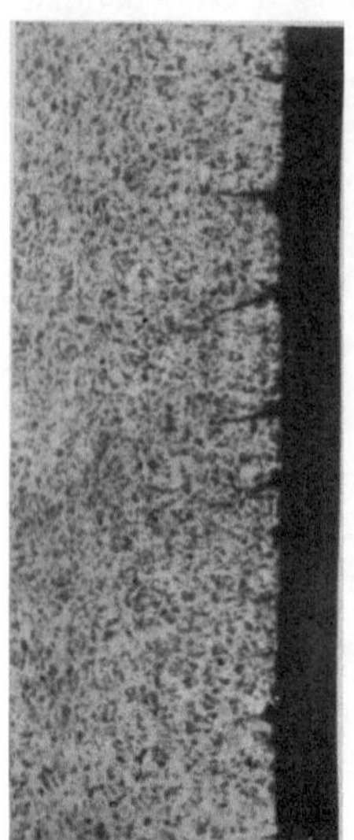

Abb. 67. Wie Abb. 65. Schnitt senkrecht zur Oberfläche.

um ein grobes Gefüge zu verkleinern und die maschinelle Bearbeitung zu erleichtern. Die Ferritbänder, die in Abb. 30 zu sehen sind, werden sich, auch wenn sie in ziemlich großer Breite vorhanden sind, auch bei der maschinellen Behandlung verzerren und zwar hauptsächlich dann, wenn das Schneidwerkzeug fehlerhaft arbeitet. Sofern sich alles andere gleich bleibt, wird ein Stahl bei der Bearbeitung dann eine um so glattere Oberfläche erhalten, je größer die Menge des Kohlenstoffs ist. Doch soll dies kein Grund sein, den Kohlenstoff ohne Not durch irgendein Verfahren künstlich zu erhöhen.

Mangan, Wolfram, Nickel und Chrom wirken in der gleichen Richtung, sie vermindern die Größe der kristallinen Körner und verzögern die örtliche Ansammlung von Ferrit. Man könnte erwarten, daß Silizium und Aluminium eine gegenteilige Wirkung ausüben, doch ist keins von diesen Elementen ein günstiger Bestandteil in Stählen für Einsatzhärtung. Ergebnisse von Versuchen, die den Einfluß von Aluminium und Silizium im Stahl bei der Einsatzhärtung zum Gegenstand haben, scheinen nicht vorzuliegen.

Gute Arbeit ist jedoch nicht allein von der Art des Kleingefüges des Stahls abhängig. Stähle, denen absichtlich Schwefel und Phosphor in Mengen bis zu 0,15 vH beigefügt worden sind, werden bei der Herstellung von unzähligen kleinen Gegenständen auf Automaten benutzt. Man sagt, der Stahl ist „freischneidend‟, und die allgemeine Ansicht ist die, daß ein hoher Phosphorgehalt die Drehspäne zum Kurzbrechen bringt. Hierdurch wird eine schnellere maschinelle Arbeit geleistet, die auch für den Ausfall der Gegenstände günstig ist. Diese Annahme stimmt jedoch mit den

Tatsachen nicht ganz überein, weil die Drehspäne nicht immer kurz abbrechen (Abb. 68). Um ein Werkstück auf der Maschine glatt bearbeiten (schlichten) zu können, muß es mit einem Schneidstahl möglich sein, die Oberfläche ohne deutliche Kennzeichen von bleibenden Verzerrungen abzudrehen. Ein solcher Zustand wird sich nahezu immer ergeben, wenn man scharfe Schneid-

Abb. 68. Drehspan von „freischneidendem Stahl".

werkzeuge verwendet, die Streckgrenze des Materials (durch Härtung und Wiedererhitzung) verbessert und seine Zähigkeit herabsetzt. Man sagt, daß Phosphor die Brüchigkeit des Stahls fördert, und hierdurch kann man seinen günstigen Einfluß bei „freischneidenden" Stählen erklären, aber diese Erklärung ist nicht sehr überzeugend, weil es bekanntlich auch Stähle gibt, die sich vollständig unabhängig von der Menge des Phosphors, den sie enthalten, gut oder schlecht bearbeiten lassen. Tatsächlich gibt die chemische Zusammensetzung keine Erklärung in dieser Streitfrage, und diejenigen, die wissen, auf welche Weise Stahl mit „freischneidenden" Eigenschaften hergestellt wird, würden wahrscheinlich nicht unter erschwerten Bedingungen arbeiten wollen, sofern der Schwefel-

und Phosphorgehalt auf den üblichen Prozentsatz vermindert würde. Stähle mit sehr hohem Schwefelgehalt lassen sich immer viel leichter und müheloser bearbeiten als ähnliche Stähle, die einen niedrigen Schwefelgehalt aufweisen. Bei jenen Stählen besteht aber ein ausgesprochenes Bestreben für das Kurzabbrechen der Späne, das auf die große Anzahl der nichtmetollischen Sulfidstreifen, die quer zu den Spänen liegen, zurückzuführen ist Falls nur auf eine bequeme Bearbeitung ohne Rücksicht auf andere Eigenschaften Wert gelegt wird, ist der Gebrauch von „freischneidenden" Stählen und Stählen mit hohem Schwefelgehalt berechtigt. Aber der Hersteller von einsatzgehärteten Gegenständen muß sich selbst über diese Fragen klar werden unter der nötigen Berücksichtigung nicht nur der Ausgaben, sondern auch hinsichtlich der anderen nützlichen Eigenschaften zementierter Gegenstände, die oft der Achtsamkeit des Werkstättenleiters entgehen.

Weiche Stähle, die etwa 0,1 vH Kohlenstoff und kleine Mengen von Silizium und Mangan enthalten, sind für Einsatzhärtungszwecke sehr gebräuchlich und zweifellos zur Herstellung von sehr kleinen Gegenständen, die zementiert und gehärtet werden müssen, notwendig, ohne daß sie brüchig werden. Die kleinen Buchsen und Bolzen, die für die Herstellung von Kettenantrieben verwendet werden, gehören in diese Gruppe. Je mehr der Stahl, der für solche Zwecke gewählt wird, die Zusammensetzung und die Eigenschaften von Schweißeisen besitzt, aber ohne daß er sich mit ihm in das unerwünschte Vorhandensein von Schlackenstreifen und Schweißnähten teilt, desto besser ist er. Jedoch folgt hieraus nicht ohne weiteres, daß größere Gegenstände, bei denen ein weicher Kern ohne Schwierigkeit erhalten werden kann, nun auch aus ähnlichem Material gefertigt werden sollen. Schlackeneinschlüsse und Gasblasen sind wahrscheinlich eher im Flußeisen anzutreffen als in einem Material, das größere Mengen von Kohlenstoff, Silizium und Mangan enthält. Schlackenhäutchen treten jedoch in Stählen der ersteren Art häufiger auf. Wenn auch diese Fehler unwesentlich hinsichtlich der Beschaffenheit des Kerns sind, so bleiben sie doch in der zementierten Hülle bestehen und erhöhen die Brüchigkeit der Hülle genau so wie die Schweißnähte und Schlackenstreifen den Zusammenhang des Gefüges zerstören.

Wenn es deshalb verlangt wird, daß der Kern eine überaus starke Belastung aushalten soll, oder wenn ein Teil seiner Zähigkeit geopfert werden muß, dann ist es wegen einer Verbesserung der Hülle notwendig, einen Stahl zu verwenden, der 0,15 vH oder mehr Kohlenstoff und mindestens 0,3 vH Mangan enthält. Der Kern eines solchen Stahls kann durch doppelte Härtung oder vielleicht auch nur durch einfache Ölabschreckung sehr zähe gemacht werden und er besitzt dann bei dem verlangten Härtegrad eine den Umständen entsprechende geringste Brüchigkeit.

Nach Guillet soll die Höchstmenge des Mangans, die in Einsatzstählen vorhanden sein darf, 0,4 vH betragen. Trotzdem diese Vorschrift im allgemeinen bei Stählen befolgt wird, die für die Herstellung von kleinen Gegenständen, wenigstens in England, verwendet werden, wird sie, sofern größere Gegenstände in Betracht kommen, vielfach außer acht gelassen. Die Anwesenheit von Mangan im Stahl ist, wenn man die dadurch bedingten Vorteile für den Erzeuger des Stahls ganz unberücksichtigt läßt, für die Gewinnung stark zu beanspruchender Kerne, die die Außenschicht bei großen Belastungen unterstützen sollen, günstig. Die Ansicht, daß ein Kern nicht weich und biegsam (elastisch) genug für schwere Belastungen sein kann, dürfte irrtümlich sein, weil Kern und Hülle gegebenenfalls gleichzeitig nachgeben müssen, und jede merkliche Verbiegung bringt in der Hülle einen Riß hervor, wodurch der Gegenstand verdorben wird. Diese Tatsache würde noch stärker auf das Verständnis des Einsatzhärters einwirken, wenn die Maschinen, die sie zum Zerreißen von derartigen Probestücken verwenden, mit Vorrichtungen versehen werden, mit denen die Kraft, die zur Herbeiführung des Bruches nötig ist, in bestimmten Zahlen angezeigt wird.

Das Mangan ist vielleicht das wirksamste aller Elemente, das dem Stahlhersteller bekannt ist, und zwar hinsichtlich seines Einflußes auf die Festigkeit der Perlitkristalle, die durch Erhitzung des Stahls auf die Härtungstemperatur in die feste Lösung übergeführt werden. Nach Ansicht des praktischen Härters verursacht Mangan, daß die Abschreckwirkung tiefer geht. Dies ist unbedingt als ein Vorteil des Mangans anzusehen, dessen Menge innerhalb ziemlich weiter Grenzen geändert werden kann, um besonderen Bedingungen zu genügen. Eine der nützlichsten dieser Änderungen ist die, daß die endgültige

Härtung anstatt in Wasser in Öl vorgenommen werden kann. Es ist deshalb möglich, daß kleine Stahlstücke von 10 bis 15 mm Durchmesser so tief gehärtet werden können, daß sie bereits bei der ersten Abschreckung einen vollständig aufgelösten Kern erhalten und ihnen nach der zweiten Abschreckung in Öl eine vollständig harte Hülle verliehen wird. Der Kern ist zu gleicher Zeit fester und genau so zähe, als er sonstwie gemacht werden könnte, wenn eine geringere Menge von Mangan vorhanden wäre. Abb. 24 stellt die Bruchflächen eines solchen Stahlstabes dar.

Das Mangan verbessert auch die Abnutzungseigenschaften des Stahls. Von zwei gewöhnlichen Stählen, die nach der Brinellprüfung gleich hart sind, wird jener Stahl am besten dem Verschleiß widerstehen, der die größere Menge Mangan und die geringere Menge Kohlenstoff aufweist. Diese Ansicht wird auch durch Prüfungen des Stahls auf Verschleißprüfungsmaschinen unterstützt, auch kann sie durch die Feilenprüfung bestätigt werden. Eine Feile wird sich viel schneller auf einem Stück Bandagenstahl verbrauchen, der etwa 0,65 vH Kohlenstoff und 0,8 vH Mangan enthält, als auf einem Stück von gleichhartem Tiegelgußstahl, der etwa 1 vH Kohlenstoff und 0,25 vH Mangan aufweist. Es gibt wohl noch keine Versuchsergebnisse, die einwandfrei erkennen lassen, wie sich zwei solcher Stähle in abgeschrecktem Zustande verhalten, doch herrscht die allgemeine Ansicht, die sich auf die Erfahrung stützt, vor, daß die Feilenhärte nicht immer ein wahres Maß für den Verschleißwiderstand ist. Ganz abgesehen von anderen Gründen können nach diesen Ausführungen Stähle mit bis 1 vH Mangan noch vorteilhaft für die Einsatzhärtung verwendet werden.

Auch auf den Mangangehalt des Stahlgusses (Stahlformguß), der als Einsatzmaterial verwendet wird, muß besonderer Bedacht genommen werden. Für Zahnräder aus Stahlguß, die in einsatzgehärtetem Zustande gebraucht werden, wird meist ein Material verlangt, das bis 0,2 vH Kohlenstoff, bis 0,5 vH Mangan, bis 0,4 vH Silizium, Schwefel und Phosphor höchstens je 0,05 vH enthält.

Die Meinungen über die Höhe des Mangangehaltes bei Stahlguß als Material für im Einsatz zu härtende Zahnräder decken sich nicht. Es wird angenommen, daß Mangan bei niederen Temperaturen keinen Einfluß auf die Kohlenstoffaufnahme des

Eisens hat, bei höheren Temperaturen soll durch Mangan die Kohlenstoffaufnahme aus dem Härtepulver befördert werden. Die Ergebnisse anderer Versuche zeigten, daß Mangan im Überschuß der Zementation schadet. Keineswegs braucht aber der Mangangehalt unter 0,4 vH zu liegen, da bis zu diesem Gehalt die Zementation noch vollkommen wirtschaftlich vor sich geht.

Die Gegenwart einer gewissen Menge Mangan in stark beanspruchten Zahnrädern aus Stahlguß ist insofern günstig, als die Festigkeit des nicht zementierten Kerns verhältnismäßig hoch bleibt. Das Mangan verursacht außerdem, wie angegeben, daß die Abschreckungswirkung tiefer dringt. Ein weiterer Vorteil des Mangans besteht darin, daß die endgültige Härtung anstatt in Wasser in Öl vorgenommen werden kann. Ferner verbessert nach obigem Mangan auch die Abnutzungseigenschaften des Stahls, die gerade für Zahnräder wichtig sind.

Die Grenze für den Mangangehalt bei Zahnrädern aus Stahlguß braucht daher nicht genau 0,5 vH zu betragen und es brauchen Rohlinge, die einen höheren Gehalt an Mangan aufweisen (0,6 bis 0,7 vH) und deren sonstige Zusammensetzung sich in den gewünschten Grenzen (niedriger Kohlenstoff-, Silizium-, Phosphor- und Schwefelgehalt) bewegt, nicht ohne weiteres zurückgewiesen werden, zumal es auch der Stahlgießer nicht immer in der Hand hat, den Mangangehalt des Schmelzgutes stets auf 0,5 vH herabzudrücken. Er ist an Rohmaterialien gebunden, die er vielfach nicht nach Wunsch erhalten kann.

Was den Siliziumgehalt im Stahlguß für im Einsatz zu härtende Zahnräder anbetrifft, so kann auch hier ein Material mit z. B. 0,5—0,6 vH Silizium sehr wohl verwendet werden, dagegen sollen Phosphor und Schwefel aus den bekannten Gründen (Kalt- bzw. Warmbruch) möglichst niedrig sein.

Alles in allem läßt sich über Stahlguß für Zahnräder sagen, daß der Abnehmer nicht ängstlich zu sein braucht, wenn in diesem oder jenem Falle die vorgeschriebenen Grenzen überschritten worden sind. Immerhin müssen dem Stahlgießer Bedingungen auferlegt werden, um diesen zu erziehen, daß er ein Material entsprechend den gegebenen Vorschriften auf den Markt bringt. Zeigen sich Fehler bei fertigbehandelten Zahnrädern aus Stahlguß, so liegt die Ursache meist nur in einer fehlerhaften Behandlung sowohl beim Einsetzen als bei der späteren Härtung.

Chrom bis zu 1 oder 1,5 vH kann auch in Stählen mit niedrigem Kohlenstoffgehalt vorhanden sein, die nach der Einsatzhärtung eine sehr harte Oberfläche mit großem Widerstande gegen Verschleiß besitzen sollen. In dieser Hinsicht ist der Einfluß des Chroms ähnlich dem des Mangans, doch kommt es bei Chromstählen weniger häufig vor, daß die gehärtete Hülle absplittert. Andererseits werden die Chromstähle leicht überhitzt und zeigen den Einfluß der Überhitzung im Bruche sehr scharf. Dies ist jedoch kein ernster Nachteil, wenn eine Verfeinerung zwischen der hohen Zementationshitze und der endgültigen Abschreckung eingeschaltet wird, da der Chromstahl sich sehr leicht verfeinern läßt. Der Kern von im Einsatz gekohlten Chromstählen kann sehr zähe gemacht werden, so daß er mit einem seidenartigen grauen Bruch und auch mit einer feinkörnigen harten Hülle bricht. In dieser Hinsicht wird er nur durch den Wolframstahl übertroffen, der aber teuer ist und als Einsatzhärtungsstahl keine wirtschaftliche Verwendung findet.

Sowohl Mangan- als auch Chromstähle sind für schnelle Zementation besonders brauchbar, und beide Elemente, Mangan und Chrom, erhöhen auch die Härte der gekohlten Oberfläche, während andererseits Nickel den Zementierungsvorgang hemmt und die Feilenhärte der abgeschreckten Stücke nicht erhöht. Tatsächlich vermindert Nickel die Härte des Stahls in einem wahrnehmbaren Grade, wenn es 3 bis 4 vH übersteigt.

Der Zweck des Nickels bei Einsatzstählen ist der, die Zähigkeit zu verbessern, und dies geschieht in so hohem Maße, daß noch ein sehniger Kern erhalten wird, auch wenn sogar die übliche zwischengeschaltete Verfeinerungsbehandlung weggelassen wird. Dies ist an sich ein wesentlicher Vorteil, wenn große Mengen von langen und verhältnismäßig dünnen Gegenständen in Frage kommen, die entweder während der hohen Abschreckungstemperatur entkohlt werden oder sich werfen können. Nickel unterstützt merklich die Härtung der Stähle bei Anwesenheit von Kohlenstoff. Falls ein weicher Kern verlangt wird, darf die Menge des Kohlenstoffs nicht 0,2 vH überschreiten, wenn noch 2 bis 5 vH Nickel vorhanden sind. Bei 0,1 bis 0,15 vH Kohlenstoff kann die Menge des Nickels 3 bis 5 vH betragen.

Das Vorhandensein von Nickel hat den weiteren Vorteil, daß jeder Grad von Härte erreicht werden kann, auch wird die

Zähigkeit der Außenschicht verbessert, die daher weniger leicht zum Absplittern neigt. Die Anwesenheit von Nickel ist auch noch aus dem Grunde günstig, weil es die Geschwindigkeit der Zementation hemmt. Dieser letztere Punkt muß besonders betont werden, wenn Gegenstände derselben Art aus gewöhnlichem Stahl und Nickelstahl hergestellt werden. Die Gegenstände werden zusammen zementiert mit der Absicht, übereinstimmende Ergebnisse zu erhalten. Hierdurch kann jedoch das Gegenteil erzielt und die Vergleichsgrundlage gestört werden, weil die beiden Stähle selten in gleichem Maße zementiert werden. In manchen Fällen werden die Kohlenstoffstähle allein freien Zementit aufweisen, und sie sind deshalb schlechter als die Nickelstähle, wenn der Gebrauch des Gegenstandes eine harte Fläche verlangt, die der Gefahr des Absplitterns ausgesetzt ist. Unter diesen Umständen wird der Nickelstahl bessere Dienste leisten, aber dieses Urteil fällt deshalb so günstig aus, weil der Kohlenstoffstahl in diesem Falle schlechter als nötig gemacht worden ist.

Vor einigen Jahren wurde ein Patent für die Behandlung von Stahl mit niedrigem Kohlenstoffgehalt erteilt, der 7 vH Nickel besitzt und im normalen Zustand weich und leicht maschinell bearbeitbar ist. Nach der Zementation bis zu einem Kohlenstoffgehalt der Oberflächenschicht von etwa 1 vH erreichte dieser Stahl Oberflächenhärte, wenn er an der Luft abgekühlt wurde. Der Zweck der Benutzung dieses Stahls war der, die Mühen bei den verschiedenen Wärmebehandlungsarten und auch die Verwerfungen, die von der Wasserabschreckung herrühren, zu vermeiden. Diese wichtigen Vorzüge verlieren jedoch dadurch an Wert, daß die Oberfläche des luftgehärteten Stahls weniger hart ist als diejenige eines Stahls, der in Wasser oder Öl abgeschreckt wird. Stähle, die reich an Nickel sind (zwischen 8 und 15 vH), sind im normalen Zustande hart und spröde und für Einsatzhärtungszwecke ungeeignet. Diejenigen Stähle, die noch größere Mengen von Nickel enthalten, etwa 20 bis 30 vH, sind ebenfalls ungeeignet, da sie durch keine Abschreckung irgendwelcher Art gehärtet werden können und außerdem sind sie sehr schwierig zu bearbeiten.

Die beobachteten Unterschiede hinsichtlich der mechanischen Eigenschaften einer Anzahl von Nickelstählen, die einerseits zunehmende Mengen von Nickel und andererseits zunehmende

Mengen von Kohlenstoff enthalten, wurden von Guillet in einem Schaubilde sehr geschickt dargestellt. Die Koordinaten (Abb. 68) geben die Menge des Nickels und Kohlenstoffs an, die in hundert Teilen des Stahls enthalten sind. Das Schaubild teilt die Nickelstähle in 3 Gruppen ein: die Perlitgruppe, die die Eigenschaften des gewöhnlichen Stahls besitzt und im normalen Zustande bearbeitet werden kann; die Martensitgruppe, die ausgeprägte Lufthärtungseigenschaften aufweist und demgemäß spröde und schwerer zu bearbeiten ist; die Polyeder- oder Austenitgruppe (auch Gammagruppe), die weniger hart und äußerst zäh ist. Die beiden spitzen Flächen des Schaubildes stellen Grenzzustände zwischen der einen und der anderen Gruppe dar.

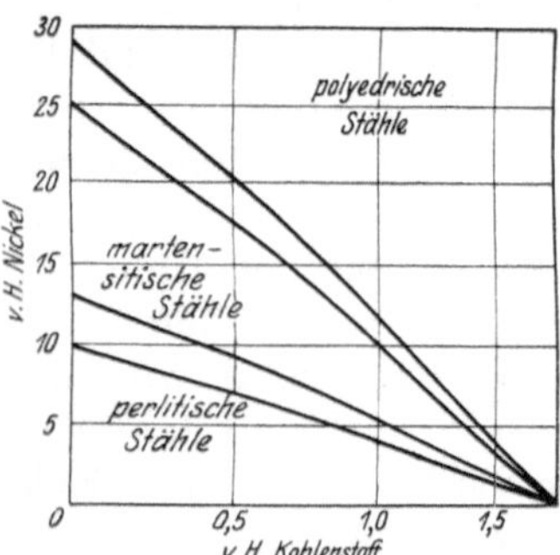

Abb. 69. Gefügeschaubild der Nickelstähle: Nach Guillet.

Beim Zementieren eines Stahlstückes, das etwa 6 vH Nickel enthält, ist es nicht schwer, nach der Luftabkühlung alle Zustände des Materials, wie sie in Abb. 69 dargestellt sind, zu beobachten. Da ist zunächst der Perlitkern, dessen Gefüge mit wachsendem Kohlenstoffgehalt in ein Gemenge von Perlit, Troostit und Martensit übergeht, wie es die untere spitze Fläche in Abb. 69 andeutet. Alsdann wird das Gefüge näher der Oberfläche durchweg martensitisch, und endlich erscheint auf der Außenfläche das Austenitgefüge. Diese einzelnen Gefügearten sind in Abb. 70 nebeneinandergestellt. Ein martensitisches und austenitisches Gefüge ist noch besonders in den Abb. 71 und 72 wiedergegeben worden. Der Martensit ist an den spitzwinklig angeordneten Nadeln zu erkennen, während der reine Austenit gefügelos ist. In Abb. 72 sind noch Überbleibsel von grobem Martensit in der hellen Grundmasse von Austenit vorhanden. Wird ein ähnliches Stück eines einsatzgehärteten Nickelstahls sehr langsam abgekühlt, so würden polierte und geätzte Querschnitte (Schliffe) Gefüge zeigen, die dem gewöhnlichen hoch kohlenstoffhaltigen Stahl sehr ähnlich sind, d. h. sie würden aus Ferrit, Perlit und freiem Zementit in den entsprechenden Verhältnissen bestehen.

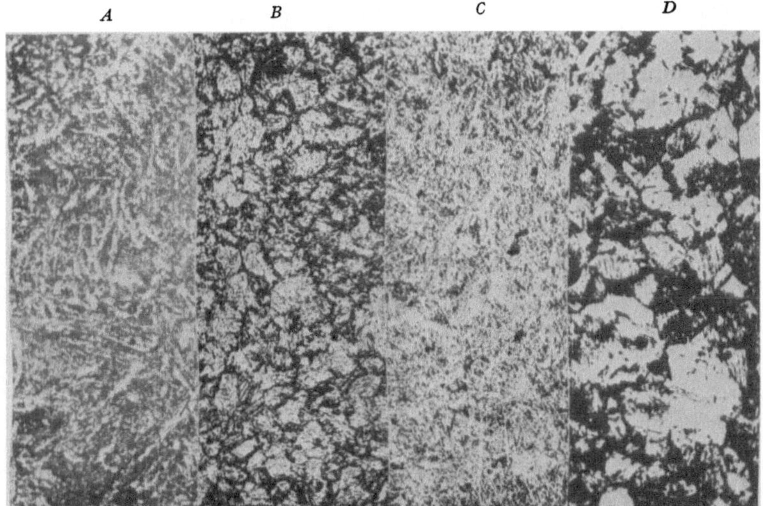

Abb. 70.   Verschiedene Gefüge eines zementierten Nickelstahls mit 6 vH Nickel. — *A* Perlitischer Kern. — *B* Gemenge von Troostit und Martensit. — *C* Martensitgefüge. — *D* Austenitgefüge.

Abb. 71.   Martensitisches Gefüge.   In spitzen Winkeln zu einander verlaufende Nadeln.   × 800.

Das Schaubild in Abb. 69 läßt deutlich die Tatsache erkennen, daß die Zusammensetzung und die mechanischen Eigenschaften der Nickelstähle von der Summe des Nickel und Kohlenstoffgehaltes abhängen. Zieht man z. B. in Abb. 69 eine wagerechte Linie durch einen Stahl mit 7 vH Nickel, so kann man den veränderten Zustand verfolgen, der durch die Zementation verursacht wird, durch die ein weicher Stahl mit

Abb. 72. Austenitisches Gefüge (helle Grundmasse) mit Martensitresten. × 200.

7 vH Nickel die Fähigkeit erlangt, schon allein durch Luftabschreckung eine harte Oberfläche zu erhalten.

Man könnte auch ein ähnliches Schaubild wie das in Abb. 69 aufstellen, um die verschiedenartigen mechanischen Eigenschaften der Mangan - Eisen - Kohlenstofflegierungen oder Chrom - Eisen Kohlenstofflegierungen zu beleuchten. Aus einem solchen Schaubilde würde sich ergeben, daß der Einfluß des Mangans und Chroms, wenn diese in Nickelstählen vorhanden sind, zu einem ähnlichen Ergebnis führt, wie es durch Nickel und Kohlenstoff hervorgerufen wird und daß daher Mangan und Chrom dem Nickel bei der Beurteilung des Materials zugerechnet werden müssen. Es ist daher nicht leicht, im voraus genaue Angaben darüber zu machen, wie sich ein Stahl, der Nickel, Chrom und Mangan enthält, unter den verschiedenen Bedingungen bei der Erhitzung und Abkühlung verhalten wird. Es ist z. B. nicht angängig, eine Verbesserung in der Feilenhärte eines zementierten Nickelstahles mit 5 vH Nickel durch Zufügung von Chrom zu erwarten, obwohl eine gleiche Menge Chrom, wenn sie einem gewöhnlichen Kohlenstoffstahl beigefügt würde, die Feilenhärte erhöht. Die Zufügung sowohl von Nickel als auch von Chrom kann den Widerstand der Oberfläche gegen Abnutzung verbessern, aber Abnutzung und Feilenhärte sind keinesfalls gleichbedeutende Begriffe.

Chromnickelstahl (Nickelchromstahl) ist ein ausgezeichneter Werkstoff für solche Gegenstände, die eine gut stehende Oberfläche, die nicht besonders feilenhart ist, mit einem zähharten Kern besitzen sollen, der großen Drucken widerstehen kann. Chromnickelstähle können auch für allgemeine Konstruktionszwecke so wärmebehandelt werden, daß sie eine Zugfestigkeit zwischen 75 und 85 kg/qmm und gleichzeitig noch andere Eigenschaften ergeben, die ebenso gut wie diejenigen eines solchen Stahls sind, der besonders für Konstruktionszwecke hergestellt ist.

Chromnickelstähle sind im Automobilbau und allgemeinen Maschinenbau sehr geschätzt, wenn sie Lufthärtungseigenschaften in solchem Maße besitzen, daß Getriebe und andere Teile von verwickelter Gestalt, die großem Druck und starker Abnutzung widerstehen müssen, aus ihnen hergestellt werden können. Verwerfungen, die bei den gewöhnlichen Abschreckverfahren für oberflächlich gekohlte Gegenstände auftreten, können bei Anwendung von Chromnickelstählen fast gänzlich vermieden werden. Die Oberflächenhärte kann nach der Zementation durch Luftkühlung erhöht werden, und solche Oberflächen stehen sehr gut, sind aber nicht weniger spröde als die Oberflächen von gewöhnlichem zementiertem Stahl nach Wasserabschreckung. Im unzementierten Zustande werden die Oberflächen bei Luftabkühlung nicht feilenhart, aber sie widerstehen dem Druck und der Abnutzung durch Reibung besonders gut und verbinden eine große Festigkeit mit einem gewissen Grade von Biegsamkeit. Sie können auch nach der Lufthärtung bis zu 200 bis 250⁰ C angelassen werden und noch eine große Härte vereinigt mit Zähigkeit behalten. Die folgende Zahlentafel gibt Aufschluß über die mechanischen Eigenschaften, die durch verschiedenartige Wärmebehandlung eines Lufthärtungsnickelchromstahls, der sich für die Herstellung von Getrieben eignet, erhalten werden können:

Wärmebehandlung nach Lufthärtung von 820° C	Streck-grenze kg/qmm	Zerrieß-festig-keit kg/qmm	Deh-nung vH	Quer-schnittsver-minderung vH	Izod-Kerbzähig-keit mkg/qcm
Luftgehärtet	171,6	190,5	10,1	30,6	1,11
Erhitzt auf 100° C.	168,5	186,3	11,3	34,9	1,24
„ „ 200° C.	161,4	177,2	15,2	45,0	2,35
„ „ 300° C.	147,4	162,5	14,0	47,2	0,42
„ „ 400° C.	137,0	149,6	13,0	47,0	1,79
„ „ 500° C.	124,3	127,5	15,0	50,0	3,30
„ „ 600° C.	92,9	102,4	22,0	60,0	5,26
„ „ 650° C.	80,9	94,5	25,0	64,0	8,02
Langsam gekühlt von 750° C .	41,0	69,3	30,0	66,0	11,21

Viele Jahre lang beurteilte man die Brauchbarkeit eines Stahls für Einsatzhärtung hauptsächlich nach dem Aussehen der Bruchfläche eines zementierten Versuchsstabes. Die gewünschte Hülle mußte fein und glatt und im Aussehen dem Porzellan ähnlich, der Kern grau und sehnig sein. Eine geringe Schichtenbildung hie und da im Kern hielt man nicht für nachteilig, im Gegenteil wurde sie manchmal als Kennzeichen eines Einsatzstahls von guter Beschaffenheit angesehen. Während des Krieges kam dieses Verfahren zur Beurteilung eines Stahls für Einsatzhärtung nicht mehr zur Anwendung. Es wurde durch eine andere Vorschrift ersetzt, die besonderen Wert auf gewisse Merkmale des Kerns legte, während die Hülle verhältnismäßig vernachlässigt wurde. Nach der ersteren Vorschrift sollte der Kern sehnig sein, nach der Kriegsvorschrift sollte er eine hohe Kerbzähigkeit besitzen. Jedoch sind dies zwei Vorschriften, die praktisch dasselbe besagen. Die Angabe der Kerbzähigkeit ist für Lieferungsbedingungen und solche Abnehmer des Materials bequemer, denen genügende Erfahrung in der Beurteilung von Bruchflächen fehlt. Die folgende Zahlentafel über die Eigenschaften der Kerne von einigen Einsatzstählen zeigt, daß diese Werkstoffe, unter denen man wählen kann, große Verschiedenheiten aufweisen.

Im praktischen Betriebe würde es vielleicht ein halbes Dutzend erfahrener Personen, die ähnliche Gegenstände herstellen, vorziehen, drei oder vier verschiedene Stähle mit scheinbar gleich zufriedenstellenden Eigenschaften zu verwenden, obwohl ähnlich zusammengesetzte Stähle von dem einen Werkmann in Öl und von dem anderen in Wasser abgeschreckt würden. Wenn jemand ohne Vorurteil in bezug auf Stähle für Einsatzhärtung gefragt würde, welchen der hier angegebenen Stähle er für einen Zweck,

Zusammensetzung des Stahls							Eigenschaften des Kerns nach Doppelabschreckung. Rundstahl 28 mm Durchmesser			
Kohlenstoff	Silizium	Mangan	Schwefel	Phosphor	Nickel	Chrom	Zerreiß-festigkeit	Dehnung	Querschnitts-verminderung	Izod-Kerb-zähigkeit
vH	vH	vH	vH	vH	vH	vH	kg/qmm	vH	vH	mkg/qcm
0,14	0,19	0,64	0,07	0,02	—	—	49,0	33,0	67,8	15,05
0,17	0,14	0,53	0,03	0,02	1,20	0,10	58,4	32,0	73,5	17,45
0,15	0,26	0,45	0,03	0,01	1,66	0,10	55,4	35,0	70,8	13,45
0,10	0,10	0,17	0,02	0,02	3,20	0,30	57,0	34,0	67,7	13,13
0,11	0,09	0,09	0,04	0,04	4,69	0,03	65,2	32,0	66,8	16,97
0,16	0,17	0,21	0,03	0,02	5,01	0,04	128,5	13,5	36,1	4,48
0,13	0,27	0,43	0,02	0,02	3,19	0,49	129,4	15,0	44,6	5,28

der einen einsatzgehärteten Gegenstand verlangt, wählen würde, so könnte er sagen, daß ihm die obige Zahlentafel keinen besonderen Anhalt über die Eigenschaften gibt, die für die Hülle verlangt werden müssen, denn er sieht den zementierten Teil, also die Hülle des Gegenstandes, den er herzustellen sich vorgenommen hat, als genau so wichtig an wie den Kern. Wenn ihm versichert wird, daß die Hülle nach der Abschreckung glashart sein wird, dann könnte er erwidern, daß er einen Stahl mit hohem Kohlenstoffgehalt nicht wahllos aus dem Grunde kauft, weil ein solcher Stahl sich gut härten läßt.

Jemand, der folgerichtig denkt, selbst wenn er nur eine geringe Fähigkeit für Kritik besitzt, wird keine Schwierigkeit haben, manche Ansichten zu widerlegen, auf die sich viele herkömmliche und sorgfältig gehegte Begriffe über Einsatzstähle stützen. Diese Ansichten sind deshalb unausrottbar, weil sie ebenso wie viele andere Meinungen über den Stahl und seine Herstellung von unseren Vätern überkommen sind und niemals gegen ihre Richtigkeit Einwendungen erhoben wurden. Es ist nicht gesagt, daß der Kern eines einsatzgehärteten Gegenstandes im Hinblick auf

8*

die Hülle besser ist, weil er eine faserige und mit den Kennzeichen
der Zähigkeit versehene Bruchfläche aufweist oder eine hohe
Kerbzähigkeit besitzt. Wenn Zähigkeit die Fähigkeit bedeutet,
sich unter Spannungen zu verziehen oder, mehr bildlich ausgedrückt, sich unter Schlagbeanspruchungen zu verziehen, dann
bedeutet eine hohe Kerbzähigkeit dasselbe, d. h. eine verstärkte
Verzerrung oder Verbiegung des Materials tritt während des
Bruches eines eingekerbten Stabes ein. Es ist zweifellos von Vorteil, wenn ein Werkstoff eher nachgibt als bricht, aber wie weich
er auch sein mag, das Material innerhalb der glasharten Hülle
eines Stahls kann nicht nachgeben, und es kann auch nicht
irgendwelche Zähigkeit, die es besitzt, zum Vorschein kommen,
bis nicht die Hülle selbst zerbrochen ist oder das Hemmnis, in
diesem Falle die Hülle selbst, in irgendeiner Weise teilweise oder
vollständig beseitigt ist.

Die zementierte harte Hülle ist im Vergleich zum Kern frei von
irgendwelcher Behinderung. Gleich allen harten Gegenständen
kann sie aber leicht brechen, weil sie sich nur innerhalb der ela-
stischen Grenzen den Wirkungen einer dauernden Spannung oder
Erschütterung anpassen kann. Irgendwelche Fehler in der gehärteten Außenschicht, wie winzige Risse usw., dehnen sich aber dann
sehr schnell aus. Jeder nur mittelbar wirkende Fehler, wie eine
bei der mechanischen Bearbeitung erzeugte Rille, ein scharfer
Winkel oder ein Schlackenstreifen ist aus denselben Gründen
verwerflich. In weicherem und zäherem Material sind solche
Fehler von geringerer Bedeutung. Um deshalb die haltbarste
gehärtete Hülle zu erzielen, soll sie so frei wie möglich auch
von allen etwa anfänglich vorhandenen Fehlern wie z. B. Rissen,
freiem Zementit, Schlackenstreifen usw. gemacht werden. Soweit Schlackenstreifen und Schichtenbildung in Betracht kommen, hat der Einsatzhärter einige Auswahl in der Festlegung
gewisser Bedingungen, seit vielen Jahren jedoch hat er es
vorgezogen, sie auch für den Kern vorzuschreiben, wo sie aber
von zweifelhaftem Wert sind, ohne daß er hiermit die Vorstellung verbindet, daß die den Kern betreffenden Bedingungen
auch für die Hülle von Bedeutung sind.

Nicht allein die sorgfältige Auswahl eines Stahls für Einsatzhärtung, sondern auch die Art seiner Behandlung zur Erzeugung
eines zähen Kerns mit faserigem Bruch ist von maßgebendem Ein-

fluß. Denn es muß immer wieder darauf hingewiesen werden, daß das Aussehen der Bruchfläche des Kerns eines im Einsatz gehärteten Gegenstandes sowohl von der Beschaffenheit des verwendeten Stahls als auch von der richtigen Durchführung der Einsatzhärtung abhängt. Ist aber ein zäher Kern mit faserigem Bruch unbedingtes Erfordernis, dann ist es nicht schwer, die Frage zu beantworten, warum zementierte Gegenstände einer Doppelhärtung unterworfen werden müssen.

In den Abschnitten III und V ist gesagt worden, daß durch die Zementation die Gegenstände notwendigerweise überhitzt werden. Das überhitzte grobe Gefüge in Kern und Hülle läßt sich durch Wiedererhitzung auf Temperaturen verbessern, verfeinern, bei denen der freie Ferrit des Kerns und der freie Zementit der Hülle, wenn letzterer vorhanden ist, vollständig ineinander gelöst werden. Wenn dieser Wiedererhitzung eine Luftabkühlung folgt, dann trennen sich wieder die ineinander aufgelösten Bestandteile. Falls nach der Wiedererhitzung eine Abschreckung in Wasser oder Öl erfolgt, dann werden der Ferrit und Zementit noch vollständiger in dem aufgelösten Zustande festgehalten. Die Verfeinerung des kristallinischen Gefüges, d. h. die Ersetzung von größeren Kristallen durch kleinere findet in demselben Grade bei jeder Erhitzung statt.

Die Erfahrung lehrt, daß der Kern eines doppelt abgeschreckten Gegenstandes, wenn er von dem hemmenden Einflusse einer gehärteten Hülle befreit ist, zäher ist als der Kern eines einfach gehärteten Gegenstandes, der von der Verfeinerungstemperatur luftabgekühlt worden ist. Die mikroskopische Untersuchung des Gefüges zeigt dann auch, warum dies so sein muß. Aber die Erfahrung lehrt weiter, daß eine wiederholte Abschreckung eine zunehmende Spannung und eine vermehrte Verwerfung bei dem Werkstück im Gefolge hat. Abb. 101 gibt ein treffendes Beispiel über die Wirkung wiederholter Abschreckungen. Macht man einen Versuch, das Ergebnis der wiederholten Abschreckung nach allen Seiten hin praktisch auszuwerten, so kann man feststellen, daß die erste Abschreckung am besten bei einer Temperatur vorgenommen wird, bei der der Kern verfeinert wird. Wird die Hülle zufällig durch dieselbe Behandlung verbessert, so ist dies natürlich sehr zu begrüßen. Die Verfeinerungstemperatur setzen vielfach die Bearbeiter von Lieferungsvorschriften nach der bekannten

Zusammensetzung eines Stahls fest ohne Rücksicht darauf, wie
die Hülle beschaffen sein wird oder welche Gefügezustände in ihr
vorhanden sein werden. Die **Wirkung** der Doppelabschreckung
wird in dem Kern gesucht. Stangenstahl wird vor der Zementierung gewöhnlich einer Kernprobe unterworfen, und diese Probe
bedingt eine erstmalige Abschreckung von einer Verfeinerungstemperatur, die anzeigt, wenn die Probe erfolgreich sein soll, daß
der Kern zäh ist und eine hohe Kerbzähigkeit ergibt, solange
ihn nicht eine glasharte Hülle umschlossen hält.

Es ist denkbar, daß irgendein besonderer einsatzgehärteter
Gegenstand brauchbar sein könnte, wenn der Kern ganz und gar
entfernt wird, doch ist es ebenso unwahrscheinlich, daß ein ein-
satzgehärteter Gegenstand brauchbar wird, wenn die zementierte
Hülle entfernt worden ist. Es ist deshalb nicht angängig, die
Eigenschaften eines Einsatzstahls zu beurteilen, wenn man die
Wichtigkeit der zementierten Hülle ganz oder teilweise außer
acht läßt.

VIII. Kohlungsmittel.

Das beste Verfahren, alle chemischen Vorgänge in der Metallurgie zu überblicken und zu verfolgen, ist die Aufstellung eines Schaubildes (Zustandsdiagramms, Gleichgewichtsdiagramms), das aus Wärmemessungen mit Hilfe besonderer Geräte (Pyrometer) und durch Festlegung des Kleingefüges erhalten werden kann. Eine Beschreibung solcher gebräuchlichen Schaubilder bringen alle einschlägigen Werke der Metallurgie und Metallographie[1]). Das Schaubild der Eisenkohlenstofflegierungen, soweit es für den Einsatzhärter in Betracht kommt, kann in wenigen Sätzen erklärt werden.

Auf Seite 19 ist bereits auseinandergesetzt worden, daß bei einer Temperatur von etwa 740^0 C die Perlitkristalle im weichen Stahl eine Veränderung erleiden. Dieser in die feste Lösung übergegangene Perlit hat die Eigenschaft, durch plötzliche Abkühlung hart zu werden. Die Umwandlung des Perlits tritt bei allen gewöhnlichen Stählen bei ungefähr der nämlichen Temperatur ein, ganz gleich, ob diese von Hause aus weich oder hart sind, d. h. ob sie wenig oder viel Kohlenstoff enthalten. Diese Tatsache kann durch ein Schaubild (vereinfacht) nach Abb. 73 dargestellt werden, wenn eine wagerechte Linie durch F gezogen wird und zwei weitere fast rechtwinklig zueinander verlaufende Linien angeordnet werden, die sich im Punkte F treffen. Auf der Senkrechten sind die jeweiligen Temperaturen und auf der Wagerechten die Mengen Kohlenstoff der verschiedenen Stähle angegeben. Soweit es sich um den Perlit in diesen Stählen handelt, kann jeder Stahl bei einer Temperatur der oberhalb von F lau-

---

[1]) Vgl. Goerens, Einführung in die Metallographie. 3. Aufl. Halle a. Saale 1922; Ruer, Metallographie in elementarer Darstellung. 2. Aufl. Leipzig 1922; Dessau, Die physikalisch-chemischen Grundlagen der Legierungen. Braunschweig 1910; Tammann, Lehrbuch der Metallographie. Leipzig 1914 und Hanemann, Einführung in die Metallographie und Wärmebehandlung. Berlin 1915.

fenden Wagerechten durch plötzliche Abkühlung (Abschreckung)
gehärtet werden, da, wie bereits oben (Seite 19) gezeigt wurde,
der Perlit in einem weichen Stahl schon bei ungefähr 740° C in
die feste Lösung umgewandelt wird. Steigt die Temperatur, so
fangen die Perlitkörner an, sich in dem benachbarten Ferrit aufzulösen (S. 20). Bei einer Temperatur von etwa 780° C ist die
Auflösung bis zu einem gewissen Höhepunkte fortgeschritten und
kann alsdann nicht weiter fortschreiten, gleichgültig, wie lange

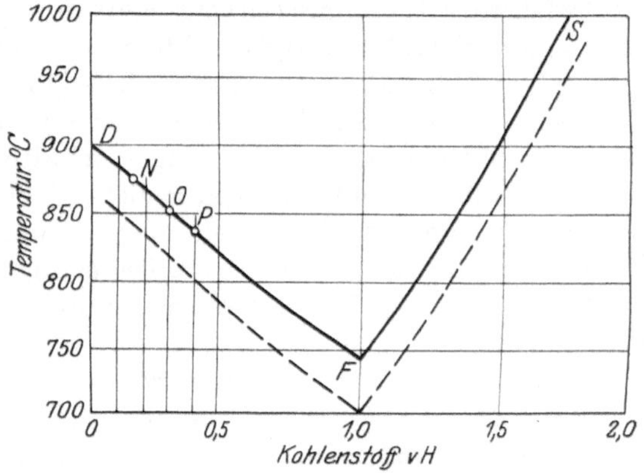

Abb. 73. Schaubild der Eisenkohlenstofflegierungen (Stähle)
von 0 bis 1,7 vH Kohlenstoff.

diese höhere Temperatur auch anhält. Doch in dem Maße, wie
sich die Temperatur weiter erhöht, breiten sich die umgewandelten Perlitkristalle aus, so daß schließlich von dem freien
Ferrit nichts mehr übrig bleibt. Diese besondere niedrigste Temperatur, bei der es möglich ist, eine vollständige Auflösung von
Perlit und Ferrit herbeizuführen, ist von großer Wichtigkeit,
weil sie auch die niedrigste ist, bei der grobkristallinisches Gefüge durch feinkörniges ersetzt wird. Es ist möglich, in dem
obigen Schaubild diese niedrigste Temperatur mit ziemlicher Genauigkeit festzulegen, z. B. für einen Stahl, der 0,15 vH Kohlenstoff enthält (Punkt N in Abb. 73). In der gleichen Weise läßt
sich dieser Punkt für einen Stahl mit 0,30 vH Kohlenstoff
(Punkt O) und für einen Stahl mit 0,4 vH Kohlenstoff (Punkt P)
angeben. Es fällt hier sofort das augenscheinlich gültige Gesetz
auf, daß bei der vollständigen Auflösung des Perlits in dem freien

Ferrit ein höherer Kohlenstoffgehalt mit niedrigerer Temperatur Hand in Hand geht.

Aus den früheren Betrachtungen ist bekannt, daß ein Stahl mit etwa 1 vH Kohlenstoff vollständig aus Perlit besteht, und der Stahl wird daher vollständig aus der festen Lösung bestehen, sobald der Perlit die Umwandlung durchgemacht hat. Diese Tatsache legt den Punkt F bei 740° C fest und die Linie, die die besprochenen Punkte verbindet, stellt sich als eine fast gerade

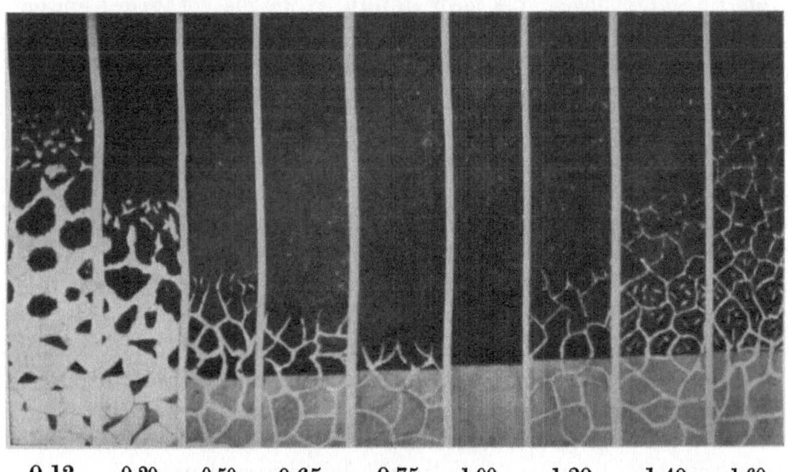

Abb. 74. Darstellung des Eisen-Kohlenstoffschaubildes nach dem Gefügeaussehen der Stähle. Nach Stead.

Linie DF dar, die sich von 740° C bis zu 900° C erstreckt. Sie zeigt mithin das Verhalten aller Kohlenstoffstähle bei bestimmten Temperaturen an, die weniger als 1 vH Kohlenstoff enthalten.[1]

Stähle, die mehr als 1 vH Kohlenstoff aufweisen, bestehen auch größtenteils aus Perlit, aber, anstatt sich mit dem Ferrit

---

[1] Es sei hier ausdrücklich betont, daß die Grenze, bei der der Stahl nur aus Perlit besteht, nicht genau bei 1 vH Kohlenstoff liegt, sondern ein wenig darunter, bei etwa 0,9 vH. Aber mit Rücksicht darauf, daß sich der praktische Härter die Zahl 1 vH leichter merken kann als 0,9 vH, ist hier stets die abgerundete Zahl 1 vH gesetzt worden. Heyn sagt: „Es ist schwierig, den eutektischen Kohlenstoffgehalt genau zu ermitteln, er liegt zwischen den Grenzen 0,85 bis 1,1 vH, je nach den Abkühlungsverhältnissen und dem Gehalt an fremden Beimengungen.“

zu verbinden, der auf einen Überschuß an freiem Eisen zurückzuführen ist, ist er jetzt mit freiem Zementit vereinigt, der reines Eisenkarbid (Fe_3C) darstellt. Die Perlitumwandlung tritt wie vorher durch Erhitzung des Stahls bei 740° C ein und kann in dem Schaubild der Abb. 73 ebenfalls durch die Wagerechte durch F festgelegt werden. Die Auflösung des freien Zementits tritt allmählich ein, sowie die Temperatur steigt und sie ist bei einer bestimmten Temperatur vollendet. Durch eine ähnliche Folge von Beobachtungen, die man genau so wie die vorhergehenden machen kann, läßt sich, wenn auch mit größerer Schwierigkeit, die Temperatur feststellen, bei der Stähle mit verschieden hohem Kohlenstoffgehalt aufhören, ungelösten Zementit zu enthalten, und aus diesen Daten läßt sich eine Linie darstellen, die von F zu S (Abb. 73) reicht. Dieses jetzt erhaltene Schaubild ist vollständig, soweit es für die Zwecke des Einsatzhärters in Frage kommt. Es unterscheidet sich von dem Gleichgewichtsdiagramm der wissenschaftlichen Metallurgie bloß in einer Hinsicht, nämlich in der, daß, während dieses aus Daten entstanden ist, die bei der Abkühlung erhalten wurden, das Diagramm in Abb. 73 aus der Erhitzung der Stähle gewonnen wurde, und aus diesem Grunde ist es für die praktischen Zwecke in der Werkstatt brauchbarer. Die gleichlaufenden Veränderungen bei der Erhitzung und Abkühlung werden durch ein ziemlich gleichbleibendes Temperaturgebiet getrennt, das durch die ausgezogenen und punktierten Linien in dem Schaubild der Abb. 73 angedeutet ist.

Diese Ausführungen legen den Gedanken nahe, daß jedes Stück Stahl, das schnell abgekühlt worden ist, durch die Art seines Gefüges einen mehr oder weniger deutlichen Beweis dafür erbringt, bis zu welchem Grade es erhitzt worden war, und bei welcher Temperatur bzw. mit welcher Geschwindigkeit es abgeschreckt wurde. Eine Anzahl dünner Stahlstreifen, die im Kohlenstoffgehalt zwischen 0,1 und 1,5 vH schwanken, können in diesem Sinne als eine Art Pyrometer benutzt werden. Werden die Streifen in entsprechender Weise, nachdem sie von stufenweise steigenden Temperaturen abgeschreckt worden sind, in einer Reihe angeordnet, so würden ihre Gefüge, entlang der Linie der vollständigen Auflösung (DFS in Abb. 73), eine bildliche Vorstellung des Gleichgewichtsdiagramms (Zustandsdiagramms) der für den Härter in Frage kommenden Eisenkohlenstofflegierungen abgeben. Diese

Reihe von Einzelergebnissen ist durch das Schaubild in Abb. 74 festgelegt worden und dieses wird in einem bestimmten Grade von jedem zementierten und abgeschreckten Stahl bestätigt.

Der große Wert einer systematisch geordneten oder diagrammatischen Zusammenstellung von Versuchsergebnissen liegt darin, daß durch eine solche Zusammenstellung eine nützliche Kritik an vielen bestehenden Ansichten gefördert wird. Nimmt man an, daß die niedrigste Temperatur, bei der Kohlenstoff (als Eisenkarbid Fe_3C) diffundiert oder wandert, 740^0 C beträgt, dann ist es klar, daß es keines besonderen Scharfsinns im Urteil über jene Mischungen für Oberflächenkohlung bedarf, die bei „kaum sichtbarer Rotglut" wirksam sein sollen. Die niedrigste Temperatur, bei der es möglich ist, bestimmte Wirkungen zu erzielen, z. B. der äußersten Schicht eines weichen Stahls 1,3 vH Kohlenstoff zuzuführen, ist durch bestimmte Gesetze festgelegt, die außerhalb des Einflusses irgendeines Unternehmers liegen, der derartige Kohlungsmischungen herstellt.

Es soll natürlich nicht gesagt werden, daß das eine Kohlungsmittel so gut wie das andere ist und billige Kohlungsmittel, wie Koks oder Anthrazit, nicht verbessert werden können. Es gibt im Gegenteil sehr große Unterschiede in dem Verhalten der verschiedenen Kohlungsmittel, aber diese sind nur brauchbar, sofern sie überhaupt Bedeutung haben, innerhalb der Temperaturgrenzen, die aus Abb. 73 ersichtlich sind. Aus einem ähnlichen Grunde gibt es auch wohl keine wissenschaftliche Erklärung für die Behauptung, daß gewisse Stahlsorten, mit Ausnahme natürlich von völlig anders gearteten, am besten durch eine besondere Art von Kohlungsmitteln zementiert werden können.

Lange bevor das Eisenkohlenstoffschaubild erdacht wurde, ist Caron, ein scharfer Beobachter der Zementierungsvorgänge, zu dem Schluß gekommen, daß jede bestimmte Temperatur einem bestimmten Sättigungsgrad an Kohlenstoff und einer bestimmten Geschwindigkeit für die Eindringung des Kohlenstoffs in den heißen Stahl entspricht. Während dies für einige, vielleicht sogar für viele Kohlungsmittel zutrifft, gibt es jedoch zweifellos Ausnahmen, soweit wenigstens der Sättigungsgrad in Betracht kommt.

Dauert die Kohlung viele Tage, so ist es keineswegs ungewöhnlich, daß sich größere Mengen von freiem Kohlenstoff auf der Oberfläche der zementierten Stücke ablagern. Diese Erscheinung kann man aus dem Gleichgewichtsdiagramm der Eisenkohlenstofflegierungen erklären. Das Material, das für den Stahl in Abb. 32 gebraucht wurde, kann als Beispiel für diese scheinbare Regelwidrigkeit gelten. Nach Charpy läßt sich diese Erscheinung durch die nicht zu vermeidenden Schwankungen in der Temperatur während der langen Erhitzung erklären. Wenn z. B. bei einer gleichmäßigen Temperatur von 1000⁰ C die Oberfläche des Stahls mit freiem Zementit gesättigt ist, dann wird ein kleiner Temperaturabfall bewirken, daß sich ein Teil des Zementits aus der festen Lösung ausscheidet. Wenn die Temperatur wieder steigt, dann löst sich auch der ausgeschiedene Zementit wieder auf. Man kann annehmen, daß sich um jedes Stahlteilchen kohlenstoffhaltige Gase befinden, die sehr schnell denjenigen Betrag an Kohlenstoff abgeben, der nötig ist, diesen Prozentsatz wieder herzustellen, sofern kein ausgeschiedener Zementit vorhanden ist. Es entsteht daher die Frage, ob das Gleichgewicht schneller durch die Kohlenstoff erzeugenden Gase oder durch den ausgeschiedenen Zementit hergestellt wird. Wenn durch die Gase allein oder, wie es wahrscheinlich ist, durch Gase und ausgeschiedenen Zementit gemeinsam das Gleichgewicht wiederhergestellt wird, dann bleibt ein Teil des Zementits ungelöst und die Menge desselben kann durch wiederholte Temperaturveränderungen größer werden, als es sonst auf andere Weise möglich ist.

Da die Verbindung zwischen den die Kohlung bewirkenden Gasen und dem Eisen auf eine chemische Reaktion hinausläuft, so wird diese in bezug auf ihren zeitlichen Verlauf durch die Art des Gases, seinen Druck, seine Beständigkeit bei gegebener Temperatur usw. beeinflußt. Unter Berücksichtigung dieser Sachlage kann das ungleichmäßige Verhalten, wie bereits gezeigt worden ist, bei manchen Kohlungsmischungen stärker ausgeprägt sein, als bei anderen, d. h. manche Gemische können tatsächlich in die Oberfläche mehr Kohlenstoff, als theoretisch möglich ist, einführen, als andere, immer unter der Voraussetzung, daß die Temperatur ziemlich beständig bleibt.

Das einfachste feste Kohlungsmittel ist reiner Kohlenstoff. Dieser ist jedoch am wenigsten wirksam. Es ist beobachtet worden, daß Diamant, also kristallisierter Kohlenstoff, im luftleeren Raum hocherhitztes und ihn berührendes Eisen kohlt. Ähnliche

Versuche sind auch mit anderen Formen von reinem Kohlenstoff gemacht worden, und es hat sich immer gezeigt, daß die Kohlung dann besonders stark auftritt, wenn der Kohlenstoff dicht an das heiße Eisen gepreßt wurde. Derartige Kohlungsmittel, wenn sie schließlich auch wirksam sind, sind jedoch unpraktisch und von keiner wirtschaftlichen Bedeutung, weil es im praktischen Betriebe schwierig ist, diese innige Berührung einwandfrei herzustellen. Die billigsten dieser festen Kohlungsmittel, Koks und Anthrazitkohle, sind aus diesem Grunde unbrauchbar, mit Ausnahme vielleicht des Koks, der zur Vergrößerung des Volumens einer Mischung Verwendung finden und infolge seiner porösen Natur zum Träger anderer Kohlungsmittel werden kann.

Diamanten von sehr hohem Werte sind zum Beweise dafür herangezogen worden, daß diese reinste Form von festem Kohlenstoff weiches Eisen kohlt. Schon im Jahre 1798 erhitzte Clouet in einem Glühofen aus weichem Eisen kleine Diamanten und erhielt hierin Kügelchen aus härtbarem Stahl. Ein Jahr später wurde dieser Versuch mit ähnlichem Ergebnis wiederholt. Im Jahre 1815 erhitzte Pepys Diamantstaub zusammen mit Eisendraht zur Erzeugung von Stahl. Ein gleicher Versuch wurde 1864 von Margueritte ausgeführt. Zwischen 1888 und 1890 zeigten Osmond und Roberts-Austen, daß Diamant in Berührung mit Eisen bei Temperaturen zwischen 1000 und 1100° C auch dann kohlen kann, wenn Gase aller Art ausgeschlossen wurden. Andere Forscher wollten diese tatsächlich erhaltenen Ergebnisse den Gasen — fremde Gase waren nicht vorhanden — zuschreiben, die im Eisen eingeschlossen sind und bei dessen Erhitzung im luftleeren Raum frei werden. Diese Streitfrage beantwortete Guillet im Jahre 1910 folgendermaßen:

1. Kohlenstoff zementiert im luftleeren Raum nur in unmittelbarer Berührung mit Eisen;

2. sind Gase zugegen oder werden sie aus dem Stahl durch Erhitzung desselben frei, so tritt Zementation ohne unmittelbare Berührung zwischen dem Eisen und festem Kohlenstoff ein;

3. die kohlende Wirkung wächst mit dem Gasdruck.

Über die mögliche Verwendung von Diamant als Kohlungsmittel wird kein Einsatzhärter ernstlich nachdenken. Will er sich davon überzeugen, daß reiner Kohlenstoff, wenn er innig an den zu zementierenden Gegenstand gepreßt wurde, wirksam ist, so braucht er nur einige Beobachtungen an gut geglühtem „schwarz-kernigem" schmiedbarem Guß (Temperguß) zu machen. Dieser Werkstoff besteht gewöhnlich aus fast reinen Eisenkristallen (Ferrit), in denen sehr feinverteilter Graphit (Temperkohle) ein-gebettet liegt (Abb. 75).

Die Berührung zwischen Eisen und Graphit ist beim schmied-baren Guß viel inniger, als sie durch irgendeine Art der Ver-packung eines Eisenstückes mit einem Kohlungsmittel in der Ein-satzhärtungskiste bewerkstelligt werden kann. Wird ein Stück

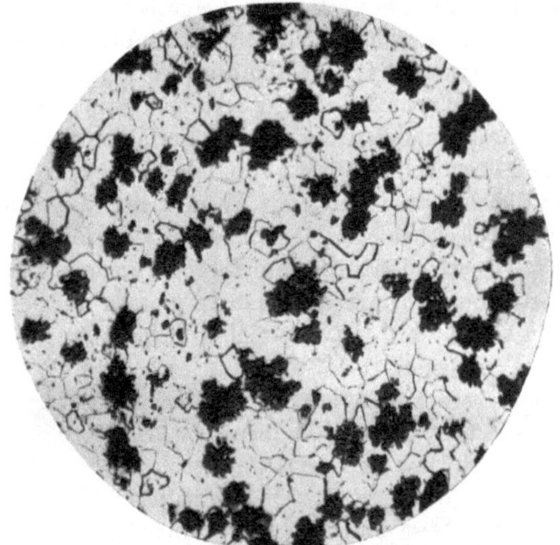

Abb. 75. „Schwarzkerniger" Temperguß.

dieses schmiedbaren Gusses längere Zeit auf Kohlungstemperatur gehalten und alsdann abgeschreckt und unter dem Mikroskop untersucht, dann stellt sich heraus, daß keine oder nur eine ganz geringe Zementation des Eisens durch die Temperkohle, also keine Vereinigung des Ferrits mit dem festen Kohlenstoff trotz der nachfolgenden Härtung stattgefunden hat.

Feste Kohlungsmittel sind für den Großbetrieb nur dann brauchbar, wenn sie bei der Erhitzung Gase entwickeln. Diese ent-wickelten Gase sind dann die wirklichen Kohlenstoffüberträger. Diese Tatsache soll durch das folgende Beispiel bewiesen werden. Verpackt man ein Stück eines Vierkantstabes aus weichem Eisen nahezu bis zu seiner oberen Kante in Sand und füllt den Rest des Einsatzkastens mit irgendeinem Kohlungsmittel, etwa Holzkohle und Bariumkarbonat, aus, so wird man nach einigen Stunden der Erhitzung finden, daß der Stab nicht nur in seinem oberen Teil, sondern auf allen Seiten über die ganze Oberfläche hin gekohlt ist. Dies haben nur die aus dem Kohlungsmittel entwickelten Gase bewirkt, die auch durch den Sand gedrungen sind (s. Abb. 50). Werden andererseits die entwickelten Gase durch Absaugen aus dem Kasten entfernt, so wird sich herausstellen, daß der Stab gar nicht oder nur ganz unwesentlich gekohlt wurde.

Die Stellung der Frage ist berechtigt und auch von großer Bedeutung, welche Gasmengen aus einer Kohlungsmischung bei steigender Temperatur entwickelt werden und von welcher Zusammensetzung sie sind. Diese Fragen können nur durch Laboratoriumsversuche beantwortet werden, die große Geschicklichkeit und Geduld erfordern. Ergebnisse aus solchen Versuchen sind nur spärlich vorhanden. Lehrreiche und für die Praxis wichtige Versuche stellten De Nolly und Veyret[1]) über die aus verschiedenen Zementierungsmitteln zwischen 100 bis 1000° C entweichenden Gase an. Diese Versuche sind auch noch aus dem Grunde wichtig, weil sie über die Ursachen der heftigen Entwicklung explosiver Gase, die sich im Verlaufe des Zementierungsprozesses bilden, Auskunft geben. Die folgenden 10 Zementierungsmittel wurden geprüft:

1. Holzkohle. Diese enthielt 60,5 vH Kohlenstoff, 30,8 vH flüchtige Bestandteile, 4,35 vH Feuchtigkeit, 4,2 vH Asche und 0,03 vH Schwefel;

2. Holzkohle mit 10 vH Bariumkarbonat gemischt;

3. Holzkohle mit 30 vH Bariumkarbonat gemischt;

4. Holzkohle mit 50 vH Bariumkarbonat gemischt;

5. Holzkohle (bei 100° C unter Luftabschluß geglüht) mit 30 vH Bariumkarbonat gemischt;

6. Holzkohle (bei 100° C unter Luftabschluß geglüht) mit 50 vH Bariumkarbonat gemischt;

7. Mischung von Ruß (20 vH), Gips (40 vH) und Ferrozyankalium (40 vH);

---

[1]) Ferrum 1912/13, S. 310 und Stahl und Eisen 1912, S. 1581 und 1913, S. 569.

8. Mischung von trockener Holzkohle (20 vH), Kochsalz (51 vH), Ferrozyankalium (23 vH) und Feuchtigkeit (6 vH);

9. Mischung enthaltend tierische Abfallstoffe (Horn und Haar, 20 vH), Pflanzenfaser (50 vH), kalzinierte Soda (11 vH), neutralen Körper (Quarz- oder Ziegelmehl, 5 vH) und Feuchtigkeit (14 vH);

10. Mischung enthaltend Stoffe pflanzlichen Ursprungs (Zucker, Kakao usw. 70 vH), kalzinierte Soda (13 vH), neutralen Körper (Sand 3 vH) und Feuchtigkeit (14 vH).

Es wurde zunächst das Volumen der aus den Zementierungsmitteln bei Temperaturerhöhungen von 100 zu 100° C entwickelten Gase bestimmt, und zwar bei der Erhitzung von der gewöhnlichen Temperatur (15° C) bis gegen 1100° C und ferner wurden die Gasmengen, die sich von 100 bis 300° C, dann bei

Mittlere Temperatur des Zementierungsmittels	Zementierungsmittel									
	1.		2.		3.		4.		5.	
	1. Erhitzung	2. Erhitzung	1. Erhitzung	2. Erhitzung	1. Erhitzung	2. Erhitzung	1. Erhitzung	2. Erhitzung	1. Erhitzung	2. Erhitzung
100° C	18	—	31	—	28	—	30	—	21	—
200° C	18	—	19	—	17	—	20	—	0	—
300° C	6	—	5	—	8	—	10	—	0	—
400° C	50	0	16	0	15	25	5	—	6	—
500° C	111	0	49	0	61	6	30	0	4	15
600° C	150	3	113	0	86	6	71	8	3	3
700° C	188	—	113	0	75	12	86	9	6	5
800° C	90	—	125	5	78	13	80	10	25	8
900° C	64	—	198	11	129	19	69	11	36	6
1000° C	63	11	180	13	63	36	78	39	70	26
1100° C	25	12	90	10	42	16	50	35	30	5

Mittlere Temperatur des Zementierungsmittels	6.		7.		8.		9.		10.	
100° C	18	—	16	—	25	—	28	—	25	—
200° C	0	—	10	—	16	—	30	—	33	—
300° C	0	—	0	—	0	—	41	—	100	—
400° C	0	—	0	14	11	—	142	10	210	—
500° C	0	0	6	5	10	6	256	0	100	—
600° C	0	22	25	3	67	0	154	0	128	8
700° C	22	0	138	3	86	6	115	0	87	4
800° C	40	4	190	6	85	11	105	11	72	14
900° C	34	7	85	6	88	14	76	31	33	2
1000° C	115	35	24	5	74	12	66	34	31	10
1100° C	60	7	14	6	34	10	49	10	3	6

850° C und schließlich bei 1050° C entwickelten, ermittelt. Zementierungsversuche bei 850 und 1050° C gingen einher, um den Einfluß der entwickelten Gase auf die Tiefe der Kohlungsschicht festzustellen.

Für die Versuche wurden 30 g des Zementierungsmittels in einem in einem elektrischen Widerstandsofen befindlichen Porzellanrohr erhitzt und die entwickelten Gase in einem mit Gradeinteilung versehenen Gefäß aufgefangen. Die Temperatur wurde durch ein zwischen Porzellanrohr und Ofen untergebrachtes Thermoelement bestimmt.

Die bei den verschiedenen Temperaturen minutlich entwickelten Gasmengen (in ccm) gibt die vorstehende Zahlentafel an. Die Dauer jeder Erhitzung betrug 3 Stunden. Es wurden nacheinander

Mittlere Temperatur des Zementierungsmittels im Augenblick der Gasentnahme		Zementierungsmittel				
		1.	2.	3.	4.	5.
Von 15 bis 300° C	Kohlendioxyd . . .	21,4	9,0	0,9	2,6	1,2
	Sauerstoff	14,8	17,8	19,1	20,0	16,6
	Kohlenoxyd	5,3	3,1	1,0	1,2	3,6
	Wasserstoff	—	0,6	—	—	2,0
	Methan	1,4	—	—	0,8	—
	Stickstoff	57,8	69,8	79,0	75,4	76,6
850° C	Kohlenoxyd	11,3	28,1	25,3	30,8	42,2
	Wasserstoff	74,0	52,8	57,7	53,4	20,0
	Methan	10,0	8,7	8,7	7,0	2,0
1050° C	Kohlenoxyd	19,6	37,3	56,1	63,8	71,7
	Wasserstoff	73,5	60,0	32,0	28,0	15,0
	Methan	0,6	0,9	0,9	0,8	0,7

		6.	7.	8.	9.	10.
Von 15 bis 300° C	Kohlendioxyd . . .	0,8	—	11,0	6,2	19,4
	Sauerstoff	19,4	17,0	17,4	17,0	14,2
	Kohlenoxyd	1,8	2,6	—	—	0,8
	Wasserstoff	2,4	0,8	—	—	2,2
	Methan	—	—	—	—	1,2
	Stickstoff	75,6	79,8	71,6	76,5	62,2
850° C	Kohlenoxyd	28,4	29,4	50,4	54,4	51,2
	Wasserstoff	37,0	23,6	35,2	34,8	35,8
	Methan	1,2	1,2	2,0	1,7	4,2
1050° C	Kohlenoxyd	75,2	55,6	23,2	36,8	64,2
	Wasserstoff	12,0	19,2	56,5	51,4	22,2
	Methan	0,8	0,9	0,2	1,2	2,2

zwei Erhitzungen vorgenommen, um die Erschöpfung des Zementierungsmittels beurteilen zu können, wobei die Temperatur der erhitzten Mischung auf 300 und 400° C sinken gelassen wurde.

Die Zusammensetzung der bei 15 bis 300° C und bei 850 und 1050° C entwickelten Gase zeigt die vorseitige Zahlentafel.

Diese wiedergegebenen Analysen geben nicht die genaue Zusammensetzung der Gase an, die unmittelbar aus dem Kohlungsmittel entstanden sind. Gewisse gasförmige Mischungen verdichten sich vor der Probenahme und auch andere Veränderungen werden während der unvermeidlichen Abkühlung der Gase vor der Analyse stattgefunden haben. Jedoch sind diese wenn auch nur annähernd richtigen Versuchsergebnisse von großem praktischen Werte, denn es ist klar, daß jene Kohlungsmittel, die große Mengen von Gasen entwickeln, bevor die unterste Zementierungstemperatur (etwa 800°C) erreicht ist, dann keinen Nutzen bringen, wenn die Gase nicht ganz oder teilweise in der Härtekiste zurückgehalten werden.

Alle Kohlungsmittel, die Feuchtigkeit oder rohe tierische oder pflanzliche Stoffe enthalten, entwickeln Gase oder Dämpfe unterhalb Rothitze. Diese Verschwendung von Gasen, die wahrscheinlich bei höheren Temperaturen nützlich sein würden, ist nicht zu bedauern, da derartige Gase zu Explosionen führen können, auch werden sie auf jeden Fall die Verschmierung der Härtekisten zerstören, während sie ihnen entströmen. Es ist deshalb ratsam, solche Kohlungsmischungen auszuschalten, die viel Gase entwickeln, die doch nicht von Nutzen sind. Die flüchtigen Bestandteile verschlucken auch während ihrer Entströmung viel Hitze, und sie verlängern daher die Zeit, die nötig ist, um das Innere der Kiste auf die gewünschte Temperatur zu bringen.

Aus den obigen Versuchen kann der Schluß gezogen werden, daß die Ursache jener Explosionen, die im Verlauf des Zementierungsprozesses auftreten, in den plötzlichen Gasentwicklungen zu suchen sind, die bei gewissen Kohlungsmitteln schon bei verhältnismäßig niedrigen Temperaturen vor sich gehen. Dann aber gibt auch Gelegenheit zu Explosionen die Einwirkung des bei 700° C sehr reichlich auftretenden Wasserstoffs auf die bei niederen Temperaturen aus den Kohlungsmitteln entweichende Luft.

Um diese Explosionen abzuschwächen, kann die Beachtung folgender Regeln empfohlen werden:

1. Diejenigen Kohlungsmittel sind auszuschließen, die tierische oder pflanzliche Stoffe enthalten und bei niedeien Temperaturen reichlich Gase entwickeln;

2. geglühte Holzkohle allein oder in Mischung mit Bariumkarbonat ist zu bevorzugen;

3. die gefüllte Härtekiste ist bis 700° C langsam zu erhitzen, um hierdurch die Entweichung der im Kohlungsmittel vorhandenen Luft zu ermöglichen.

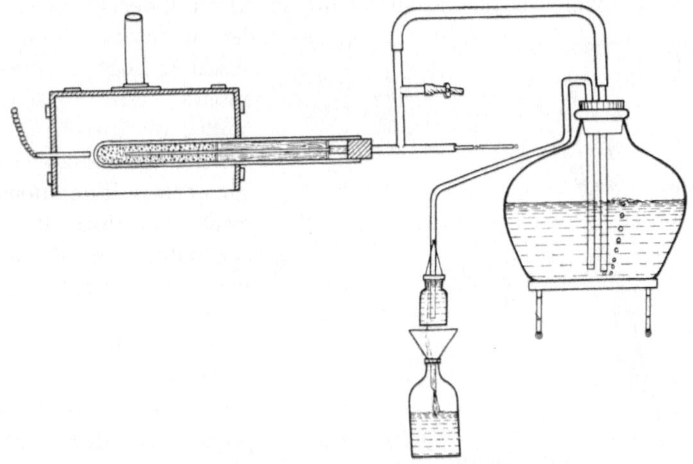

Abb. 76. Anlage zur Prüfung von Kohlungsmischungen.

Die mit den zehn oben genannten Kohlungsmitteln erzielten Erfolge hinsichtlich der Kohlungstiefe bei Flußeisen mit 0,11 vH Kohlenstoff, 0,14 vH Silizium, 0,39 vH Mangan, 0,03 vH Schwefel und 0,03 vH Phosphor und Nickelstahl mit 0,09 vH Kohlenstoff, 2,3 vH Nickel, 0,09 vH Silizium, 0,47 vH Mangan, 0,03 vH Schwefel und 0,01 vH Phosphor waren sehr gleichmäßig. Wasserstoff schien während der Zementierung keinen Einfluß auf die Tiefe der Kohlungsschicht auszuüben.

Um feste Kohlungsmittel und die bei verschiedenen Temperaturen befreiten Gasmengen, die Zusammensetzung der Gase und die Natur der flüchtigen Bestandteile zu untersuchen, hat Brearley eine besondere Vorrichtung erdacht, die in Abb. 76 wiedergegeben ist. Diese besteht zunächst aus einem schmiedeeisernen, am besten kaltgezogenen Stahlrohr von etwa 40 mm

9*

innerem Durchmesser, das an einem Ende verschlossen ist. Hundert Gramm der Kohlungsmischung, die untersucht werden soll, werden in das verschlossene Ende der Röhre gebracht, eine Schicht aus geglühtem Asbest wird vorgelegt und die Röhre am anderen Ende durch einen Stopfen verschlossen, durch den ein enges Quarzrohr in das Stahlrohr hineinragt, das hinwiederum ein Thermoelement, das an ein registrierendes Pyrometer angeschlossen ist, aufnimmt. Die Heißlötstelle des Thermoelements ragt tief in die zu untersuchende Mischung hinein. Der Teil der Röhre mit der zu untersuchenden Mischung liegt in einer allseitig geschlossenen Muffel, die durch einen Gasofen angeheizt wird. Ein zweites Thermoelement, das den Boden der Stahlröhre berührt, zeigt die Muffeltemperatur an (linke Seite der Muffel in Abb. 76).

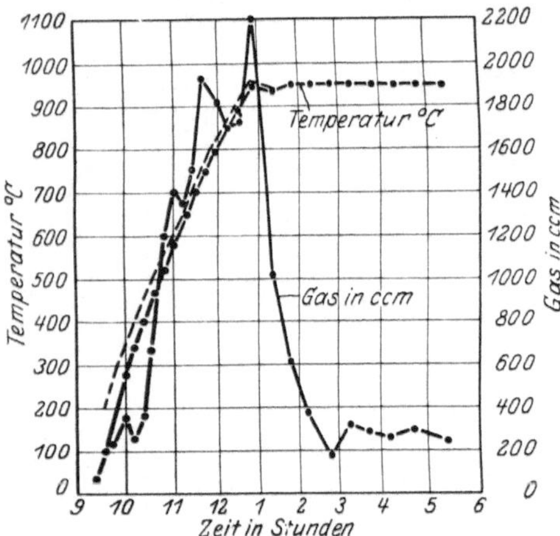

Abb. 77. Temperatur und Gasmengen einer Kohlungsmischung.

Die durch die immer höher steigende Temperatur in der Stahlröhre entwickelten Gase gelangen in einen mit Wasser gefüllten Glasballon. Durch den Druck der Gase wird das Wasser aus dem Ballon durch ein besonderes Rohr herausgedrückt und gelangt dann in eine kleine Flasche, die als Druckausgleich dient. Die Gasmenge im großen Behälter wird bei atmosphärischem Druck und Zimmertemperatur aus dem Volumen des verdrängten Wassers nach gewissen Zeitabständen ermittelt. Aus dem wagerechten Rohr, das mit einer Klemme verschlossen ist, werden gleichfalls Gasproben gesammelt und analysiert. Die Temperatur sowohl der Mischung als auch der Muffel wird durch registrierende Pyrometer angezeigt. In Abb. 77 bedeuten die punktierten Linienzüge die Temperatur des in dem Stahlrohr entwickelten Gasgemisches bzw. die Temperatur des Muffelofens.

Die Linienzüge in Abb. 77 beziehen sich auf gewöhnliche

Mischungen von Holzkohle und Bariumkarbonat. Die Temperaturlinie kann auch eine Spitze bei 100° C aufweisen, die mit der Entbindung von Feuchtigkeit zusammenfällt. Linienzüge, die von Mischungen erhalten wurden, die Fette enthielten, zeigten ein längeres Verweilen bei der Erhitzung auf etwa 400° C. Andere Mittel, wenn sie verdampfen oder zerfallen, würden die Heizkurven bei den entsprechenden Temperaturen ebenfalls beeinflussen. Was immer auch der Vorteil bei Kohlungsmischungen, die Fette oder andere bei niedrigen Temperaturen flüchtige Bestandteile enthalten, sein mag, so können sie doch, wenn sie erschöpft sind, für die Verschmierung der Härtekiste schädlich sein, bevor noch überhaupt irgendwelche Kohlung des eingesetzten Stahles stattgefunden hat. Ein kleiner Rundstab aus weichem Stahl, etwa 20 mm lang und mit einem Durchmesser von etwa 10 mm, kann jeweils, wenn er nach dem Einsetzen geschliffen, poliert, geätzt und unter dem Mikroskop beobachtet wird, als Wertmesser für das Verhalten der Gase dienen, die das zu prüfende Kohlungsmittel entwickelt.

Verschiedenheiten im Verhalten desselben Kohlungsmaterials, das von verschiedenen Personen untersucht worden ist, sind zweifellos daraus zu erklären, daß die Härtekisten verschiedenartig „gasdicht" gemacht wurden. Beim Vergleich der zementierenden Wirkung von beispielsweise zwei Kohlungsmitteln können die Ergebnisse vollständig entgegengesetzt sein, wenn nach dem einen Verfahren mit einem gewöhnlichen lehmverkitteten Kasten gearbeitet oder ähnlich wie nach Abb. 76 ein großes an einem Ende verschweißtes schmiedeeisernes Gasrohr angewendet wird und dessen anderes Ende mit einem durchlochten Stopfen verschlossen ist. Ergebnisse, die bei genau festgelegten Temperaturen erhalten werden, können nicht mit denjenigen verglichen werden, die bei anderen Temperaturen gewonnen wurden. Ferner sei darauf hingewiesen, daß das Verhalten von zwei Kohlungsmitteln, die z. B. sechs Stunden lang einer Temperatur von 900° C ausgesetzt wurden, nicht das gleiche zu sein braucht, wenn die Dauer des Versuchs z. B. 20 Stunden beträgt. Die Folgerungen hieraus lassen sich z. B. aus der Zahlentafel auf Seite 128 ziehen, die zeigt, daß sich Kohlungsmittel bei verschiedenen Temperaturen schneller oder weniger schnell erschöpfen. Durch praktische Zementierungsversuche lassen sich diese Beobachtungen leicht stützen. Man

vergleiche z. B. das Verhalten einer Mischung von Holzkohle und
Bariumkarbonat mit verkohltem Leder oder mit Holzkohle. Die
Zeitkurven für die Eindringungstiefe dieser drei Mittel sind in
Abb. 78 angegeben. Es wurde bei einer gleichbleibenden Temperatur von 900° C gearbeitet und es zeigte sich, daß die Mischung
aus Holzkohle und Bariumkarbonat sehr gute Erfolge hatte, wenn
die Zementationszeit kurz war, die Eindringungstiefe des Kohlenstoffs also nur gering zu sein brauchte, daß dagegen für längere

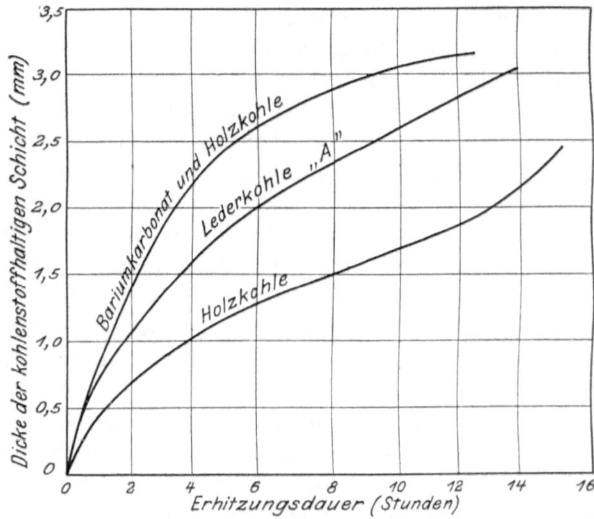

Abb. 78. Zeitkurven für die Aufnahme von Kohlenstoff bei der Zementation.

Zementationszeiten die genannte Mischung weniger vorteilhaft
war. Bei sehr langer Zementationszeit liefert bei einer Temperatur
von etwa 1000° C Holzkohle allein im Vergleich zu irgendeinem
anderen aus mehreren Bestandteilen bestehenden Kohlungsmittel
die besten Ergebnisse (Shaw Scott).

Man muß sich fragen, warum so wenig über die Reaktionen,
die im Innern der Härtekiste vor sich gehen, bekannt ist. Der
Grund mag vielleicht darin liegen, daß die Hersteller von Kohlungsmischungen gewöhnlich ohne irgendwelche Sach- und Fach-
kenntnis zu Werke gehen und diese vielfach unwissenschaftlich
und nur nach Gutdünken zusammenstellen. Viele Hersteller besitzen auch nicht genügend Verständnis für eingehende Untersuchungen ihrer Mischungen, sondern sie betrachten ihre Tätig-

keit nur vom rein kaufmännischen Standpunkte aus und preisen diejenige Mischung an, die ihnen den meisten Nutzen abwirft.

Als Zusatz zur Holzkohle, Leder- oder Knochenkohle werden diesen Kohlungsmitteln gewöhnlich noch folgende Stoffe zugefügt: gewöhnliches Salz, Soda, Salpeter, rohe Knochen, Harz, Sägespäne, Ruß, Mehl, Kaliumbichromat, Ferrozyankalium, Haare oder Pflanzenfaser, Bariumkarbonat, Kalkstein, verschiedene Samenschalen, Schweröle, Petroleumrückstände u. a. Manche dieser Zusätze sind weder mittelbar noch unmittelbar von irgendwelchem Werte als Kohlungsförderer, wieder andere sind hinsichtlich ihres Gebrauchswertes viel zu teuer. Bei einigen Zusätzen, wie z. B. Alkalikarbonaten, hat man gefunden, daß sie die Reaktionstemperatur herunterdrücken, und andere hinwiederum machen die Oberfläche des zementierten Gegenstandes schon bei niedrigen Temperaturen unansehnlich, und daher sind sie ebenfalls wenig geeignet.

Obwohl die Kohlungsmittel nach Gewicht gekauft werden, kommt bei ihrem Gebrauch jedoch nur ihr Rauminhalt in Betracht. Eine zu große Sparsamkeit beim Ausfüllen der Kisten mit dem Kohlungsmittel ist zum Teil mitverantwortlich für die Tatsache, daß als Füllmaterial für den nicht benötigten Raum der Kiste Sägespäne und Samenschalen verwendet werden. Eine gute Kohlungsmischung soll durchlässig (porös) sein, so daß die entwickelten Gase das zu zementierende Werkstück leicht und frei umspülen können. Die kohlenden Gase sollen nur bei der eigentlichen Zementationstemperatur wirksam sein und nicht früher. Ferner sollen die Mischungen nicht zu stark zusammenbacken, sonst verlieren schlanke Gegenstände, weil sie das zusammengebackene Kohlungsmittel nicht mehr stützen kann, leicht ihre Gestalt, und Teile, die im oberen Teil der Härtekiste untergebracht sind, können dann während der Zementation nur unvollkommen gekohlt werden. Das Kohlungsmittel soll weiter ein verhältnismäßig guter Wärmeleiter sein, so daß die Temperatur in der Kiste überall so gleichmäßig wie nur möglich ist. Auch darf es nicht zum Nachteil der Bedienungsleute staubförmig sein. Dickes Öl wird zuweilen zur Behebung dieses Nachteils dem Kohlungsmittel beigefügt. Manche dieser Forderungen sind jedoch nicht immer miteinander in Einklang zu bringen, z. B. vertragen sich nicht hohe Durchlässigkeit (Porosität) und hohe Wärmeleitfähigkeit, doch da ein vollkommenes Kohlungsmittel, das alle die genannten Vorzüge besitzt, nur schwer gefunden werden kann, so muß man diesen oder jenen kleinen Nachteil bei einem Härtepulver immer mit in Kauf nehmen.

Eine wünschenswerte Eigenschaft, die alle handelsüblichen Kohlungsmittel besitzen sollten, ist ihr gleichförmiges Verhalten unter gleichbleibenden oder annähernd gleichbleibenden Bedingungen. Diese Forderung kann sicher und am vollständigsten mit einfachen, also nicht aus mehreren Stoffen bestehenden Mitteln erreicht werden, die unter Rothitze nicht viel Gase entwickeln. Die Mischung soll deshalb nur unentbehrliche Bestandteile enthalten, keine rohen Tier- oder Pflanzenstoffe. Reine Kohle, entweder aus Holz, Knochen oder Leder hergestellt, oder auch Mischungen aus ihnen entsprechen den gewünschten Bedingungen am besten. Die beiden ersteren sind aber bei Temperaturen unter 850⁰ C bis 900⁰ C nicht besonders wirksam. Sie werden indessen in dieser Hinsicht durch Hinzufügung von Alkalikarbonaten sehr verbessert. Von den Alkalikarbonaten werden Bariumkarbonat in Mengen von 30 bis 40 vH oder Natriumkarbonat (kalzinierte Soda, 6 bis 8 vH) zu Holzkohle bevorzugt. Hierdurch wird diese Mischung zu einem Kohlungsmittel gemacht, das gegenüber den teueren und verwickelten Mischungen fast ebenbürtig dasteht.

Man nimmt an, daß Eichen- oder Buchenholzkohle hochwertiger sind als andere zu Kohlungszwecken gebrauchte Holzkohlenarten. Doch muß darauf hingewiesen werden, daß die Unterschiede bei Holzkohlen aus derselben Holzart gegebenenfalls sehr groß sein können, weil neben der Art der Holzkohle ganz besonders das Verfahren zu ihrer Gewinnung und die Temperatur bei der Verkohlung des Holzes eine gewisse Rolle spielen.

Gegen den Gebrauch von Mischungen aus Holzkohle und Bariumkarbonat hat man gelegentlich Einwendungen gemacht, weil die Stahlstücke nach der Entnahme aus diesem Kohlungsmittel keine schöne helle und fleckenlose Oberfläche besitzen. Diese unansehnliche Verfärbung ist ganz belanglos, da sie nicht von einer durch Oxydation hervorgerufenen Eisen-Sauerstoffverbindung herrührt, sondern auf der Bildung von elementarem Kohlenstoff (Graphit) beruht, der wahrscheinlich durch Zersetzung des aus der Kohlungsmischung bei Temperaturen unter 800⁰ C entwickelten Kohlenoxyds in Berührung mit dem rotglühenden Eisen gebildet wird. Nach Untersuchungen verschiedener Forscher lagert sich elementarer Kohlenstoff bei Temperaturen über 850° C nicht ab. Eine dicke harte Schicht von Graphit wird natürlich für die Zementation hinderlich sein. Unter den gewöhnlichen Arbeitsbedingungen bilden sich jedoch merkliche Schichten von Graphit nicht. Es ist festgestellt worden, daß bei Verwendung von Holzkohle-Bariumkarbonat-Mischungen, denen 10 vH Sägespäne beigegeben wurden, elementarer Kohlenstoff sich nicht auf der Oberfläche der zementierten Gegenstände ablagert. Eine annehmbare Erklärung für diese verschiedenen Beobachtungen ist leicht zu

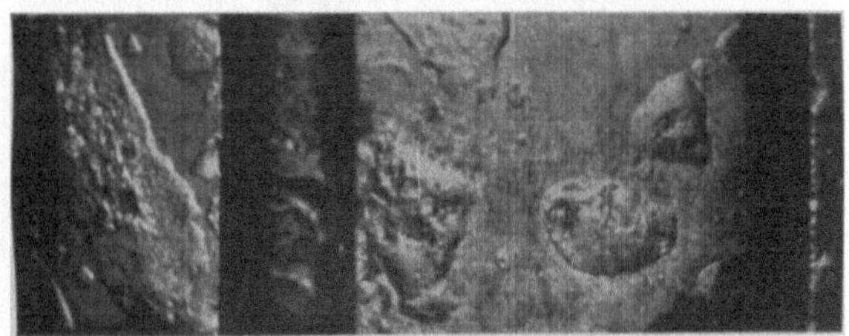

Abb. 79. Ansammlungen von Eisenphosphid auf den zementierten Zähnen eines Zahnrades.

finden, wenn man berücksichtigt, daß das Gleichgewicht zwischen Kohlenstoff, Kohlenoxyd, Kohlensäure, Sauerstoff, Wasserstoff usw. auch von der Temperatur abhängt.

Die Verwendung von Knochenkohle ist weit verbreitet. Diese wird sowohl für sich allein als auch mit besonderen Beimischungen (dicke Öle) gebraucht. Wird Knochenkohle verbrannt, so hinterläßt sie einen Rückstand von Asche, der hauptsächlich bis zu 50 bis 80 vH aus Kalziumphosphat besteht. Der gemeinsame Einfluß von heißem Eisen und Kohlenstoff ist auf Kalziumphosphat ein reduzierender und ein Teil des freigewordenen Phosphors kann sich mit dem Eisen zu Eisenphosphid verbinden, ebenso wie Kohlenstoff mit Eisen Eisenkarbid und Schwefel, falls es zugegen ist, mit dem Eisen Eisensulfid bilden kann. Eisenphosphid ist ein äußerst spröder Stoff, es besitzt auch einen verhältnismäßig niedrigen Schmelzpunkt. Die Oberflächen von zementierten Gegenständen werden durch die Ausscheidung von Eisenphosphid zuweilen rauh und unansehnlich, auch Blasen können gebildet werden, wie sie auf den Zähnen eines Zahnrades, das in Abb. 79 zu sehen ist, vorhanden sind. Ein Splitter eines eingesetzten Zahnrades mit Ausscheidungen von Eisenphosphid an der Oberfläche wurde chemisch untersucht, und man fand den sehr hohen Gehalt von 2,5 vH Phosphor. Das Kleingefüge dieses Stahlstückes ist in Abb. 80 wiedergegeben, das auf der oberen Hälfte das ausgeprägte strahlenartige Gefüge von Eisenphosphid (Eutektikum) zeigt und auf der unteren Hälfte das übliche Gefüge eines zementierten Stahles mit ausgeschiedenem freien Zementit, woraus geschlossen werden kann, daß die

Abb. 80. Aus Abb. 79. Gefüge eines zementierten Zahnes eines Zahnrades nach der Aufnahme von Phosphor aus dem Kohlungsmittel. × 100.

Kohlungsarbeit bei einer Temperatur von mindestens 1000° C ausgeführt wurde.

Es werden, wie angedeutet, große Mengen von Knochenkohle für Zementierungszwecke benutzt, und es wäre verfehlt, sie auszuschalten, weil in ihr Phosphor vorhanden ist. Knochenkohlen können für bestimmte Zwecke vollwertiger sein als irgendwelche anderen Kohlungsmittel, aber sie verursachen gewöhnlich eine rauhe Oberfläche des Einsatzgutes, wenn eine tiefe Einwirkung nötig ist und eine sehr hohe Temperatur gebraucht werden muß. Die durch das Eisenphosphid verursachte rauhe Oberfläche wird während der nachfolgenden Wasserhärtung oder bei späterem

Gebrauch des Stückes sicherlich leicht abblättern, wenn nicht die Phosphidhaut vorher durch Abschleifen usw. gänzlich entfernt worden ist. Von den großen Mengen Kohlungsmitteln, die im Jahre 1911 in den Vereinigten Staaten von Nordamerika verbraucht wurden, waren etwa 85 vH körnige Knochenkohle (Abbot).

Diejenigen Stoffe in Kohlungspulvern, gegen die mit Recht Einwendungen erhoben werden können, sind Feuchtigkeit und Schwefel. Man nimmt an, daß Feuchtigkeit ebenfalls eine Verrauhung der Oberfläche des gekohlten Stahles herbeiführt. Dies leuchtet aber nicht ohne weiteres ein, wenn nicht die Feuchtigkeit mit irgendeinem anderen schädlichen Bestandteil verbunden ist. Diese Verbindung findet aber gewöhnlich nicht statt, weil die Feuchtigkeit aus dem Kohlungsmittel schon vor einer Temperatur von 100° C aus der Kiste entweicht (Abb. 48). Deshalb soll jedes Kohlungspulver vollkommen trocken sein, denn es erfordert einen unnötigen Wärmeaufwand, um diese Feuchtigkeit zu entfernen. Außerdem ist es unwirtschaftlich, einen gewissen Prozentsatz Wasser zu kaufen, wenn man weiß, daß seine Anwesenheit im Kohlungsgemisch nach den vorstehenden Darlegungen bedenklich ist. Man hat gefunden, daß in manchen festen Kohlungsmitteln der Feuchtigkeitsgehalt bis zu 30 vH beträgt. Alsdann zeigte es sich, daß das zementierte Werkstück von Löchern und oxydierten Teilen so durchsetzt war, daß es unbrauchbar wurde.

Versuche haben dargetan, daß sich der Schwefel in verkohltem Leder bis zu 2 vH in der Außenschicht von zementierten Stahlstücken (als Eisensulfid, Sulfidschwefel) vorfinden kann (Grayson). Dieses Eisensulfid verursacht dann die sogenannte „Weichhäutigkeit" des zementierten Stahles, die vielfach durch rauhes Aussehen des Gegenstandes gekennzeichnet ist. Selbst wenn dieses Eisensulfid nicht Veranlassung zu einer weichen Oberfläche geben oder wenn diese weiche Oberfläche durch Abschleifen völlig entfernt wird, so ist doch immer die Möglichkeit vorhanden, daß bei einer vorherigen Abschreckung die Bildung von Rissen durch die Sulfideinschlüsse verursacht wird. Die Frage nach dem Ursprung der Risse ist dann sehr schwer zu lösen, und man denkt in den wenigsten Fällen daran, daß eben die in der abgeschliffenen Oberflächenschicht vorhanden gewesenen Eisensulfidteile die Ursache zu diesen Rissen abgegeben haben.

Am meisten werden reine und einfache kohlenstoffhaltige

Gase empfohlen, wie Leuchtgas und Kohlenoxydgas. Die Erfahrung hat gelehrt, daß es praktischer ist, das Gas in der Härtekiste, die mit einem festen Kohlungsmittel verpackt ist, zu entwickeln, als das Gas durch Röhren aus einer besonderen Kammer auf das Zementiergut zu leiten. Nur für sehr kleine Gegenstände, die in den Ofen leicht hinein- und aus ihm herausgeschaufelt werden können, ist diese besondere Art der Zuführung der Kohlungsgase zu empfehlen, welch letztere dann auch hinsichtlich ihrer Zusammensetzung leicht überwacht werden können. Aber auch bei der Oberflächenkohlung großer Gegenstände, wie Panzerplatten usw., sind Öfen, in deren Kammern die Gase hineingeleitet werden, gebräuchlich. Die kohlende Wirkung von kohlenstoffhaltigen Gasen wurde schon früh beobachtet. Vismara (1824) verwendete bereits Ölgas, Mac Intosh (1834) Leuchtgas. Kohlenoxydgas wurde schon im Jahre 1851 für Zementationszwecke verwendet (vgl. S. 4).

Von anderen gasförmigen Stoffen, die sich zur Kohlung eignen, wie Azetylen, Benzin oder benzinartige Dämpfe, Petroleumdampf usw. wird angenommen, daß sie als Kohlungsmittel wirksamer sind, wenn sie durch eine Lösung geführt werden, die Ammoniak enthält, bevor sie in den Ofen gelangen. Indessen gehen auch hierüber die Ansichten auseinander.

Da Leuchtgas das bequemste Kohlungsmittel, besonders für kleine Anlagen ist, so soll über einige Versuche berichtet werden, die Bruch[1]) angestellt hat. Er fand, daß die zementierende Einwirkung von Leuchtgas sehr langsam bei ungefähr 700 — 900° C beginnt, um dann schneller bis zu 1050° C zuzunehmen und bei 1100° C plötzlich den Höchstwert zu erreichen. Die folgende Zahlentafel gibt den Prozentsatz an Kohlenstoff in jeder besonders untersuchten Schicht an, die von einem Rundstabe abgedreht wurde, nachdem derselbe bei den angegebenen Temperaturen 7 Stunden lang dem Gase ausgesetzt war. Der Kohlenstoffgehalt des Probestabes betrug 0,03 vH.

In neuerer Zeit hat Kurek[2]) lehrreiche Zementierversuche an Eisen angestellt, die in der Hauptsache folgendes ergaben: Bei einer Zementationsdauer von 4 Stunden eignet sich Kohlenoxyd zur Zementation nicht, denn zwischen 800 und 1000° C bewirkt dieses Gas eine zu schwache und zu wenig in die Tiefe gehende

---

1) Metallurgie 1906, S. 123.   2) Stahl und Eisen 1912, S. 1780.

Temperatur °C	Kohlenstoffgehalt der				
	1. Schicht 11—10 mm	2. Schicht 10—9 mm	3. Schicht 9—8 mm	4. Schicht 8—7 mm	5. Schicht 7—6 mm
700	0,096	0,096	0,036	—	—
800	0,210	0,105	0,048	—	—
900	0,363	0,210	0,057	0,030	—
950	0,451	0,219	0,093	0,049	—
1000	0,579	0,321	0,241	0,152	0,091
1050	0,595	0,465	0,322	0,212	0,150
1100	1,522	1,487	1,284	1,147	0,988
1150	1,637	1,604	1,382	1,330	1,195

Kohlung[1]). Auch die Zumischung von einigen Prozenten Ammoniak zum Kohlenoxyd erhöht die Kohlenstoffaufnahme des Eisens nicht, während die Zumischung von Ammoniak zum Methan und Leuchtgas, die in bezug auf ihre Kohlungswirkung fast gleich sind und eine starke Randkohlung bewirken, die kohlende Wirkung dieser Gase vermindert. Auch unterhalb des kritischen Punktes (etwa 700° C) vermag das Eisen, wenn auch nur geringe Mengen von Kohlenstoff aufzunehmen.

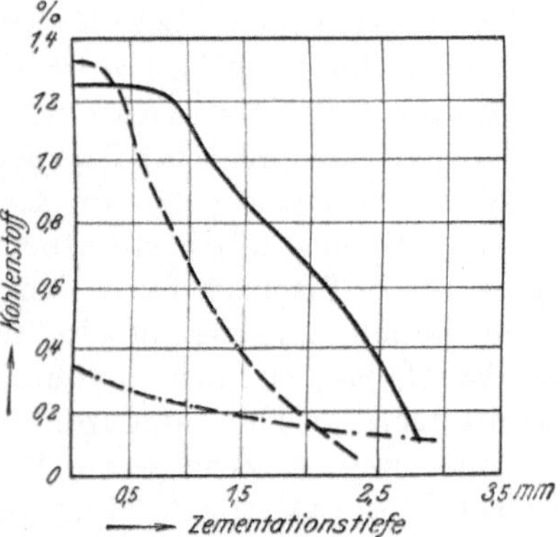

Abb. 81. Kohlungswirkung von Methan (——— 5 Liter, 1100° C, 3 Stunden), Äthylen (— — — 7 Liter, 1100° C, 5 Stunden) und Kohlenoxyd (—·—· 9 Liter, 1100° C, 10 Stunden). Nach Giolitti und Carnevali.

Aufstreupulver und Zyanbäder sind dann nützlich, wenn nur ein begrenzter Oberflächenteil zementiert werden soll. Namentlich zur Behebung der Oberflächenentkohlung von Werk-

---

[1]) Hiermit stehen die Ergebnisse von Versuchen von Giolitti und Carnevali in Widerspruch, aus denen hervorgeht, daß Kohlenoxyd zwar langsam, aber sehr gleichmäßig zementieren soll. Allerdings sind hierbei Druck und Schnelligkeit des Gasstromes von wesentlichem Einfluß. In Abb. 81 sind die Versuchsergebnisse wiedergegeben, die diese Forscher mit Methan, Äthylen und Kohlenoxyd erhalten haben. Schnell und kräftig wirken Methan und Äthylen, doch nimmt der Kohlenstoff bei Verwendung dieser Gase zum Kern des Werkstückes schnell und schroff ab im Gegensatz zu den mit Kohlenoxyd behandelten Gegenständen (Stahl u. Eisen 1911, S. 287).

zeugen sind Aufstreupulver sehr gebräuchlich. Prägestempel, deren Prägezeichen während der Erwärmung für die Härtung vor Entkohlung durch eine oxydierende Atmosphäre nicht immer ganz geschützt werden können, werden mit Aufstreupulver behandelt. Kurz vor der Abschreckung werden die Prägezeichen des erhitzten Werkzeuges schnell mit einer Drahtbürste gereinigt, worauf ihnen durch ein feines Sieb Aufstreupulver zugeführt wird, das auf dem heißen Stahl schmilzt. Die Aufstreupulver sind meist Mischungen von gelbem Blutlaugensalz mit Ruß, Hornmehl, Harz, Kochsalz, Weinstein, Teer und Mehl. Die Behandlungsweise mit Aufstreupulvern wird als „Einbrennen" bezeichnet.

Das Blutlaugensalz („Kali") ist kein wünschenswerter Bestandteil in festen Kohlungsmitteln, es ist bei Rothitze sehr leicht flüssig und verflüchtigt sich auch leicht, außerdem ist es sehr giftig. Als Schmelzbad wird es bei Temperaturen zwischen 750 und 800° C zur Kohlung von sehr dünnen Gegenständen aus weichem Stahl benutzt, die eine sehr harte Oberfläche haben müssen und auch wegen ihrer Empfindlichkeit bei hohen Temperaturen mit den gewöhnlichen Kohlungsmitteln nicht gekohlt werden können. Das Blutlaugensalz wird gewöhnlich in einem gußeisernen Topf geschmolzen, und es kann immer wieder und von neuem aufgefrischt werden, wenn seine Wirkung nachgelassen hat. Ein frisches Zyanbad verliert schon bald bei der üblichen Härtungstemperatur seine Kraft, gleichgültig, ob es schon für Härtungszwecke gedient hat oder nicht. Wenigstens 75 vH des Zyanids werden zersetzt, ehe oder kurz nachher die Härtungstemperaturen erreicht worden sind. Es ist daher wirtschaftlicher, zunächst ein Salzbad aus einer Mischung von Natrium- und Kaliumchlorid oder Natrium- und Kaliumkarbonat herzustellen und diesem kurz vor dem Gebrauch 10 vH des Gesamtgewichtes reines Ferrozyankalium zuzusetzen. Da die aufsteigenden Dämpfe sehr giftig sind, so muß der Bedienung größte Vorsicht angeraten werden, da auch schon geringe körperliche Verletzungen zu schweren gesundheitlichen Schädigungen durch Ferrozyankalium Veranlassung geben können. Auch vor dem Kalziumzyanamid, das man neuerdings namentlich in Amerika als Kohlungsmittel heranzieht und das der wirksame Träger des Kalkstickstoffs ist, muß ebenfalls gewarnt werden. Es soll Atemnot, Herzklopfen, Rötung der Augenbindehaut und Reizung der Schleimhäute hervorrufen.

IX. Automobilstähle.

Als die Herstellung von Gußstahl (Tiegelstahl, Tiegelgußstahl) aufkam, wurde dessen „Qualität" während vieler
Jahrzehnte durch die Auswahl besonderer Rohstoffe festgelegt,
von denen man erfahrungsgemäß wußte, daß sie die Gewinnung
eines Stahls ermöglichten, der stets die gewünschten Eigenschaften besaß. Ein sehr wichtiger Gesichtspunkt bei der Auswahl
der Rohstoffe war der, daß alle nachfolgenden Lieferungen gleichmäßig beschaffen sein mußten. Diese Gleichmäßigkeit war unentbehrlich, weil in der damaligen Zeit noch nicht klar erkannt
war, welche möglichen Bestandteile schädlich wirkten, und weil
es noch keine Verfahren gab, mit deren Hilfe jeder dieser Bestandteile bestimmt werden konnte. In dem genannten Sinne
war das schwedische Eisen stets von gleichmäßiger Beschaffenheit, und daher wurde es als wertvollster Rohstoff etwa 50 Jahre
lang fast ausschließlich in Sheffield zur Herstellung von hochwer-
tigem Werkzeugstahl gebraucht. Auch nachdem die chemische
Stahlanalyse aufkam, die als ein Fortschritt in der Bewertung der
Rohstoffe bezeichnet werden konnte, wurden diese noch lange Zeit
nach Herkunft und Marke bezogen, weil die chemische Analyse
noch mit einem hohen Grad von Ungenauigkeit behaftet war. Als
jedoch das Bessemerverfahren zur Stahlgewinnung eingeführt
wurde, wurde auch die Aufnahme der chemischen Analyse allgemein und zu Überwachungszwecken unentbehrlich, und seit
jener Zeit wird die Eignung eines Stahls z. B. für Konstruktionszwecke hauptsächlich nach seiner chemischen Zusammensetzung bestimmt, gleichgültig, ob dieser nach dem Bessemer-
oder Thomasverfahren oder im Flammofen erzeugt wird.

Seit mehr als einem Menschenalter ist die erste Frage über
einen Stahl, der sich bei der späteren Weiterverarbeitung oder
im Gebrauch als fehlerhaft erweist, die: „Ist auch die chemische
Zusammensetzung des Stahls richtig?" Hauptsächlich erstreckte

sich die chemische Untersuchung auf die Bestimmung von Schwefel und Phosphor, da man schon von altersher wußte, daß übermäßigen Mengen dieser Fremdkörper die Schuld an den Schwierigkeiten bei der Bearbeitung des Stahls in der Schmiede oder im Hammerwerk beizumessen ist. In dieser Hinsicht diente die Zusammensetzung des Stahles nicht nur als Gradmesser in bezug auf die Qualität, sondern auch in bezug auf die sonstigen Eigenschaften des Stahles, so daß man Formeln verschiedener Art zusammenstellte, um Beziehungen zwischen der chemischen Zusammensetzung und den Ergebnissen auszudrücken, die man aus den Zerreißversuchen erwarten konnte. Mit dieser aus der chemischen Zusammensetzung und den Ergebnissen des Zerreißversuches gewonnenen Formel glaubte man alle Eigenschaften des gewöhnlichen oder eines besonderen Stahles zu erfassen. Oft gelang dies, vielfach aber versagte auch dieses Verfahren. Es mußte selbstverständlich angenommen werden, daß der Zerreißversuch an Stählen vorgenommen wurde, die im „natürlichen Zustande" vorlagen. Doch da der Begriff des „natürlichen Zustandes" eines Stahls in der damaligen Zeit noch nicht eindeutig festlag, so waren die Unterschiede zwischen den errechneten und tatsächlich vorhandenen Eigenschaften eines Stahls oft sehr groß.

Bei dem damaligen Mangel an anderen Untersuchungsverfahren, die später durch mikroskopische und besondere metallographische Verfahren ergänzt wurden, hat die chemische Analyse trotzdem eine Wichtigkeit beibehalten, die ihr heute eigentlich nicht mehr zukommt, und Personen, die die Durchführung der chemischen Verfahren beherrschten und in der Auswertung der Ergebnisse der chemischen Analyse gut beschlagen waren, galten schon früh für weise Leute, deren Äußerungen, die sich auf den fertigen Stahl oder dessen Gewinnung bezogen, untrüglich waren. Überbleibsel dieser irrtümlichen und überholten Anschauung können auch heute noch bei der Anforderung von Werkstoffen nach genauer chemischer Zusammensetzung beobachtet werden. Es werden aber hierbei diejenigen Eigenschaften außer acht gelassen, die von der Herstellung des Stahls und den darauf folgenden thermischen Arbeiten abhängen. Diese Eigenschaften stehen entweder mit den analytischen Ergebnissen in gar keiner Beziehung oder sie sind mit ihnen nur verwandt in ähnlichem Sinne, wie ein wohlgebauter Satz mit einem Wörterbuch verwandt ist.

Werkstoffe von der gleichen chemischen Zusammensetzung
können in ihren sonstigen Eigenschaften sehr verschieden von
einander sein. Sind sie gegossen, so spielen hier die Art des
Schmelzverfahrens, die Gießtemperatur, die Masse und Gestalt
des Werkstückes, die Abkühlungsverhältnisse usw. ganz wesentlich mit. Auch als Walzmaterial sogar von derselben Größe sind
die Werkstoffe ebenfalls verschiedenartig je nach der Walztempe-

Abb. 82. Bruchflächen desselben Stahls nach verschiedener Wärmebehandlung.

ratur, Wiedererhitzung, der Art des Walzens, der Abkühlungsgeschwindigkeit nach dem Walzen usw. Während indessen die
Kenntnis der chemischen Zusammensetzung des Stahls eine unbedingte Notwendigkeit für den Stahlhersteller ist, so bietet diese dem
Stahlverbraucher doch keine Gewähr dafür, daß er ein Material
bekommt, das auch die gewünschten mechanischen Eigenschaften besitzt. Die Kenntnis der chemischen Zusammensetzung des
Stahls ist für ihn nur dann nützlich, wenn er weiß, wie sie bei
der Aufstellung eines Planes für irgendeine Wärmebehandlung,
der das Material unterworfen werden soll, zu verwerten ist. Sofern
keine nachfolgende Wärmebehandlung in Aussicht genommen

ist, ist es für den Verbraucher empfehlenswerter, einen Stahl zu kaufen, der die gewünschten mechanischen Eigenschaften aufweist, und die Frage der chemischen Zusammensetzung des Stahls überläßt er dann am besten dem Stahlhersteller.

Als ein Beispiel für die Tatsache, daß verschiedene Eigenschaften bei einem Material von genau der gleichen chemischen Zusammensetzung vorhanden sein können, mag Abb. 82 dienen. Diese zeigt das Aussehen der Bruchflächen desselben Stahls im gegossenen Zustand (*A*), im gegossenen und ausgeglühten Zustand (*B*), im gewalzten Zustand (*C*) und im gewalzten und gehärteten Zustand (*D*). Die mechanischen Eigenschaften des Materials, die in diesen verschiedenen Zuständen wesentlich voneinander abweichen, sind die folgenden:

Zustand	Streck-grenze kg/qmm	Zerreiß-festig-keit kg/qmm	Deh-nung vH	Quer-schnitts-vermin-derung vH	Izod-Kerb-zähig-keit mkg/qcm	Brinell-härte
A. gegossen . . .	—	47,0	0,5	0	0,14	230
B. gegossen und ausgeglüht. . .	39,2	75,4	20	45	6,8	200
C. gewalzt	78,5	94,2	25	63	7,6	260
D. gewalzt und ge-härtet.	—	202,5	10	34	1,7	510

Die Abb. 82 beweist mithin, daß 1. die chemische Zusammensetzung eines Materials wohl von großer Wichtigkeit, aber doch kein zuverlässiger Maßstab für die mechanischen Eigenschaften ist, die das Material besitzen kann und daß 2. die richtigste Vorstellung über die verschiedenen Eigenschaften der Konstruktionsstähle (Baustähle) auf der Kenntnis der Veränderungen beruht, die in jedem Stahlmaterial durch planmäßige Wärmebehandlung herbeigeführt werden können.

In England ist der saure Siemens-Martinstahl mit etwa 0,3 vH Kohlenstoff das am meisten gebrauchte Material für Maschinenbauzwecke. Einem aus diesem Material gefertigten Gegenstand kann man durch entsprechende Wärmebehandlung den höchsten Grad von Härte und Zähigkeit und andere naheliegende Eigenschaften ohne Veränderung seiner Zusammensetzung verleihen.

Aus den früheren Darlegungen über das Kleingefüge der einfachen Kohlenstoffstähle ist zu entnehmen, daß die größteWeich-heit bei allen Arten von weichem Stahl dann vorhanden ist, wenn der Perlit lamellar angeordnet ist. Dies ist der Fall, wenn das Material z. B. nach dem Schmieden durch das Temperaturgebiet von 700 bis 650⁰ C langsam abgekühlt wird. Es ist wichtig, daß die Abkühlung mindestens bei derjenigen Temperatur be-ginnt, bei der sich die Perlitkristalle im Übergangszustand (feste Lösung) befinden. Bei gewöhnlichem Stahl ist es ziemlich be-langlos, mit welcher Geschwindigkeit die Abkühlung bis zu 700⁰ C und unterhalb 650⁰ C vor sich geht. Wenn aber die Abkühlung so außerordentlich langsam verläuft, daß das Eisenkarbid keinen ausgesprochenen Perlit bildet, sondern massig zusammenläuft, wie dies in den Abb. 53 und 54 dargestellt worden ist, dann ist das Material äußerst weich und fast so weich wie reines Eisen, aber auch bei plötzlich auftretenden Stößen sehr spröde, und für gewerbliche Zwecke eignet es sich nicht.

Andererseits befindet sich ein Stück aus weichem Siemens-Martinstahl dann in dem erreichbar härtesten Zustand, wenn es nach der Erhitzung mit der größtmöglichsten Schnelligkeit von einer höheren Temperatur als derjenigen abgeschreckt wird, bei der die umgewandelten Perlitkristalle gleichmäßig in dem ganzen Material verteilt sind. Sehr dünne Scheiben können fast augen-blicklich sehr schnell abgekühlt werden, dickere Scheiben brauchen längere Zeit und die aufgelösten Karbide können dann nicht in einem gleichmäßig aufgelösten Zustande erhalten werden, weil die Veränderung, die in einem Stahlstück bei seiner Abküh-lung vor sich geht, schnell stattfindet (Abb. 14 bis 17). Wächst die Dicke des Stahlstückes, so ist es in entsprechend gerin-gerem Grade möglich, eine einheitliche Verteilung des gelösten Karbids zu erhalten. Auch die Karbide scheiden sich aus der festen Lösung innerhalb ihrer Kristalle aus, so daß, solange der Quer-schnitt des Stahlstückes groß ist, kein Abschreckungsverfahren eine merkbare durchgehende Härtung hervorruft.

Will man Vergleiche zwischen den Eigenschaften verschie-dener Materialien anstellen, die einer gleichen oder ähn-lichen Wärmebehandlung zu unterwerfen sind, so ist es von wesentlicher Bedeutung, daß die Probestücke bestimmte, nicht zu große Abmessungen haben und daß man diese Abmessungen auch stets beibehält. Ein Rundstab von etwa 30 mm Durch-

messer ist für die meisten Zwecke brauchbar, um Ergebnisse zu
erhalten, die mit einigen selbstverständlichen Änderungen benutzt werden können, um die Eigenschaften von Rundstangen
bis zu etwa 50 mm Durchmesser vorauszusagen, die einer ähnlichen Behandlung unterworfen wurden. Bei Sonderstählen (Spezialstählen, legierten Stählen), bei denen die
kritischen Wärmeveränderungen langsamer als bei gewöhnlichen
Kohlenstoffstählen vor sich gehen, lassen die an Rundstäben von
30 mm Durchmesser erhaltenen Ergebnisse einen viel größeren
Spielraum für die Verwendung dieser Stähle zu.

Bei der Wärmebehandlung großer Werkstücke treten z. B.
bei der Erhitzung, Abschreckung usw. gewisse Unregelmäßigkeiten
auf, die nachteilig auf das Material wirken können. Um diese
Nachteile auszuschalten, darf man nicht etwa eine höhere Abschreckungstemperatur als diejenige wählen, bei der die Bestandteile eines Stahls vollständig ineinander aufgelöst werden,
denn wenigstens bei den gewöhnlichen Kohlenstoffstählen bringt
eine solche Temperaturerhöhung neue Nachteile mit sich. Diese
bestehen darin, daß 1. die Größe des kristallinischen Gefüges
zunimmt und dadurch dem Material unerwünschte Sprödigkeit
verliehen wird und daß 2. die Zeitdauer, während der die Abkühlung durch das kritische Temperaturgebiet vor sich geht,
viel zu groß wird. Dieser letztere Umstand wird äufig übersehen, und er wird meist in allen Werkstätten nicht beachtet,
in denen die Abkühlung in einem Bottich mit einer beschränkten
Flüssigkeitsmenge vorgenommen wird, d. h. in den meisten Härtereien. Wird z. B. ein Stück Kohlenstoffwerkzeugstahl mit etwa
1 vH Kohlenstoff von 800 ° C abgeschreckt, so kann die Temperatur bis auf 700° C sinken, ohne daß eine Härtung eintritt.
Dann aber geht die vollständige Härtung innerhalb eines Temperaturbereichs von nur etwa 5° C vor sich. Sobald dieses Temperaturgebiet unterschritten worden ist, ist die Geschwindigkeit
der Abkühlung nur insofern wichtig, als sie den Grad begrenzt,
bis zu welchem der zu härtende Stahl gehärtet wurde. Von
800° C bis zu 700° C verliert der Stahl seine Wärme an die ab-
kühlende Flüssigkeit. Beginnt man mit der Abschreckung bei
900° C anstatt 800° C, dann werden doppelt soviel Wärme-
einheiten durch die Kühlflüssigkeit aufgenommen, ehe der Stahl
dasjenige Temperaturgebiet erreicht hat, bei dem von der Kühl-

flüssigkeit eine Wirkung in bezug auf Härtung erwartet wird. Je heißer aber die Kühlflüssigkeit wird, desto weniger wirksam ist sie. Dies muß besonders bei Ölhärtung berücksichtigt werden, weil Öle eine ziemlich niedrige spezifische Wärme und auch niedrigere Wärmeleitfähigkeit als Wasser besitzen und deshalb werden sie immer nur in beschränktem Maße gebraucht.

Von einem Stahl, der den größtmöglichsten Härtegrad erreicht hat, kann ein weniger hartes Material durch Wiedererhitzung (Anlassen) desselben gewonnen werden. Die Gesamtheit dieser Wärmebehandlung (Abschrecken und Anlassen) heißt Vergütung. Dieses nicht so harte, also vergütete Material hat dann in größerem Maße andere sehr wertvolle Eigenschaften. Die Eigenschaften der Sonderstähle (Automobilstähle) verändern sich gewöhnlich in ziemlich übereinstimmender Weise mit der Zunahme der Anlaßtemperatur. Die Geschwindigkeit der Abkühlung von der Härtungstemperatur ist im großen und ganzen bei Sonderstählen von geringerer Bedeutung. Wird deshalb eine Anzahl von Stählen gehärtet und auf verschiedene Wärmegrade bis kurz vor dem Kaleszenspunkt wiedererhitzt, so werden die Ergebnisse der mechanischen Versuche an diesen Stählen jedwede Gebrauchsmöglichkeit für den Maschinenbau einschließen, die man von einem Stahl von gegebener Zusammensetzung erwarten kann. Eine Sammlung von solchen Ergebnissen wird lehrreiche Vergleiche ermöglichen und auch die Auswahl des Materials für irgendeinen besonderen Zweck sowohl hinsichtlich des Preises als auch hinsichtlich der Wärmebehandlung erleichtern.

Die folgenden Ergebnisse wurden von gehärteten Rundstäben

Wiedererhitzungstemperatur	Streckgrenze kg/qmm	Zerreißfestigkeit kg/qmm	Dehnung vH	Querschnittsverminderg. vH	Izod-Kerbzähigkeit mkg/qcm
Gehärtet	—	79,2	16,8	—	3,3
100⁰ C	—	77,9	18,5	—	4,6
200⁰ C	—	77,5	20,0	—	5,4
300⁰ C	51,2	74,0	22,5	47,1	5,8
400⁰ C	54,6	78,6	18,0	44,5	5,0
500⁰ C	52,9	73,5	24,7	59,2	10,5
600⁰ C	40,2	65,7	28,0	63,6	11,9
700⁰ C	39,4	57,0	30,5	65,8	13,1
750⁰ C	39,2	53,0	30,0	51,0	10,4
800⁰ C	36,3	54,0	30,0	52,2	7,9
850⁰ C	33,1	53,7	30,0	52,2	6,9

aus saurem Siemens-Martinstahl mit 0,3 vH Kohlenstoff und
0,6 vH Mangan erhalten. Die Stäbe hatten einen Durchmesser von
etwa 30 mm und waren etwa 180 mm lang. Sie wurden bei einer
Temperatur von 850⁰ C in Wasser abgeschreckt und nachher bis
zu den angegebenen Temperaturen eine Stunde lang wiedererhitzt, um dann an der Luft abzukühlen.

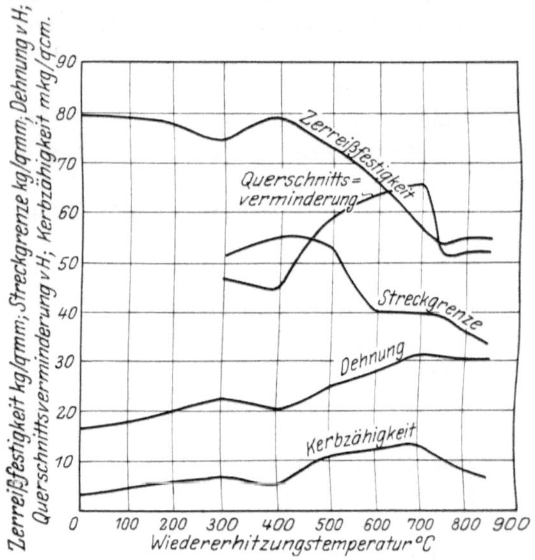

Abb. 83. Veränderung der Festigkeitseigenschaften eines Kohlenstoffstahls
mit 0,3 vH Kohlenstoff und 0,6 vH Mangan durch Vergütung.

Die Linienzüge in Abb. 83, die an Hand dieser Zahlen ausgearbeitet wurden, zeigen, bis zu welchem Grade die Eigenschaften
des weichen Stahls durch Härtung und Wiedererhitzung verbessert werden können. Die einfachste Art, eine größere Härte
zu erzielen, besteht in der Erhöhung des Kohlenstoffgehaltes
des Stahls. Durch diese Maßnahme kann die Zerreißfestigkeit je Quadratmillimeter einer Stange aus Siemens-Martinstahl von etwa 25 mm Durchmesser nach der Wasserhärtung
bis zu 160 kg und mehr erreichen. In diesem Zustande ist jedoch
der Stahl für Konstruktionszwecke zu spröde, auch gibt es
andere ernstere Einwendungen gegen ein solches Material, nämlich:

1. Die Menge des zugeführten Kohlenstoffes darf nicht über 0,8 bis 0,9 vH erhöht werden;

2. Kohlenstoff allein erhöht nicht wesentlich die Tiefe, bis zu der die Härtungswirkung dringt;

3. die hauptsächlichsten mechanischen Eigenschaften eines gehärteten Stahls mit hohem Kohlenstoffgehalt, der bis zu dem Grade der Zerreißfestigkeit angelassen worden ist, der für Konstruktionszwecke gefordert werden muß, sind nicht viel besser, als jene, die mit einem weicheren Stahl erreicht werden können, der nur abgeschreckt ist oder der abgeschreckt und auf eine niedrigere Temperatur angelassen ist.

Die Hinzufügung von Mangan zum Stahl als besonderes Härteelement anstatt von Kohlenstoff ist bis zu einem gewissen Grade nützlich, aber der Mangangehalt darf gewöhnlich 1 vH nicht überschreiten, wenn der Kohlenstoffgehalt 0,5 vH oder mehr beträgt und nicht mehr als 1,5 bis 2 vH ausmachen, wenn 0,2 bis 0,3 vH Kohlenstoff vorhanden sind. Innerhalb dieser Grenzen ist Mangan oft ein wichtigeres Element als Kohlenstoff. Sind nämlich die Werkstücke nach allen Richtungen hin groß, so bewirkt das in ihnen vorhandene Mangan, daß die Wirkung der Abschreckung sich in größerer Tiefe des Werkstückes bemerkbar macht. Deshalb kann unter Umständen ein solches Stahlstück bis zur Mitte gehärtet werden, während es nur an der Oberfläche oder höchstens bis zu wenigen Millimetern unter derselben gehärtet wird, wenn es aus einem an Kohlenstoff reicheren Stahl hergestellt worden wäre.

Die Kerbzähigkeit vieler Kohlenstoffstähle mit niedrigem Kohlenstoffgehalt kann durch Abschreckung und Wiedererhitzung nicht wesentlich verbessert werden. Sogar Stähle von demselben Stahlwerk, die aufs Geratewohl ausgewählt wurden, waren in dieser Hinsicht nicht besonders zuverlässig. Diese wichtige Tatsache kann am besten beleuchtet werden, wenn man je zwei Stück gleichartiger Stähle mit verschiedenen Kerbzähigkeiten in derselben Weise zusammenstellt, wie dies in der folgenden Zahlentafel mit einer Reihe von paarweise untersuchten Kohlenstoffstählen von verschiedener chemischer Zusammensetzung geschehen ist.

Die Zusammenstellung der mechanischen Eigenschaften eines Stahls nach den verschiedenen praktisch ausführbaren Arten der

Wärmebehandlung in Gestalt von Linienzügen ist ein ziemlich neuzeitliches Verfahren. Ein gehärtetes Stahlstück, das allmählich steigenden Wiedererhitzungstemperaturen unterworfen wird, verliert ständig an Härte, doch erhält es größere Weichheit,

Zusammensetzung		In Wasser gehärtet u. wiedererhitzt auf °C	Streckgrenze	Zerreißfestigkeit	Dehnung	Querschnittsverminderung	Izod-Kerbzähigkeit
Kohlenstoff vH	Mangan vH		kg/qmm	kg/qmm	vH	vH	mkg/qcm
0,22	1,20	650	53,4	65,0	30,5	67,4	13,4
		700	50,1	61,5	32,0	69,1	16,2
0,27	0,52	600	44,3	61,5	30,0	63,6	1,9
		700	40,0	57,0	33,0	66,8	2,5
0,31	1,54	650	59,0	76,1	24,0	59,2	8,9
		700	53,0	71,1	24,0	60,4	10,5
0,32	0,63	650	45,5	65,6	25,0	66,8	3,0
		700	41,4	61,8	32,0	69,8	3,3
0,36	0,84	600	74,4	88,5	21,5	58,0	7,4
		700	66,2	79,7	24,0	63,7	11,5
0,44	0,66	600	57,0	82,4	23,0	56,0	0,7
		700	51,2	66,4	28,0	62,8	0,6
0,43	0,72	600	47,1	74,7	23,0	59,2	4,4
		700	44,6	67,6	25,0	61,3	5,7
0,55	0,86	650	72,2	85,4	19,5	45,9	2,5
		700	57,8	76,6	18,5	49,7	3,0
0,73	0,73	650	69,7	91,1	21,0	49,7	1,1
		700	65,3	84,8	21,5	47,2	0,8
0,74	0,80	700	66,0	86,3	20,0	49,3	6,5

Dehnbarkeit und Zähigkeit. Solche Linienzüge drücken deutlich die Grenzen der mechanischen Eigenschaften der Stähle von gegebenen Abmessungen aus und ihr Vergleich mit solchen Linienzügen, die von Stählen mit anderer Zusammensetzung aufgezeichnet werden, muß als ein sehr scharfer Vergleich angesehen werden. Es wird z. B. festgestellt, daß ein Stahl von einer gegebenen chemischen Zusammensetzung eine Festigkeit von etwa 80 kg/qmm besitzt, außerdem hat er eine Dehnung von 18 vH, eine Querschnittsverminderung von 45 vH und eine Kerbzähigkeit von 3 mkg/qcm. Die Fähigkeit des Stahls, einer bestimmten Belastung standzuhalten, wird durch die 80 kg/qmm angezeigt, die anderen Zahlen stellen die Dehnbarkeit und Zähigkeit dar. In der Annahme, daß die Dehnbarkeit und Zähigkeit schätzenswerte Eigenschaften sind, kann man dann bei einer vorgeschriebenen Festigkeit von 80 kg/qmm wirklich um so viel mehr Zähigkeit dem hohen Preis entsprechend verlangen, der für Nickelstahl, Chromstahl oder Nickelchromstahl gefordert wird? Wenn diese Linienzüge eine zuverläßliche Vergleichsgrundlage bilden, dann haben sie einen größeren Wert als alle anderen Angaben, mit denen die Stahlwerke ihre Erzeugnisse dem Verbraucher empfehlen. Versagt ein Stahl und ein zweiter wird vorgeschlagen, dann braucht dieser noch lange nicht ohne weiteres angenommen zu werden. Es ist alsdann die Frage nach seinem Befähigungsnachweis hinsichtlich der Überlegenheit anderen Stählen gegenüber berechtigt, d. h. man wird vom Stahlwerk die in Linienzügen ausgedrückten Eigenschaften verlangen.

Sofern man diesen Linienzügen Vertrauen schenken kann, kann der technische Wert einer einen neuen Stahl ergebenden Legierung eng umgrenzt werden. Der Verkäufer, der einen sehr hohen Preis verlangt, weil sein Chromnickelstahl z. B. mit dem teuren Vanadium „verbessert" worden ist, muß eigentlich von dem Abnehmer aufgefordert werden, auch den Beweis in Form eines Linienzuges dafür zu erbringen, daß der hohe Preis des dem Stahl zugegebenen Verbesserungsmittels diesen auch tatsächlich in dem Maße verbessert hat, wie er ihn teurer bezahlen muß. Beim Vergleich dieses Linienzuges mit dem eines bereits erprobten Stahls wird der wirkliche und nicht der vom Verkäufer angegebene Wert eines Stahls festgestellt.

Die legierten Stähle unter diesem Gesichtspunkte zu betrachten, ist zwar vorgeschlagen worden, jedoch ist hierbei zu beachten, daß die mechanischen Eigenschaften des Rohstahls nicht immer von ausschlaggebender Bedeutung sind. Der Gegenstand muß durch Schmieden, Wärmebehandlung und maschinelle Bearbeitung in seinen fertigen Zustand gebracht werden. Die Kosten dieser Verfahren können bei Stählen mit verschiedenen Eigenschaften auch verschieden sein, ganz abgesehen davon, daß bei der einen Stahlsorte leichter Mißerfolge entstehen, als bei einer anderen. Es dürfen also die mechanischen Eigenschaften eines Stahls gegenüber der Wirtschaftlichkeit seiner Fertigung nicht in den Vordergrund treten.

Die Vorteile, die aus der Anwesenheit des Nickels im Stahl erwachsen, können beim Vergleich der Eigenschaften eines gewöhnlichen Kohlenstoffstahls mit 0,3 bis 0,35 vH Kohlenstoff,

wie er im allgemeinen für Schmiedestücke gebraucht wird, mit
einem ähnlichen Material, das außerdem noch 3 bis 3,5 vH Nickel
enthält, klargelegt werden. Die mechanischen Eigenschaften
dieser beiden Stähle im ausgeglühten Zustande sind die folgenden:

Koh-len-stoff vH	Sili-zium vH	Man-gan vH	Nickel vH	Streck-grenze kg/qmm	Zerreiß-festig-keit kg/qmm	Deh-nung vH	Quer-schnitts-vermin-derung vH	Izod-Kerb-zähig-keit mkg/qcm
0,33	0,15	0,63	—	36,1	55,6	31,0	59,5	3,3
0,33	0,15	0,63	3,28	44,0	74,9	23,0	44,6	4,4

Der Unterschied in der Zerreißfestigkeit läßt sich schon sehr
gut aus dem Kleingefüge der beiden ausgeglühten Stähle (Abb. 84

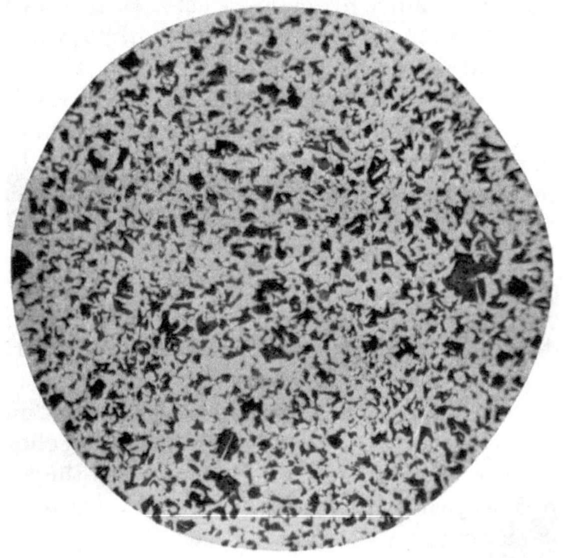

Abb. 84. Ausgeglühter einfacher Kohlenstoffstahl.

und 85) erklären. Der Nickelstahl (Abb. 85) hat in seinem Gefüge das Aussehen eines Kohlenstoffstahls mit etwa 0,5 vH
Kohlenstoff.

Der Wert des hinzugefügten Nickels tritt hier nicht besonders
stark in die Erscheinung, erst nach der Wärmebehandlung ändert
sich das Bild. Denn ein Vergleich der beiden Stähle nach ihrer

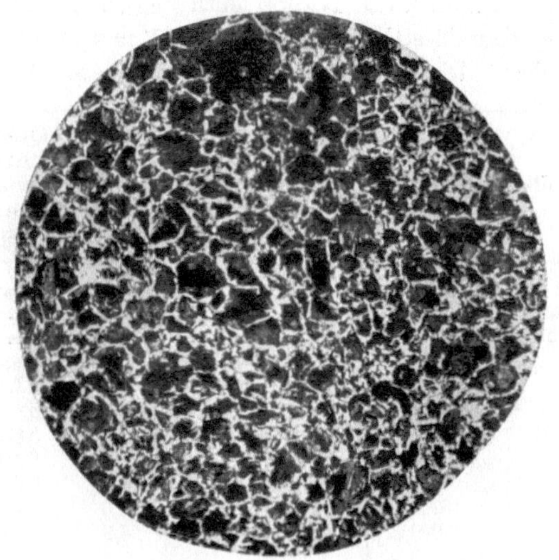

Abb. 85. Ausgeglühter Nickelstahl mit 3 vH Nickel.

Abschreckung und Wiedererhitzung, bis jedem eine Zerreißfestigkeit von etwa 80 kg/qmm zukommt, fällt auch hinsichtlich der
anderen wertvollen Eigenschaften nach der folgenden Zahlentafel
offensichtlich zugunsten des Nickelstahls aus:

	Streck-grenze	Zerreiß-festigkeit	Dehnung	Quer-schnitts-vermin-derung	Izod-Kerb-zähigkeit
	kg/qmm	kg/qmm	vH	vH	mkg/qcm
Kohlenstoffstahl . .	—	82,0	16,0	43,2	1,5
Nickelstahl	67,8	83,0	25,0	64,9	14,1

Auch die nächste Zahlentafel sowie Abb. 86 geben ein an-
schauliches Bild über die bedeutsame Veränderung eines Nickelstahls mit 3,28 vH Nickel, der in Öl bzw. Wasser abgeschreckt
und alsdann auf verschiedene Temperaturen wiedererhitzt, also
vergütet wurde.

Die Menge des Nickels in den handelsüblichen Nickelstählen, wie sie z. B. für allgemeine Konstruktionszwecke (Automobilbau) verwendet werden, schwankt zwischen 1 und 5 vH.

Stähle, die 1 bis 2 vH Nickel enthalten, sind dann wertvoll, wenn eine Zerreißfestigkeit zwischen 37 und 45 kg/qmm gewünscht wird. Die Gegenwart sogar nur dieser kleinen Men-

Wärmebehandlung	Streck- grenze kg/qmm	Zerreiß- festig- keit kg/qmm	Deh- nung vH	Quer- schnitts- vermin- derung vH	Izod- Kerb- zähig- keit mkg/qcm
Ausgeglüht bei 850⁰ C . .	44,0	74,9	23,0	44,6	4,4
In Öl gehärtet bei 820⁰ C	—	—	—	—	0,6
Wiedererhitzt auf 100⁰ C	—	—	—	—	0,6
,, ,, 200⁰ C	—	175,8	12,0	33,5	0,8
,, ,, 300⁰ C	133,4	146,0	12,0	42,0	0,4
,, ,, 400⁰ C	106,1	117,1	16,0	52,2	1,4
,, ,, 500⁰ C	87,9	99,4	19,0	54,6	5,7
,, ,, 600⁰ C	72,7	84,8	23,5	63,8	10,4
,, ,, 650⁰ C	67,8	81,9	25,5	62,6	11,5
,, ,, 675⁰ C	67,8	83,0	25,0	64,9	13,8
,, ,, 700⁰ C	73,8	91,0	25,0	49,0	7,2
In Wasser gehärtet bei 820⁰ C	—	—	—	—	—
Wiedererhitzt auf 300⁰ C	141,3	147,5	11,0	40,6	0,4
,, ,, 400⁰ C	110,5	119,3	16,0	54,6	3,2
,, ,, 500⁰ C	96,7	106,1	18,0	53,4	4,3
,, ,, 600⁰ C	78,5	88,9	22,0	61,5	8,4
,, ,, 650⁰ C	72,2	83,5	25,5	62,6	9,8
,, ,, 675⁰ C	62,9	87,9	24,0	52,2	7,2
,, ,, 700⁰ C	59,6	98,2	22,0	33,5	5,5
,, ,, 725⁰ C	87,9	135,6	6,0	8,3	0,7

gen Nickel verbürgt bei solchen Stählen nach entsprechender Wärmebehandlung einen Grad von Zuverlässigkeit, der bei einfachen Kohlenstoffstählen nicht gewährleistet werden kann. Diese geringen Mengen Nickel sind kein großes Hindernis für die Bearbeitung dieser Stähle unter dem Fallhammer usw., d. h. dieser Stahl ist nicht so „klebrig" und auch nicht so leicht zu überhitzen wie Nickelstahl mit 3 bis 5 vH Nickel. Die folgenden Zahlen sind Versuchsergebnisse, die ein Stahl mit 0,34 vH Kohlenstoff, 0,93 vH Mangan und 1,0 vH Nickel liefert, der in Wasser von 850⁰ C abgeschreckt und bis 675⁰ C wiedererhitzt wurde. Dieser Nickelstahl lag in Form einer Rundstange von 75 mm Durchmesser vor.

Zerreißfestigkeit kg/qmm	Dehnung vH	Querschnittsverminderung vH	Izod-Kerbzähigkeit mkg/qcm
73,5	27,5	66,8	9,7

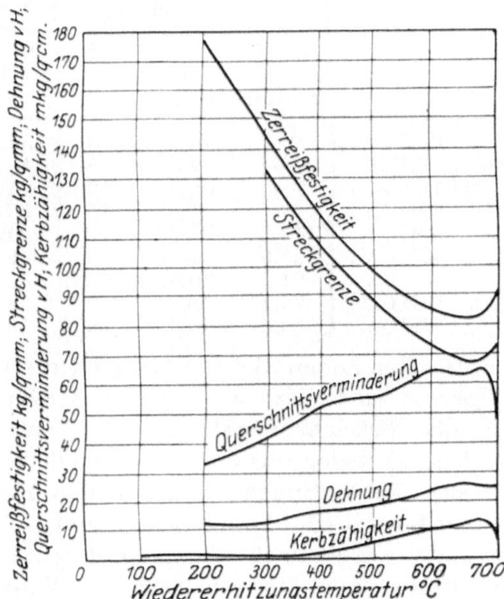

Abb. 86. Veränderung der Festigkeitseigenschaften eines Nickelstahls mit 0,33 vH Kohlenstoff, 0,63 vH Mangan und 3,28 vH Nickel durch Vergütung.

Stähle, die 5 vH Nickel aufweisen, sind sehr zähe und können durch einfache Behandlungsverfahren in einen brauchbaren Zustand übergeführt werden. Wenn sie auch nicht unbedingt widerstandsfähig gegen eine verkehrte Behandlung sind, so können sie bei den Wärmearbeiten doch mit viel größerer Freiheit behandelt werden als Nickelchromstähle. Nach der Ölhärtung und Wiedererhitzung sind die mechanischen Eigenschaften z. B. von Scheiben, die nicht mehr als 50 mm Durchmesser haben, gerade so gut wie solche aus Nickelchromstählen. Auch besteht viel weniger die Gefahr für Härtungsrisse, die auf verwickelte Formen oder Oberflächenfehler zurückzuführen sind. Die folgenden Versuchsergeb-

nisse liefern ein treffendes Bild von den hohen Eigenschaften eines
Stahls mit 0,36 vH Kohlenstoff, 0,61 vH Mangan und 4,87 vH Nickel.

Nach Ansicht des Maschinenkonstrukteurs oder des praktischen Maschinenbauers ist für Konstruktionszwecke kein Stahl

Wärmebehandlung	Streck-grenze	Zerreiß-festig-keit	Deh-nung	Quer-schnitts-vermin-derung	Izod-Kerb-zähig-keit
	kg/qmm	kg/qmm	vH	vH	mkg/qcm
Ausgeglüht bei 820 ⁰ C . . .	82,1	84,8	17,0	31,3	2,1
In Öl gehärtet bei 820⁰ C .	—	191,0	9,5	18,3	0,5
Wiedererhitzt auf 100⁰ C . .	—	190,0	10,0	21,4	0,6
„ „ 200⁰ C . .	—	178,3	13,5	37,8	0,9
„ „ 300⁰ C . .	143,2	159,5	11,0	41,9	1,0
„ „ 400⁰ C . .	125,0	130,0	14,5	49,2	2,0
„ „ 500⁰ C . .	91,1	101,0	19,0	55,8	8,4
„ „ 600⁰ C . .	74,7	86,6	23,0	58,0	11,2
„ „ 625⁰ C . .	66,5	84,8	24,0	59,3	10,8

bekannt, der denselben hohen Wert in bezug auf die ihm zu ver-
leihenden Eigenschaften besitzt wie der Nickelchromstahl.
Ein und derselbe Nickelchromstahl kann bei entsprechender
Wärmebehandlung entweder das eine oder das andere der folgenden Prüfungsergebnisse erbringen, die sich auf den härtesten und
weichsten Zustand dieses Stahls beziehen. Zwischen diesen beiden Grenzzuständen gibt es noch sehr viele andere Zustände, die,
wenn sie gerade gewünscht werden, durch die Wahl einer entsprechenden Wiedererhitzungstemperatur oder einer entsprechenden Abkühlungsgeschwindigkeit zu erreichen sind.

Mechanische Eigenschaften	Härtester Zustand	Weichster Zustand
Streckgrenze kg/qmm	—	40
Zerreißfestigkeit kg/qmm	200	65
Dehnung vH	10	30
Querschnittsverminderung vH	35	66
Kerbzähigkeit mkg/qcm	1	12
Brinellhärte	520	160

Jedes Element, das dem Stahl besonders zugefügt wird, wird
sowohl die Härtungswirkung bei der Abschreckung als auch die
Zähigkeit des wiedererhitzten (angelassenen) Materials erhöhen
und dieses wird hierdurch eine bessere Tragfähigkeit erlangen,
was durch die Schlagprobe oder andere Prüfungsverfahren be-

wiesen wird, mit denen der Widerstand des Materials gegen plötzliche Beanspruchung bestimmt wird.

Eine besondere Eigentümlichkeit des Chroms ist die, daß es den Nickelstählen die Eigenschaften der Lufthärter verleiht, wenn das Material von mäßigen Temperaturen abgekühlt wird. Die Vorteile eines Stahls, der Lufthärtungseigenschaften besitzt, sind zweifacher Art. Die Tatsache, daß ein Stahl ein Lufthärter ist, bedeutet, daß bei verhältnismäßig langsamen Kühlungszeiten von einer zweckentsprechenden Temperatur das Material gehärtet wird. Hierdurch ist es möglich, daß Gegenstände mit großen Abmessungen entweder durch Abkühlung in Luft, Öl oder Wasser, je nachdem die Abkühlung innerhalb einer bestimmten Zeit stattfindet, durch und durch gehärtet werden können.

Auch je langsamer die Abkühlung vor sich geht, um so gleichmäßiger ist auch die Abkühlung in den verschiedenen Teilen eines Werkstückes aus Lufthärtungsstahl und deswegen besteht weniger Gefahr für Verziehen und die Entstehung von Rissen. Ein weiterer Vorteil bei kleinen Gegenständen oder Gegenständen von einfacher Gestalt ist der, daß sie gegebenenfalls schon nach dem Schmieden, Walzen oder Hämmern gehärtet sind. In gewissen Fällen brauchen sie dann nur wiedererhitzt zu werden, um ihnen die wertvollen Eigenschaften von gehärteten und wiedererhitzten Stählen zu verleihen.

Aber diese großen Vorteile können nur dann vollständig ausgenutzt werden, wenn das Material ganz besonders geschickt behandelt wird. Aber auch diese Geschicklichkeit soll man nicht übertreiben. Wenn ein Stahl Lufthärtungseigenschaften besitzt, dann ist er in allen vorliegenden Formen (Stangen, Platten, Scheiben usw.) nach einer Wärmebearbeitung bei Temperaturen über 800^0 C hart. Folglich muß dieser Lufthärtungsstahl ebenfalls mit der Sorgfalt und Vorsicht behandelt werden, die gewöhnlich auch bei gehärtetem Stahl zu beachten sind. Schnelle Wiedererhitzung kann ihn entweder innen oder außen zum Reißen bringen. Scharfe Ecken sind der Ursprung vieler Unzuträglichkeiten. Rillen, die z. B. in eine Kurbelwelle geschnitten werden, können verursachen, daß das geschmiedete Stück durch ein harmloses Mißgeschick, etwa durch Fallenlassen auf den Boden, bricht.

Bei Konstruktionsstählen mit hoher Zerreißfestigkeit, die z. B. auch bei Werkzeugstählen anzutreffen ist, hängt der endgültige

Wert der aus ihnen gefertigten Gegenstände nicht nur von der Art ab, wie sie in den fertigen Zustand gebracht werden, sondern auch von dem Material, aus dem sie hergestellt worden sind. Die Geschicklichkeit und Kenntnis des Werkmannes in der Behandlung der Stähle muß deshalb mit in Rechnung gestellt werden, und wenn man sich aus irgendeinem Grunde auf diesen nicht verlassen kann, dann werden die Mehrkosten für besondere legierte Stähle sich nicht in der Qualität und Zuverlässigkeit z. B. eines Automobils widerspiegeln. Der Höchstwert eines richtig ausgewählten Materials hängt von der Art ab, in der es wärmebehandelt wird. Die Verfahren der Temperaturüberwachung und andere Erleichterungen, die auch heute noch vielfach von den praktischen Werkleuten als überflüssig angesehen werden, werden doch gebraucht werden müssen, um den Werkmann, wenn er auch noch so tüchtig und geschickt ist, in seiner Arbeit zu unterstützen.

Man darf auch nicht der Ansicht sein, daß man spart und keinen Verlust hat, wenn man nur eine Art von Sonderstahl für Konstruktionszwecke kauft, z. B. einen lufthärtenden Nickelchromstahl, der gemäß dem gewünschten Zweck behandelt wird, um nach Belieben entweder ein sehr hartes oder sehr weiches Werkstück zu erhalten. Sklavenhafte Abhängigkeit von einer solchen Ansicht würde dann zweifellos die Wirtschaftlichkeit durch die erschwerte Behandlung des Stahls und die Zunahme an Ausschuß vollständig ausschließen.

Die den Nickelchromstahl auszeichnenden Eigenschaften kann man bei einem Vergleich der mechanischen Eigenschaften von ausgeglühten Proben eines Kohlenstoffstahls, Nickelstahls und Nickelchromstahls erkennen, die in der nachfolgenden Zahlentafel und den Abb. 87, 88 und 89 gezeigt werden:

Kohlenstoff vH	Silizium vH	Mangan vH	Nickel vH	Chrom vH	Streckgrenze kg/qmm	Zerreißfestigkeit kg/qmm	Dehnung vH	Querschnittsverminderung vH	Izod-Kerbzähigkeit mkg/qcm
0,33	0,15	0,63	—	—	36,1	55,6	31,0	59,5	3,3
0,33	0,13	0,63	3,28	—	45,0	74,9	23,0	44,6	4,4
0,34	0,21	0,65	3,30	0,84	103,0	149,2	12,0	35,0	1,0

Im ausgeglühten Zustande hat das Kleingefüge des Nickelchromstahls gewöhnlich schon die Kennzeichen und das Aussehen

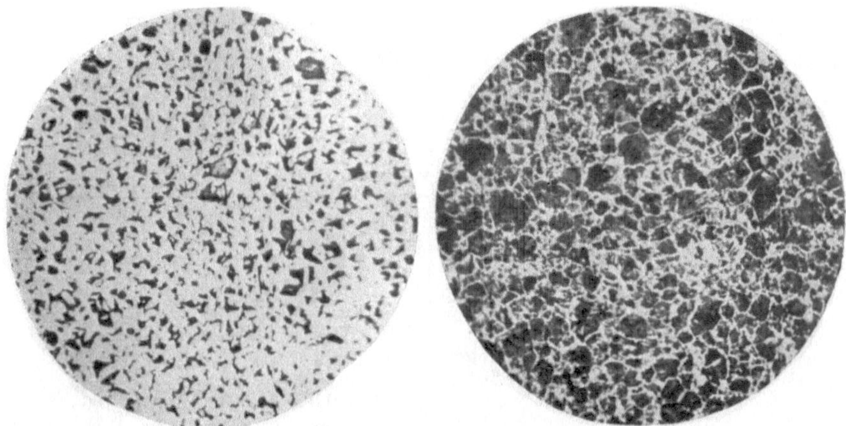

Abb. 87. Ausgeglühter einfacher Kohlenstoffstahl.

Abb. 88. Ausgeglühter Nickelstahl mit 3 vH Nickel.

Abb. 89. Ausgeglühter Nickelchromstahl mit 3 vH Nickel.

eines gehärteten Stahls. Diese Tatsache bedingt seinen hohen
Wert. Sollen nur kleine Gegenstände hergestellt und in Öl
abgeschreckt werden, so können sie mit beinahe den gleichen

Vorteilen, soweit die endgültigen mechanischen Eigenschaften in Betracht kommen, aus Nickel- oder Nickelchromstahl gefertigt werden, wie die folgende Zahlentafel zeigt:

	Wärmebehandlung	Streckgrenze	Zerreiß-festigkeit	Dehnung	Querschnitts-verminderung	Izod-Kerb-zähigkeit
		kg/qmm	kg/qmm	vH	vH	mkg/qcm
Nickelstahl	In Öl bei 830° C ge-härtet und auf 600°C wiedererhitzt. . . .	78,5	88,7	22,0	61,5	8,4
Nickel-chromstahl	In Öl bei 830° C ge-härtet und auf 650°C wiedererhitzt. . . .	79,1	91,7	22,5	63,7	9,7
Nickel-chromstahl	An Luft bei 830° C ge-härtet und auf 650° C wiedererhitzt . . .	77,9	91,4	21,0	62,6	8,6

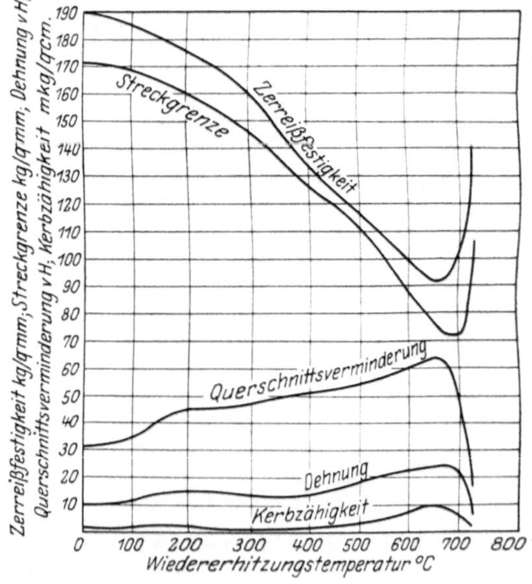

Abb. 90. Veränderung der Festigkeitseigenschaften eines Nickelchromstahls mit 0,34 vH Kohlenstoff, 0,65 vH Mangan, 3,3 vH Nickel und 0,84 vH Chrom durch Vergütung.

Die Gefahr des Auftretens von Härterissen ist beim Nickelchromstahl tasächlich größer als bei Nickelstählen und einfachen Kohlenstoffstählen. Durch Lufthärtung jedoch wird nicht allein die Behandlung vereinfacht, sondern auch die Gefahr der Rißbildung wird geringer. Aus Erfahrungstatsachen ist bekannt, daß Nickelchromstähle dem Verschleiß größeren Widerstand entgegensetzen als Nickel- oder Kohlenstoffstähle.

Die verschiedenen mechanischen Eigenschaften eines Nickelchromstahls, die sowohl durch Härtung als auch durch Härtung und Wiedererhitzung erzielt wurden, sind in der folgenden Zahlentafel und in Abb. 90 (Ölhärtung) niedergelegt:

Wärmebehandlung	Streckgrenze	Zerreißfestigkeit	Dehnung	Querschnittsverminderung	Izod-Kerbzähigkeit
	kg/qmm	kg/qmm	vH	vH	mkg/qcm
Luftgehärtet . . . 820 ⁰ C	103,0	138,2	12,0	35,0	1,0
Wiedererhitzt auf 100 ,,	91,7	140,6	13,0	37,8	0,8
,, ,, 200 ,,	106,7	136,6	13,0	40,6	1,4
,, ,, 300 ,,	121,8	133,4	14,0	45,9	0,4
,, ,, 400 ,,	111,8	118,1	15,0	52,2	1,1
,, ,, 500 ,,	96,1	105,8	17,0	53,4	2,4
,, ,, 600 ,,	87,5	95,4	21,0	60,4	5,0
,, ,, 650 ,,	77,8	91,4	21,0	62,6	8,6
,, ,, 675 ,	65,3	85,4	24,0	61,5	9,8
,, ,, 700 ,,	66,0	102,0	17,0	31,2	2,5
,, ,, 725 ,,	102,0	133,7	7,3	10,1	1,6
Ölgehärtet . . . . 820 ,,	171,1	190,0	10,1	30,6	1,0
Wiedererhitzt auf 100 ,,	168,0	185,7	11,3	34,9	1,2
,, ,, 200 ,,	161,0	176,6	15,2	45,0	2,1
,, ,, 300 ,,	146,9	162,0	14,0	47,2	0,4
,, ,, 400 ,,	125,6	134,4	14,0	51,0	1,8
,, ,, 500 ,,	111,8	115,5	18,0	54,6	3,3
,, ,, 600 ,,	89,2	100,0	21,0	60,4	6,5
,, ,, 650 ,,	79,1	91,7	22,5	63,7	9,7
,, ,, 675 ,,	72.8	91,7	24,0	62,6	9,1
,, ,, 700 ,,	72,2	103,0	20,5	43,2	6,5
,, ,. 725 ,,	105,5	140,6	6,0	8,4	1,7

Einer der großen Vorteile der Nickelchromstähle gegenüber dem einfachen Nickelstahl oder einfachen Chromstahl ist der, daß sie auch bei großem Querschnitt durch und durch gehärtet werden können. Stangen aus Nickelchromstahl von geeigneter Zusammensetzung und mit einem Durchmesser von 200 bis 250 mm können durch Abschreckung in Öl bis zur Mitte durchgehärtet werden, und solche von 100 bis 150 mm Durchmesser bis zu derselben Tiefe durch einfache Luftabkühlung. Wenn die Eigenschaft, auch im Kern gehärtet zu sein, bei einem Werkstück nicht unbedingt vorhanden zu sein braucht, dann ist es unwirtschaftlich, die teuren Nickelchromstähle zu verwenden.

Zu den beiden anderen Klassen von Nickelchromstählen, die am häufigsten verwendet werden, gehört ein Lufthärtungsstahl, der die gleichen mechanischen Eigenschaften wie der auf Seite 114 beschriebene Stahl besitzt, und ein weicher Nickelchromstahl mit 0,35 bis 0,4 vH Kohlenstoff, 0,5 bis 0,7 vH Mangan, 1,25 bis 1,5 vH Nickel und 1 bis 1,25 vH Chrom. Dieser letztere Stahl ist kein eigentlicher Lufthärtungsstahl, doch kann der Schmied ihn besser bearbeiten als die an Nickel reicheren Nickel- oder Nickelchromstähle. Nach der Ölhärtung und Wiedererhitzung von Stangen mit 50 mm Durchmesser ergaben Festigkeitsversuche die nachstehenden Werte:

Wärmebehandlung	Zerreiß-festigkeit kg/qmm	Dehnung vH	Quer-schnitts-verminderung vH	Izod-Kerb-zähigkeit mkg/qcm
In Öl gehärtet u. wiedererhitzt auf . . . . 100° C	160—190	5—10	20—40	0,6—1,4
dgl. auf 200° C	160—180	7—12	25—40	1,4—2,7
dgl. „ 400° C	125—140	12—15	35—45	1,7—3,0
dgl. „ 500° C	115—125	14—17	40—50	2,8—4,2
dgl. „ 600° C	95—100	16—20	50—60	5,9—7,0
dgl. „ 650° C	85—95	20—24	50—65	8,3—9,7

Bei der Betrachtung der Linienzüge in Abb. 86 und 90 wird man feststellen können, daß die Streckgrenze und Zerreißfestigkeit von gehärteten und wiedererhitzten Stählen in einem ziemlich gleichbleibenden Verhältnis zueinander stehen, solange die Wiedererhitzungstemperatur unter derjenigen des Härtungsbereichs bleibt. Sobald die Temperatur in das Härtungsgebiet eingetreten ist und dieses nicht überschritten wird, gehen die Linienzüge für die Streckgrenze und Zerreißfestigkeit auseinander, und die Dehnung und Querschnittsverminderung wie auch die Kerbzähigkeit fallen. Dies tritt ganz besonders bei Nickelchromstählen in die Erscheinung.

In Nickelchromstählen darf die Wiedererhitzungstemperatur

zum Zwecke der Erweichung nicht bis zu dem Kaleszenzpunkt vorschreiten. Diese Stähle gleichen den gewöhnlichen gehärteten Kohlenstoffstählen nicht, die beim Anlassen allmählich weicher und weicher werden und gewöhnlich schon bei einer Temperaturzunahme von nur 5^0 C auf einmal aus dem völlig weichen in den völlig harten Zustand übergehen. Nachdem dagegen bei Nickelchromstählen die Wiedererhitzungstemperatur von etwa 660^0 C,

die die größte zu erreichende Weichheit liefert, überschritten ist, wird der auf höhere Temperaturen wiedererhitzte und schnell abgekühlte Stahl bei einer Temperaturzunahme von etwa 40 bis 50^0 C nur allmählich härter, bis er endlich seine höchste Härte erreicht. Das Verhalten von gehärtetem Kohlenstoffstahl (etwa 1 vH Kohlenstoff) und Nickelchromstahl bei der Wiedererhitzung wird in Abb. 91 miteinander verglichen. Sofern nicht eine langsame Abkühlung oder irgendeine andere Art der Wärmebehandlung folgt, sollen die Legierungsstähle nicht innerhalb desjenigen Temperaturgebietes behandelt werden, in dem ihnen zwar bei nachfolgender Abkühlung eine gewisse Härte, aber nicht die höchste Härte verliehen

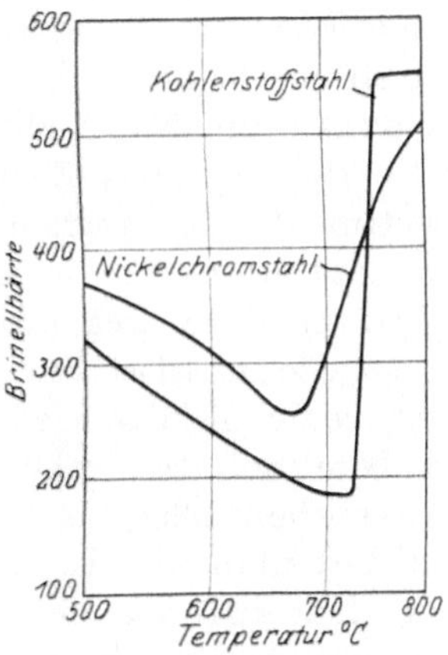

Abb. 91. Vergleich zwischen der Härte von gehärtetem Kohlenstoff- und Nickelchromstahl bei der Wiedererhitzung.

wird. Eine solche Wärmebehandlung wird sicher die Streckgrenze sehr merkbar erniedrigen, die Querschnittsverminderung ebenfalls herabsetzen und auch die Kerbzähigkeit verderben. Die Veränderung der mechanischen Eigenschaften nach der Wiedererhitzung innerhalb der Temperaturgrenzen von 650 und 750^0 C ist ein sehr empfindlicher Anzeiger für die Wärmebehandlung dieser Stähle und kann mitunter, wenn kein anderes Verfahren zur Hand ist, zur Feststellung der Behandlungsweise dienen, der ein Stahl ausgesetzt worden war.

Falls etwa auf Grund der chemischen Zusammensetzung eine regelrechte Einteilung der vielen verschiedenen Arten von Sonderstählen, die im Handel vorkommen, gemacht würde, nachdem sie zur Ermittlung ihrer mechanischen Eigenschaften verschiedenen

Wärmebehandlungsarten unterworfen wurden, dann findet man bei diesen Werkstoffen, die ihrer chemischen Zusammensetzung nach weit auseinander gehen, vielfach übereinstimmende mechanische Eigenschaften. Aber man kann auch feststellen, daß dasselbe Material sehr verschiedene und weit voneinander abweichende mechanische Eigenschaften besitzen kann, die von der Art der Wärmebehandlung abhängen, der es unterworfen wurde.

Die chemische Zusammensetzung des Stahls ist von größerer oder geringerer Bedeutung, je nach der Absicht, welche erreichbaren mechanischen Eigenschaften dem Stahl bei einer gewissen Wärmebehandlung verliehen werden sollen. An und für sich gibt die chemische Zusammensetzung nur an, ob dem Stahl bestimmte Eigenschaften erteilt werden können. Aber kein Stahl ist viel wert, wenn er nicht fachmännisch erzeugt worden ist. Wird es dann noch falsch wärmebehandelt, so kann das Material die für seinen Verwendungszweck verlangten Eigenschaften erst recht nicht besitzen. Deshalb ist der Maschinenbauer stets im Nachteil, der „Stahl" zu sofortigem Gebrauch kauft, ohne die Wärmebehandlung zu berücksichtigen, der er noch unterworfen werden muß oder die er bereits erhalten hat. Erwirbt er aber ein Material von einer bestimmten chemischen Zusammensetzung in der Absicht, es noch einer Wärmebehandlung zu unterwerfen, so übernimmt er auch die Verantwortung für einen etwaigen Mißerfolg, der bei der Wärmebehandlung vorkommen kann und deshalb muß er auch über eine gewisse Kenntnis über die Verfahren der Stahlerzeugung und die dabei einzuhaltenden Bedingungen verfügen. Bei der Herstellung von kleineren Teilen für Automobile und Flugzeuge muß besonders darauf gesehen werden, daß die Teile aus bereits wärmebehandelten Stangen geschnitten werden und daß die fertigen Gegenstände einer erneuten Wärmebehandlung nicht mehr unterzogen werden dürfen, d. h., der Maschinenbauer kauft ein Material mit bestimmten Eigenschaften, ohne jede Rücksicht auf seine Zusammensetzung und schneidet es so zurecht, wie er es verwenden will. Eine ausführliche Zusammenstellung über die Eigenschaften der Stähle ist auch für andere Zweige der Technik sehr empfehlenswert, weil hierdurch die Überwachung des Betriebes vereinfacht und Auseinandersetzungen über fehlerhafte Werkstoffe vermindert werden. Die Wärmebehandlungsarbeiten bleiben in den Händen des Stahlerzeugers, dessen eigentliche Aufgabe es ist oder doch sein sollte, diese Arbeiten in der besten und wissenschaftlichsten Weise auszuführen.

Es ist schließlich gleichgültig, wie die Arbeiten bei der Wärmebehandlung ausgeführt werden, der Hersteller von Automobilen oder anderen Maschinen verlangt doch zuletzt, daß die verschiedenen Teile einer Maschine auch gewisse zuverlässige Eigenschaften besitzen. Sehr großen Wert legt er auf Bekanntgabe einfacher Regeln, die ihm als brauchbare Wegweiser bei der Auswahl des Materials dienen können. Eine Regel, von der es keine Ausnahmen gibt, ist die: Von zwei Stücken des gleichen Materials und derselben Weichheit widersteht dasjenige am besten allen Arten von Beanspruchungen, das sich im gehärteten und wiedererhitzten (vergüteten) Zustande befindet. Auf das Aussehen des Kleingefüges übertragen bedeutet diese Regel, daß ein Stahl, dessen Bestandteile deutlich voneinander getrennt sind, demselben Stahl unterlegen ist, in dem die Bestandteile durch Erhitzung auf die passende Temperatur vollständig ineinander gelöst sind, in diesem Zustande durch Abschreckung festgehalten wurden und durch eine darauffolgende Wiedererhitzung den verlangten Weichheitsgrad erhalten haben. Diese Regel ist in der Zahlentafel auf Seite 149 gegeben. Beim Vergleich der mechanischen Eigenschaften des Stückes, das nach der Härtung auf 850° C wieder erhizt wurde, mit dem Stück, das nur auf 700° C angelassen worden ist, sieht man, daß das erstere hinsichtlich der Kerbzähigkeit geringwertiger ist. Diese Geringwertigkeit wird immer noch bemerkt werden können, wenn der Vergleich mit einem geschmiedeten Stück gemacht wird und gleichfalls auch dann, wenn das Stück nur augeglüht worden ist. In einem noch höheren Maße wird dies bemerkbar werden, wenn das Stück überhitzt ist, obwohl in jedem Falle die Zerreißfestigkeit und Dehnung, die oft irrtümlich als die einzigen Wertmesser für die „Qualität" des Stahls angesehen werden, sich nicht sehr stark voneinander unterscheiden würden.

Eine zweite Regel, von der es wenig Ausnahmen gibt, ist die, daß die Zusammensetzung des Stahls so gewählt werden soll, daß mit diesem Stahl auch der gewünschte Härtegrad nach der Härtung und Wiedererhitzung auf eine Temperatur, die nicht weit unter der Härtungstemperaturgrenze liegt, erzielt wird. Betrachtet

man wieder die Zahlentafel auf Seite 149, so sieht man, daß der
gewöhnliche weiche Stahl mit etwa 0,3 vH Kohlenstoff, der in
Gestalt von Gegenständen, die in bezug auf ihre Größenverhält-
nisse mit einem Rundstabe von 25 mm Durchmesser vergleichbar
sind, durch Wärmebehandlung so weit gebracht werden kann, daß er
jeden Härtegrad zwischen Zugspannungen von 45 und 80 kg/qmm
erreicht. Jedoch der wertvollste Bereich hinsichtlich der Zug-
spannung für dieses Material liegt zwischen 55 und 70 kg/qmm,
weil innerhalb dieser Grenzen jede andere gewünschte Eigenschaft des Materials gleichzeitig gut ist. Wenn Stahl mit einer
Zerreißfestigkeit von 70 bis 85 kg/qmm benötigt wird, dann ist
es viel vorteilhafter, von einem Stahl auszugehen, der noch kräf-
tiger gehärtet werden kann, um ihm dann durch Wiedererhitzung
auf eine passende Temperatur den gewünschten Weichheitsgrad zu verleihen.

Die wichtigste Eigenschaft aller legierten Konstruktionsstähle
ist die, daß sie auch in dicken Stücken nach der Abschreckung
hart sind und dann auch eine gleichmäßigere Härte besitzen als
die einfachen Kohlenstoffstähle. Große Härte an sich wird
selten verlangt, aber eine große Härte ist wertvoll, da sie für
große Zähigkeit ausgetauscht werden kann. Dieser Grundsatz
wird in fast jeder Veröffentlichung betont, die die mechanischen Eigenschaften von wärmebehandelten Stählen zum
Gegenstand hat, aber er findet selten in der Praxis Beachtung.
Werden Stücke von demselben weichen Stahl in Wasser bzw. Öl
abgeschreckt und dann auf denselben Weichheitsgrad durch
Anlassen gebracht, so ist das wassergehärtete Stück das
zähere. Der Grund hierfür ist darin zu suchen, daß das wassergehärtete Stück sich schneller abgekühlt hat, als das Vergleichs-
stück in Öl. Deshalb besitzt es eine größere Härte, und als es
einen Teil der Härte durch das Anlassen abgeben mußte, um
Zähigkeit zu erlangen, hatte es mehr Härte abzugeben und be-
kam dafür auch mehr Zähigkeit. Der Grund für diese Tatsache
läßt sich ebensogut erkennen, wenn Stahlstäbe mit zunehmen-
dem Durchmesser unter ähnlichen Bedingungen abgeschreckt
werden. Die Stäbe mit kleinerem Durchmesser kühlen schneller
ab, und deswegen sind sie härter, und durch Abgabe ihres größeren Mehr an Härte nehmen sie eine größere Zähigkeit an. Die bei
wärmebehandelten legierten Stählen auftretende große Zähigkeit,

die besonders bei dicken Stücken vorhanden ist, wird hauptsächlich dadurch hervorgerufen, daß es für die Härtung solcher Stähle eine größere Anzahl von Verfahren gibt. Die Härte ist nur die Münze, und zwar die einzige, mit der Zähigkeit erkauft werden kann.

Werden die Elemente, die bei der Herstellung legierter Stähle Verwendung finden, ihrem Werte nach geordnet, so müßte Chrom an der Spitze stehen. Das gleichzeitige Auftreten großer Härte und großer Zähigkeit, das von Stählen im Automobil- und Flugzeugbau verlangt wird, ist bei Chromstählen vorhanden. Große Härte in der äußeren Schicht einer Panzerplatte und große Zähigkeit unter der gehärteten Schicht, ebenso wie auch die hervorragenden Eigenschaften des Geschosses, das die Panzerplatte zu durchdringen versucht, können in Chromstählen in einem solchen Grade hervorgerufen werden, wie sie bei Anwendung irgendeines anderen Elementes allein unerreichbar sind. Chrom ist ein unentbehrlicher Bestandteil der neuzeitlichen Schnelldrehstähle (Chromwolframstähle) und gibt auch, wenn es allein gebraucht wird, einen Schnelldrehstahl ab, der keineswegs zu unterschätzen ist. Endlich ist Chrom der ausschlaggebende Bestandteil in jenen Stählen, die weder Rost ansetzen noch anlaufen. Die Eisenchromlegierungen sind im Handel verhältnismäßig häufig anzutreffen und billig.

Chromstähle können durch Ausglühen sehr weich gemacht werden, und sie zeigen, wenn sie richtig gehärtet sind, ein feines Gefüge ähnlich demjenigen der Wolframstähle, das aber nicht ganz so glänzend ist wie das der letzteren. Die Härtungswirkung dringt auch wegen des Vorhandenseins des Chroms viel tiefer ein. Aus diesem Grunde werden die Chromstähle häufig zur Herstellung von Stahlwalzen gebraucht. Jedoch haben die gehärteten Chromstähle größere Neigung zur Bildung von Rissen namentlich bei scharfen Winkeln am Werkstück, auch spitze Ecken springen leicht ab.

Wird Chromstahl überhitzt, so wird der Bruch leicht grobkörnig, und der Gegenstand bricht kurz ab. In dieser Hinsicht sind die Chromstähle beinahe so schlecht wie gewöhnliche Kohlenstoffstähle. Abgesehen von ihrer Bedeutung für hochbeanspruchte Konstruktionsteile wie Stempel und Preßwerkzeuge, Federn, Geschützrohre, Messer sowie auch für andere Zwecke, bei denen auf die besonderen mechanischen Eigenschaften der Chromstähle oder auf ihren Widerstand gegen Korrosion Wert gelegt wird, ist der Chromstahl von hohem Werte, weil er nach zwei Verfahren luftgehärtet werden kann, wodurch sich in beiden Fällen Material mit sehr guten aber verschiedenen Eigenschaften ergibt, so daß der Chromstahl jedem gewünschten Zweck angepaßt werden kann.

Es ist befremdlich, daß ein Element, das als Zusatz zum Stahl wertvolle Eigenschaften in einem viel größeren Maße als irgendein anderes Element besitzt, nur als zweitgradiges angesehen wird, gut genug vielleicht, es z. B. dem Nickelstahl zuzufügen, wenn eine tiefer gehende Härtung bei einem Werkstück verlangt wird, oder um jenes Element mit Vanadiumstahl zu verbinden, um eine hübsche Wortverbindung zu erzielen, ohne daß dieses neue Material besondere Vorzüge besitzt. In der Tat ist die Einreihung des Chroms nach dem Nickel falsch, aber sie entspricht der allgemeinen Ansicht, weil die früher gebräuchlichen und empfohlenen Stahlarten weniger von metallurgischen als von wirtschaftlichen Rücksichten abhängig waren. Es ist sehr wahrscheinlich, daß sowohl Nickelstahl als auch Nickelchromstahl für Konstruktionszwecke zuerst in Gestalt von solchem Material zur Verwendung kam, das sich bei der Herstellung von Kanonen und Panzerungen als Abfall ergab. Derlei Material war nicht nur billig, sondern auch reichlich vorhanden, und wenn es auch nicht immer allen Wünschen genügte, so besaß es doch große Vorzüge gegenüber dem Kohlenstoffstahl. Es hatte ja schon übrigens gute und zweckentsprechende Verfahren der Wärmebehandlung durchgemacht. Chromstahl andererseits wurde in größeren Mengen nur für Geschosse, die Panzerplatten durchschlagen sollten, verwendet, und der hierbei abfallende Schrott war für andere Zwecke unbrauchbar. Man zog es vor, ihn wieder einzuschmelzen, um die Kenntnis seiner Zusammensetzung auf jene Personen zu beschränken, die im Schmelzberufe tätigwaren, um also die Zusammensetzung geheimzuhalten. Wahrscheinlich jedoch war der Grund für dieses Verhalten der, daß ein Fehler, der im weichen Nickelstahl nur von geringerer Bedeutung ist, für harten Chromstahl verhängnisvoll sein mußte, wenn der Stahl gehärtet und angelassen werden sollte.

Das einzige ernste Bedenken metallurgischer Art bei der Erzeugung von Chromstahl ist die mit dem Chromgehalt wachsende Schwierigkeit, die Rohblöcke frei von Oberflächenfehlern zu erhalten, sonst würde er in Blockform weniger kosten als irgendein anderer legierter Stahl. Ob die mechanischen Eigenschaften der wärmebehandeltem Chromstähle denen der allgemein gebrauchten legierten Stähle ebenbürtig sind, kann am besten beim Vergleich der aus ihren Eigenschaften abgeleiteten Linienzüge gezeigt werden. Mit Rücksicht auf den hier zur Verfügung stehenden Raum sollen nur die Stähle bis zu 1,5 vH Chrom und ein 3 vH Chrom enthaltender Stahl besprochen werden, obwohl auch Stähle mit viel höherem Chromgehalt, wie z. B. nichtrostende Stähle, hergestellt werden.

Die in der folgenden Zahlentafel aufgeführten Ergebnisse wurden von einem Chromstahl mit 0,31 vH Kohlenstoff, 0,75 vH Mangan und 1,36 vH Chrom erhalten. Der Stahl lag in Stangenform mit einem Durchmesser von 30 mm vor. Er wurde bei 860° C in Öl gehärtet und wiedererhitzt:

Wärmebehandlung	Streck-grenze kg/qmm	Zerreiß-festig-keit kg/qmm	Dehnung vH	Quer-schnitts-vermin-derung vH	Brinellhärte	Izod-Kerb-zähig-keit mkg/qcm
Ausgeglüht	39,6	69,0	26,0	61,0	192	3,0
In Öl gehärtet bei 860° C und wiedererhitzt auf 300° C	102,0	112,4	12,7	45,9	321	0,5
dgl. 400° C	108,4	116,3	11,7	43,2	331	0,5
dgl. 500° C	83,8	97,4	16,0	55,8	269	1,4
dgl. 600° C	75,3	85,2	21,0	62,5	248	2,4
dgl. 650° C	66,4	78,6	23,0	66,0	228	7,1
dgl. 700° C	56,0	70,6	23,0	67,9	207	12,5
dgl. 750° C	46,5	63,6	31,5	70,7	181	12,7

Die unten folgenden Ergebnisse wurden von einem Chromstahl mit 0,37 vH Kohlenstoff, 0,48 vH Mangan und 2,80 vH Chrom erhalten. Der Stahl lag gleichfalls in Stangenform mit einem Durchmesser von 30 mm vor. Er wurde von 830° C in Öl abgeschreckt und darauf wiedererhitzt.

Der Unterschied zwischen Stählen, die niedrigere und höhere Chromgehalte aufweisen, ist ähnlich dem Unterschied zwischen Nickel- und Nickelchromstählen, d. h., der eine Stahl härtet tiefer als der andere und kann deshalb vorteilhaft in luftgehärtetem und wiedererhitzten Zustande oder vorzugsweise für Gegenstände von größeren Abmessungen gebraucht werden. Für

Konstruktionsteile, von denen hohe Zerreißfestigkeiten verbunden mit großer Zähigkeit verlangt werden müssen, sind die Chromstähle sowohl den Nickel- als auch den Nickelchromstählen gleichwertig und wie die Zahlentafeln zeigen, werden die besten ihrer vielseitigen Eigenschaften bei Wiedererhitzung des gehärteten Stahls auf Temperaturen zwischen 650 und 750° C erzielt.

Wärmebehandlung	Streck-grenze kg/qmm	Zerreiß-festig-keit kg/qmm	Dehnung vH	Quer-schnitts-vermin-derung vH	Brinellhärte	Izod-Kerb-zähig-keit mkg/qcm
Ausgeglüht	97,3	125,6	13,5	26,1	363	1,7
In Öl gehärtet bei 830° C	—	—	—	—	512	0,4
und wiedererhitzt auf 100° C	—	—	—	—	504	0,7
dgl. 200° C	—	—	—	—	486	1,5
dgl. 300° C	—	—	—	—	460	0,6
dgl. 400° C	141,3	145,1	13,0	43,2	430	0,8
dgl. 500° C	124,6	127,5	10,5	27,6	387	1,2
dgl. 600° C	87,9	96,7	20,0	60,4	293	3,8
dgl. 650° C	74,1	85,4	24,0	62,6	262	12,7
dgl. 700° C	64,7	77,5	25,0	67,8	241	13,6
dgl. 750° C	58,7	69,1	29,0	70,8	215	15,3

Stähle, die bis zu 6 und 7 vH Chrom enthalten, besitzen in dem entsprechenden wärmebehandelten Zustande gerade so gute mechanische Eigenschaften wie ähnliche Stähle, die 6 vH Nickel aufweisen, und sie haben überdies noch den Vorteil, daß sie bei viel höheren Temperaturen wiedererwärmungsfähig sind und bei einer Temperaturschwankung von 50 oder sogar 100° C geringere Unterschiede in den wichtigsten Eigenschaften zeigen.

Was vorher über die Chromstähle gesagt wurde, bezieht sich auch auf die Chromvanadiumstähle. Es wird allgemein angenommen, daß letztere den Chromstählen ähnlicher Art, denen kein Vanadium zugesetzt wurde, weit überlegen sind, doch dürfte diese Annahme keine Berechtigung haben. Es mag zugegeben werden, daß das Vanadium, wenn es dem flüssigen Stahl zugefügt wird, als Reinigungsmittel wirkt. Doch in gleicher Weise wirken auch Mangan, Silizium und Aluminium, die dem Stahlerzeuger, wenn er weiß, wie sie zweckmäßig anzuwenden sind, verhältnismäßig wenig kosten. Die folgenden Ergebnisse wurden von einem Stahl mit 0,29 vH Kohlenstoff, 0,69 vH Mangan, 1 vH

Chrom und 0,19 vH Vanadium erhalten, der in Öl bei 860⁰ C gehärtet und wiedererhitzt wurde:

Wärmebehandlung	Streck-grenze kg/qmm	Zerreiß-festig-keit kg/qmm	Dehnung vH	Quer-schnitts-vermin-derung vH	Brinellhärte	Izod-Kerb-zähig-keit mkg/qcm
In Öl gehärtet bei 860 ⁰ C und wiedererhitzt auf 300 ⁰C	80,1	110,0	10,7	51,0	321	1,4
dgl. 400 ⁰ C	82,2	103,0	17,0	57,5	286	2,1
dgl. 500 ⁰ C	86,8	100,0	18,0	56,8	286	2,8
dgl. 600 ⁰ C	80,2	92,8	20,5	59,8	255	2,4
dgl. wiederholt	80,8	94,8	21,0	55,9	260	3,2
dgl 650 ⁰ C	76,3	86,6	22,0	63,2	248	2,1
dgl. 700 ⁰ C	68,4	79,4	22,5	65,8	241	9,3
dgl. 750 ⁰ C	39,2	66,1	30,0	68,8	179	14,8

Diese Zahlen können mit jenen verglichen werden, die auf Seite 171 von einem ähnlichen Stahle, der kein Vanadium enthält, angegeben sind. Vanadium wirkt zweifellos als ein Härteelement, und wenn sich alles andere gleichbleibt, erhöht es die Streckgrenze und die tatsächliche Härte. An sich aber kann das teure Vanadium sehr wohl bei Chromstählen entbehrt werden.

In der amerikanischen Automobilindustrie scheint der Vanadiumstahl ganz besonders bevorzugt zu werden. Es dürfte hier deshalb interessieren, was z. B. Henry Ford in seinem bekannten Buche über diesen Stahl sagt: „Von allen Stahlsorten verwenden wir am meisten Vanadiumstahl. Er verbindet größte Festigkeit mit geringstem Gewicht; aber wir wären nur schlechte Geschäftsleute, wenn wir unsere ganze Zukunft von der Möglichkeit, Vanadiumstahl zu beschaffen, abhängig machten. Daher haben wir ein Ersatzmetall ausfindig gemacht. Unsere sämtlichen Stahlsorten sind von ganz besonderer Art, aber für jede einzelne besitzen wir zum mindesten einen, und mitunter einen mehrfachen, durchprobten und bewährten Ersatz. Das gleiche gilt von unseren sämtlichen Materialsorten, wie von allen unseren Teilen".

Bemerkenswert für die deutsche Automobilindustrie sind auch die Ausführungen über die „Entdeckung" dieses Stahls: „Es fehlte mir jedoch das nötige Material, um die nötige Kraftleistung bei geringstem Gewicht zu erzielen. Ich entdeckte das betreffende Material fast wie durch Zufall. 1905 war ich bei einem

Rennen in Palm Beach. Es gab einen Riesenzusammenstoß, und ein französischer Wagen wurde vollständig zertrümmert. Mir schien, der fremde Wagen sei zierlicher und besser gebaut als alle, die wir kannten. Nach dem Unglück sammelte ich einen Splitter vom Ventilschaft auf. Er war sehr leicht und sehr hart. Ich fragte, woraus er gemacht sei. Keiner wußte es. Ich übergab ihn meinem Gehilfen. „Suchen Sie hierüber so viel wie möglich zu erfahren", sagte ich, „das ist die Materialsorte, die wir für unseren Wagen brauchen". Er entdeckte schließlich, daß der Splitter aus einem in Frankreich erzeugten, Vanadium enthaltenden Stahl bestünde. Wir fragten bei jedem Stahlwerk in Amerika an — keines vermochte Vanadiumstahl herzustellen. Ich ließ aus England jemand kommen, der Vanadiumstahl fabrikmäßig herzustellen verstand. Nun galt es noch, ein Werk ausfindig zu machen, das dazu imstande war. Hier stellte sich eine neue Schwierigkeit heraus. Zur Gewinnung von Vanadium sind 1600 ° C erforderlich. Die gewöhnlichen Schmelzöfen gehen nicht über 1500 ° C als Höchsttemperatur hinaus. Schließlich fand ich ein kleines Stahlwerk in Canton, Ohio, das sich dazu bereit erklärte. Ich bot der Direktion an, sie für etwa entstehende Verluste zu entschädigen, falls sie den nötigen Hitzegrad erzeugen wollte. Sie willigte ein. Der erste Versuch mißlang. Es blieb nur eine sehr geringe Menge Vanadium in dem Stahl zurück. Ich ließ den Versuch wiederholen, diesmal mit Erfolg. Bisher waren wir genötigt gewesen, uns mit einem Stahl von 4200 bis 4500 Kilogramm je Quadratzentimenter Zugfestigkeit zu begnügen, während bei Vanadiumstahl die Festigkeit sich auf 12000 Kilogramm je Quadratzentimeter erhöhte.

Nachdem das Vanadium gesichert war, machte ich mich daran, unsere sämtlichen Modelle auseinanderzunehmen und die einzelnen Teile auf das genaueste zu untersuchen, um herauszubekommen, welche Stahlart für jeden Teil am geeignetsten wäre — ob harter, spröder oder elastischer Stahl. Wir waren meines Wissens der erste Großbetrieb, der für seine eigenen Produktionszwecke die erforderlichen Stahlsorten mit wissenschaftlicher Genauigkeit feststellen ließ. Als Ergebnis wählten wir zwanzig verschiedene Stahlsorten für die verschiedenen Teile aus. Zehn davon bestanden aus Vanadiumlegierungen. Vanadium gelangte überall dort zur Verwendung, wo große Festigkeit und geringes Gewicht erforderlich waren.

Natürlich gibt es alle möglichen Sorten von Vanadiumstahl. Die übrigen darin enthaltenen Bestandteile sind verschieden, je nachdem der betreffende Teil starker Abnutzung unterworfen ist oder elastisch sein muß — kurz und gut nach den an ihn gestellten Anforderungen. Vor diesen Untersuchungen waren, soviel ich weiß, nicht mehr als vier verschiedene Stahlsorten bei der Automobilindustrie in Gebrauch. Durch weitere Versuche mit Wärmebehandlung ist es uns gelungen, die Festigkeitseigenschaften des Stahls noch zu erhöhen und das Gewicht des Wagens entsprechend zu vermindern. 1910 wählte das französische Departement für Handel und Industrie ein Verbindungsstück unserer Steuerung als Vergleichsobjekt, um dieses neben dem entsprechenden Teil des damals besten französischen Wagens verschiedenen Probeversuchen zu unterziehen. Das Ergebnis war, daß unser Stahl sich in jedem einzelnen Falle als dauerhafter erwies.

Der Vanadiumstahl ermöglichte eine beträchtliche Gewichtsersparnis. Jetzt galt es, die einzelnen Teile gegeneinander abzuwägen. Das Versagen eines einzelnen Teiles kann den Verlust eines Menschenlebens zur Folge haben. Die größten Unglücksfälle können durch die geringere Festigkeit einiger Teile entstehen. Die Schwierigkeiten, die es bei dem Entwurf eines Universalwagens zu lösen galt, bestanden daher zum Teil darin, sämtliche Teile unter Berücksichtigung ihres jeweiligen Zweckes möglichst gleichmäßig widerstandsfähig zu machen. Ich wählte daher folgendes Schlagwort: ,,Wenn einer meiner Wagen versagt, weiß ich, daß ich daran schuld habe." — Der Universalwagen mußte sich durch folgende Eigenschaften auszeichnen: 1. Erstklassiges Material zur dauernden und ausgiebigsten Benutzung. Vanadiumstahl ist der stärkste, zäheste und widerstandsfähigste Stahl. Aus ihm sind Unter- und Oberbau des Wagens konstruiert. Er stellt für diese Zwecke die hochwertigste aller Stahlsorten dar, und der Preis darf bei ihm keine Rolle spielen . . . "

Die Namen einer Anzahl von Elementen sind mit Stählen verbunden, in denen sie in Wirklichkeit nicht oder nur in sehr geringen Mengen vorkommen. Titanstähle z. B. enthalten gewöhnlich eine feststellbare Menge von Titan nicht, und Borstähle enthalten kein Bor, wie auch Tantalstähle kein Tantal besitzen. Sollte eines dieser Elemente im Stahl angetroffen werden, dann ist es um so besser, je weniger davon vorhanden ist. Uranstähle werden auch oft aufgeführt, doch sind sie selten in solchen Mengen zu haben, daß mit ihnen nicht einmal ausgedehnte Wärmeuntersuchungen angestellt werden können.

Es ist sehr wohl möglich, daß ein Element, das dem gewöhnlichen Kohlenstoffstahl allein zugefügt wird, seine Qualität vermindert, während es, wenn es in Verbindung mit einem zweiten zugesetzt wird, einen günstigen Einfluß ausüben würde. Im allgemeinen ist dies jedoch nicht der Fall und man ist berechtigt, begründete Zweifel gegen den Wert eines komplexen Sonderstahls zu hegen, wenn ein teures Element, das nur in geringer Menge in dem betreffenden Sonderstahl zugegen ist, für sich allein keinen der erwähnten Vorteile hervorruft.

Es gehört vielleicht zum guten Geschäft, ein solches Element in Verbindung mit Zusätzen wie Chrom oder Nickel in den Stahlverzeichnissen aufzuführen, aber diese erzwungene Verwandtschaft ist für die Metallurgie des Stahls meist ohne Bedeutung.

Die Lufthärtungsstähle, mit denen man ausgezeichnete mechanische Eigenschaften erzielen kann, sind für die Klärung von Fragen, die die Stahlhärtung betreffen, von großem Werte. Es ist bekannt, daß ein Stück eines gewöhnlichen Kohlenstoffstahls, wenn es gleichmäßig von einer Temperatur, die oberhalb der Härtungstemperatur liegt, abkühlt, während einer gewissen Zeit Wärme verliert. Dann hört der Wärmeverlust für kurze Zeit auf, ja das Stück wird sogar heißer. Diese sog. Rekaleszens des Stahles steht im Einklang mit der Bildung von getrennten Lamellen von Eisen und Eisenkarbid (Perlit, Abb. 2 und 17), die ursprünglich ineinander aufgelöst waren, d. h., bei diesem Vorgang handelt es sich um die latente Lösungswärme, und wenn sie auch beim Stahl, also in einem festen Körper, auftritt, so ist sie doch mit der allgemein bekannten latenten Wärme des Dampfes vergleichbar (vgl. S. 18).

Die Geschwindigkeit der Abkühlung und die Änderung der Rekaleszenz (kritische Verzögerung) können durch Linienzüge nach Abb. 92 dargestellt werden. Man kann annehmen, daß die Linie A eine derartige Änderung in allen gewöhnlichen Stählen wiedergibt, ganz gleich, wieviel Kohlenstoff sie enthalten. Auch die Form des auftretenden Knicks (Rekaleszenz) in den jeweiligen Linienzügen ist nicht sehr verschieden, gleichgültig, wie hoch die Abkühlungstemperatur gewesen ist. Wird der Stahl vor Eintritt der Rekaleszenz abgeschreckt, d. h. oberhalb der Knicke nach Abb. 92, so wird die Bildung des Perlits ganz oder teilweise verhindert, und der Stahl ist gehärtet.

Enthält ein Stahl 1,5 oder 2 vH Chrom, dann ergibt sich aus der Linie *A* (Abb. 92), wie der Knick, also die Rekaleszenz verläuft, wenn das Probestück von einer Temperatur zwischen 800 und 900° C abgekühlt wird. Wird aber das Stahlstück von einer

Temperatur über 900° C abgekühlt, dann ändert sich die Gestalt des Knicks so, wie es die Linie *B* angibt. Eine weitere ähnliche Änderung, aber in verstärkterem Grade tritt ein, wenn die Abkühlungstemperatur noch weiter erhöht wird, d. h., die kritische Verzögerung während der Abküh-

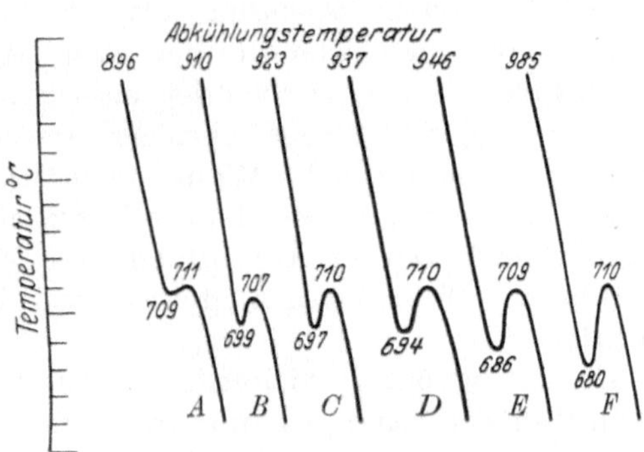

Abb. 92. Einfluß verschiedener Abkühlungstemperaturen auf einen Chromstahl.

lung stellt sich bei immer niedrigeren Temperaturen ein und dennoch steigt die Temperatur immer wieder auf 710° C. So geht aus der Linie *F* der Abb. 92 hervor, daß die Temperatur nach dem Fallen auf 680° C wieder bis auf 710° C ansteigt, also um 30° C zunimmt.

Diese bei der Abkühlung erhitzter Metalle auftretende Eigentümlichkeit ist sehr ähnlich derjenigen, die man bei Flüssigkeiten „Unterkühlung" nennt. Aus der Photographie dürfte diese „Unterkühlung" bekannt sein. Eine genügend starke Lösung von Natriumhyposulfit (Natriumthiosulfat oder Fixiersalz, in heißem Wasser gelöst), scheidet bei der Abkühlung Kristalle aus, sobald der Sättigungspunkt erreicht ist. Sofern das Wasser und die Kristalle rein sind und die Flüssigkeit ungestört abkühlen kann, bleibt auch eine übersättigte Lösung nach der Abkühlung vollständig klar. Aber wenn sich aus irgendeinem Grunde ein einziger Kristall bilden sollte, dann scheiden sich sehr leicht noch weitere Kristalle entsprechend dem Grade der Übersättigung schnell aus (Keimwirkung), wobei die Temperatur der Flüssigkeit wieder ansteigt.

Wird die die Hyposulfitkristalle enthaltende Lösung schwach erhitzt, so wird sich ein Teil der Kristalle wieder auflösen und bei der Abkühlung wieder ausfallen, ohne daß von einer „Unterkühlung" etwas zu bemerken ist. Wird die Lösung nochmals auf eine höhere Temperatur wiedererhitzt, so werden sich noch mehr Kristalle auflösen und bei der Abkühlung wieder ausfallen. Wenn jedoch bei jedem folgenden Versuch die Temperatur immer mehr erhöht wird, dann können zwar bei jeder nachfolgenden Abkühlung die Kristalle wieder ausfallen, aber das Bestreben, dies zu tun, wird immer geringer, weil weniger Kristallkeime (Kerne) vorhanden sind. Wenn schließlich die Temperatur den Punkt erreicht hat, bei dem alle Kristalle aufgelöst werden, dann werden bei der Abkühlung auch keine Kristalle mehr ausfallen. Dieser Versuch gelingt noch besser mit Natriumazetat.

Dieses Beispiel ist vielleicht nicht in jeder Hinsicht auf das Verhalten der Stähle anwendbar, wie es in Abb. 92 vorgetragen ist. Aber wenn man auch die viel größere Möglichkeit der Kristallbildung in der flüssigen Lösung berücksichtigt, so kann man doch mit einem gewissen Recht behaupten, daß während des kritischen Zustandes bei der Abkühlung des Stahls irgend etwas aus der festen Lösung ausfällt. Auch ist das Bestreben, auszufallen, um so geringer, je höher die Temperatur bei der Erhitzung war. Sofern die Temperatur hoch genug war, etwa 1100° C oder darüber, zeigt der Stahl, der in gewöhnlicher Weise auf die atmosphärische Temperatur abgekühlt wurde, überhaupt keine scharf ausgeprägte kritische Verzögerung (Knick), und es fällt auch nichts aus der festen Lösung aus. Dies besagt nichts anderes, als daß unter diesen Umständen der Stahl hart bleibt, genau so, wie die Hyposulfitlösung klar geblieben ist.

In dem Maße, wie die Linienzüge von A bis F in Abb. 92 entstehen, wird die kritische Temperatur, bei der die Karbide anfangen, aus der festen Lösung auszufallen, allmählich sinken. Der Stahl wird deshalb mehr und mehr zähe (viskos) und weniger günstig für die Bildung irgendeines ausgesprochenen Gefüges. Dem größeren Bestreben zur Bildung von freien Karbiden, sobald die Temperatur unter den Punkt fällt, bei dem die Verzögerung gewöhnlich eintritt, wird deshalb durch die größere Zähigkeit (Viskosität) des festen Körpers, in dem die Veränderungen vor sich gehen, Widerstand entgegengesetzt. Dieser Körper wird endlich so fest, daß eine Veränderung überhaupt nicht mehr stattfinden kann.

Eine besondere Eigentümlichkeit, die sich bei gewissen lufthärtenden Nickelchromstählen und auch bei einigen anderen Arten von Lufthärtungsstählen zeigt, ist in Abb. 93 veranschaulicht. Läßt man das Material (Nikkelchromstahl) an der Luft von Temperaturen unter 900⁰ C abkühlen, so tritt die kritische Verzögerung (Knick) mit einer mehr oder weniger großen Deutlichkeit bei ungefähr 700⁰ C ein. Wenn jedoch die Abkühlungstemperatur etwa 925⁰ C oder höher ist, dann erfolgt die kritische Verzögerung bei etwa 400⁰ C. Geht die Abkühlung sehr langsam vonstatten, etwa um nicht mehr als 100⁰C

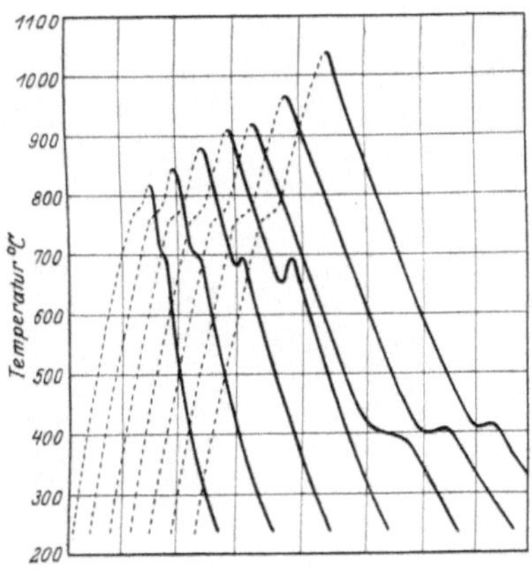

Abb. 93. Einfluß verschiedener Abkühlungstemperaturen auf einen Nickelchromstahl.

in der Stunde, so stellt sich die kritische Verzögerung immer bei etwa 700⁰ C ein.

Veränderungen dieser Art können bei Gegenständen, die aus lufthärtendem Stahl gefertigt sind, zu ernsthaften Fehlern führen. Wird z. B. ein Gegenstand in einem Glühofen auf eine Temperatur, die etwas unter der Ofentemperatur liegt, erhitzt, so können seine dünnen Teile heißer sein als 900⁰ C und seine dickeren Teile weniger heiß als 900⁰ C. Bei der Abkühlung durchschreiten die dickeren Teile den kritischen Zustand bei ungefähr 700⁰ C, doch die dünneren Teile diesen erst dann, wenn eine Temperatur von ungefähr 400⁰ C erreicht ist. Zufälligerweise können sich aber die dünneren Teile auch so viel schneller abkühlen, daß sie die Temperatur von 400⁰ C zu derselben Zeit durchlaufen wie die dickeren Teile die Temperatur von 700⁰ C. Nach diesen Darlegungen können die Härtung und die mit der Härtung ver-

12*

bundenen Veränderungen im Volumen des Gegenstandes zu verschiedenen Zeiten eintreten, wodurch gewöhnlich Verwerfungen
oder Spannungen hervorgerufen werden, die das Werkstück vollkommen unbrauchbar machen können.

X. Härten und Anlassen.

1. Das Härten.

Die hoch kohlenstoffhaltige Hülle, die zementierte Gegenstände umgibt, ist im Grunde genommen nichts anderes als Werkzeugstahl. Sie muß also auch als Werkzeugstahl behandelt werden. Ihr fehlt nur der Vorteil, daß sie nicht einer niederen Rotglühhitze ausgesetzt wurde. Aber die hohe Glühung ist dann kein wesentlicher Nachteil für die Nachbehandlung, wenn die Oberflächenschicht keine merklichen Mengen von freiem Zementit enthält. Eine äußere Schicht mit dem üblichen Kohlenstoffgehalt kann durch Erhitzung etwas oberhalb der Härtungstemperatur in ihrem Kleingefüge verbessert, verfeinert werden. Doch wenn sie viel freien Zementit aufweist, sind für die Verfeinerung höhere Temperaturen nötig. Da die eutektischen und übereutektischen Teile der gekohlten Schicht nicht zugleich verbessert werden können, so läßt die Temperatur, die sich für die Verbesserung des einen Teiles eignet, den anderen in einem verhältnismäßig grobkörnigen Zustande zurück.

Über die allgemeine Wärmebehandlung der Werkzeugstähle ist eingehend in Brearley-Schäfer: „Die Werkzeugstähle und ihre Wärmebehandlung“ berichtet worden, so daß an dieser Stelle nur auf diese Veröffentlichung aufmerksam gemacht werden soll. In Schäfer: „Die Konstruktionsstähle und ihre Wärmebehandlung“ befinden sich auch bereits einige Hinweise auf die Einsatzhärtung bestimmter Konstruktionsstähle.

Angaben über die Bedingungen, die für eine zufriedenstellende Härtung günstig sind, können leicht gemacht werden. Man braucht den gerade in Arbeit befindlichen Gegenstand nur wenig über die Härtungstemperatur so gleichmäßig zu erhitzen, daß er in allen seinen Teilen dieselbe Temperatur besitzt, und dann auch einheitlich, d. h. gleichmäßig mit einer solchen Geschwindigkeit abzuschrecken, die schnell genug ist, um die Karbide (Perlit und auch freier Zementit) in dem aufgelösten Zustande (feste Lösung) festzuhalten. Es ist jedoch unmöglich, die verschiedenen Härtungsarbeiten in diesem vollkommenen Sinne durchzuführen, ganz gleich, wie einfach auch die Form des Werkstückes gewählt worden ist.

Wird ein Stück Stahl gleichmäßig, also in allen seinen Teilen auf dieselbe Temperatur erhitzt, so dehnt es sich annähernd gleichmäßig aus. Aber wenn das Temperaturgebiet erreicht ist, bei dem thermische und andere Veränderungen stattfinden, z. B. bei 740° C, so dehnt sich der Stahl langsamer aus, oder er kann sich sogar zusammenziehen. Es ist gleichgültig, wie der Ofen beschaffen ist, in dem der Stahl erhitzt wird, auch trifft es nicht immer zu, daß die Volumenveränderung in jedem Teil des Werkstückes genau in demselben Augenblick vor sich geht. Wenn sich Teile des Gegenstandes in derselben Zeit ausdehnen, in der sich andere Teile zusammenziehen, dann können schädliche Spannungen oder sogar Verwerfungen und schließlich Risse hervorgerufen werden. Um solche Fehler möglichst auszuschalten, werden gewisse Arten von feinen Werkzeugen mit äußerster Langsamkeit erhitzt, z. B. statt $^1/_2$ Stunde etwa 6 Stunden, damit die kritische Dichteveränderung (spez. Gewicht) ziemlich gleichzeitig in dem ganzen Werkzeug vor sich geht.

Ein Stück Stahl, das mit gleichmäßiger Geschwindigkeit abgekühlt wird, zieht sich auch wieder mit annähernder Gleichmäßigkeit zusammen. Jedoch im Temperaturgebiet der kritischen (thermischen) Veränderungen zieht sich der Stahl langsamer zusammen, oder er kann sich sogar ausdehnen. Genau so wie die Volumenveränderungen bei der Erwärmung eines Werkstückes gewöhnlich nicht gleichzeitig hervorgerufen werden, tritt auch die kritische Ausdehnung sogar bei sehr langsamer Abkühlung früher in den dünneren und später in den dickeren Teilen ein. Wird die Geschwindigkeit der Abkühlung beschleunigt, so daß Teile des Stückes mehr oder weniger gehärtet werden, so besteht die einzigste Vorsichtsmaßregel, die das Reißen oder die unangenehmen Verwerfungen vermindern kann, darin, daß Gestalt und Werkstoff des Gegenstandes entsprechend geändert werden.

Die Abkühlung des Kerns eines Stahlgegenstandes findet durch die Außenschicht statt, und deshalb ist die äußere Form des Gegenstandes von großer Wichtigkeit. Die Außenschicht ist auch derjenige Teil des Stückes, der zuerst hart wird und sich am wenigsten den unabwendbaren Volumenveränderungen anpassen kann, die die Abkühlungsarbeiten begleiten. Deshalb sitzt der Ursprung der Risse eines an sich gesunden Materials zumeist in der Oberfläche.

Treffen sich zwei Flächen und bilden eine Ecke oder einen Winkel, so ist die Abkühlungsgeschwindigkeit an den Ecken oder Winkeln größer als an einem anderen Teil, und das Material ist deshalb an jenen Stellen früher hart und den Volumenveränderungen weniger anpassungsfähig. Daher der hohe Prozentsatz an Werkstücken, bei denen an scharfen Ecken und Winkeln Risse entstehen. Der Ersatz durch runde Ecken sowie Abrundung der vorspringenden Teile der Werkstücke vermindert die Gefahr des Rissigwerdens. 25 bis 50 vH aller Risse, die in gehärteten Stählen vorkommen, können solchen scharfen Ecken und Winkeln zugeschrieben werden, die hätten vermieden werden können. Da ein wesentlicher Prozentsatz an Brüchen in Konstruktionsstählen auf eine ähnliche Ursache zurückzuführen ist, so sollen hier einige Beobachtungen, die aus der Erfahrung gesammelt wurden, erwähnt werden.

Wird Stahl oder irgendein anderer kristalliner Stoff in eine Form gegossen, so beginnt die Erstarrung an den Seiten der Form, wenn der Stahl, was besonders betont werden soll, vollständig flüssig war. Nimmt man an, daß die Gießform aus Gußeisen besteht und ihr Querschnitt ein Quadrat bildet, so wird die Erstarrung am schnellsten in der Gegend jeder der vier Ecken des Quadrates eintreten und die Kristalle, die in nächster Nähe der Ecken liegen, werden infolge der schnellen Abkühlung verhältnismäßig klein sein. Von den Seiten der Gießform aus werden auch Kristalle in das flüssige Innere hineinwachsen, und da ihr Wachstum nach der Seite zu durch die daneben liegenden Kristalle behindert wird, dagegen ihr Wachstum in die flüssige Masse hinein ungehindert vonstatten geht, so werden sie gewöhnlich von langer und schmaler Gestalt sein. Die Kristalle, die von irgendeiner Seite der Gießform ausgehen — es wird angenommen, daß das Innere der Masse flüssig bleibt —, werden daher die Kristalle, die an anderen Stellen der Gießform entstehen, treffen. Die Grenzflächen der abgekühlten Kristalle an jeder Seite der Form können auf einem polierten und geätzten Schnitt oder auf der

Bruchfläche deutlich als Linien erkannt werden, die in diagonaler Richtung zum quadratischen Querschnitt der Gießform verlaufen. Abb. 94 stellt einen in verkleinertem Maßstabe wiedergegebenen polierten und geätzten Querschnitt eines Chromstahlblocks dar, der die vorhergehenden Darlegungen in klarer Weise veranschaulicht.

Die Diagonallinien (Grenzflächen) in Abb. 94 sind Linien größter Schwäche in bezug auf die Festigkeit des Materials, zum Teil deshalb, weil sie die Begrenzung zwischen denjenigen

Abb. 94. Polierter und geätzter Querschnitt eines Chromstahlblocks.

Kristallen darstellen, die in verschiedener Richtung zueinander wachsen und zum Teil auch deshalb, weil sie sich mit den Schnittflächen derjenigen Gebiete des ganzen Blocks decken, die nach und nach als letzte erstarrt sind. Folglich sind die Diagonallinien reich an Seigerungen und Verunreinigungen, auch sind sie vielfach mit langgezogenen Gasblasen durchsetzt. Sie sind auch da zu finden, wo sich kleine Hohlräume bilden, die durch Schwind- oder Schrumpfwirkungen verursacht wurden. Die Ausscheidungen zuzüglich der Schwindhohlräume können als Grund für einen großen Teil der beobachteten

Schwächung längs der Diagonallinien angesehen werden, doch ist es nicht immer möglich, festzustellen, wieviel von der diagonalen Schwächung nur der Kristallanordnung zuzuschreiben ist.

Man nimmt an, daß die Schwächung in den Winkeln und Ecken eines gehärteten Gegenstandes mit der Diagonalschwächung nach Abb. 94 gleichbedeutend ist. Dies ist aber keineswegs der Fall, da ein gehärteter Stahl wohl durchweg keine ungünstig gelegenen Absonderungen und Schwindhohlräume enthält und in ihm auch keine langgestreckten oder sonstigen Kristallformen in dem obigen Sinne während der Abkühlung entstehen. Ob ein Stück Stahl schnell oder weniger schnell abkühlt, macht keinen großen Unterschied weder auf die Größe noch Gestalt der Kristalle, aus denen der Stahl besteht. Es ist

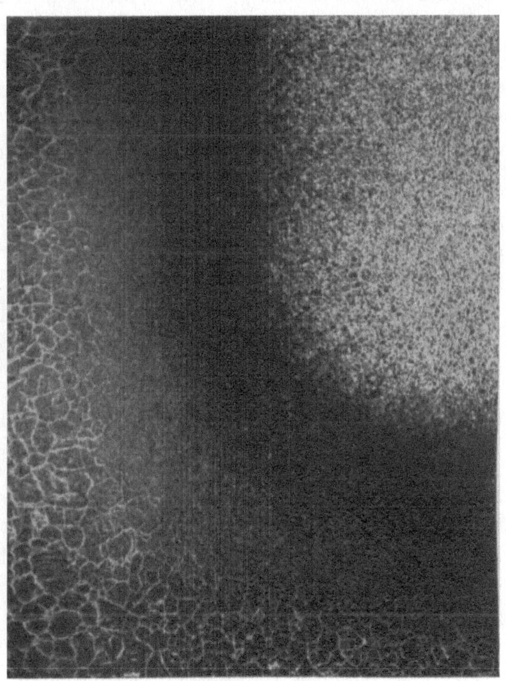

Abb. 95. Kristallbildungen in der Ecke eines einsatzgehärteten Stabes.

ebenfalls gleichgültig, ob der Stahl nach der Abkühlung vollkommen hart geworden oder verhältnismäßig weich geblieben ist. Die allgemeine Gültigkeit dieser Feststellung wird durch Abb. 95 bewiesen, die die Ecke eines einsatzgehärteten Stahles darstellt. Das Auftreten der weißen Begrenzungen von freiem Zementit um die Kristalle ermöglicht es, daß die Gestalt der Kristalle, die sich aus der flüssigen Schmelze an den abkühlenden Oberflächen bilden (Abb. 94), mit der Gestalt derjenigen

Kristalle verglichen werden kann, die schon in dem festen Material während der Härtung usw. vorhanden waren. Bei der Abschreckung verändert sich das Volumen des Stahles, und die dadurch hervorgerufenen Erscheinungen können mit denjenigen verglichen werden, die durch das Schwinden beim Trocknen und Brennen von Tonwaren bedingt sind.

Wird ein flaches Stahlstück so gleichmäßig erhitzt, daß es in allen Teilen dieselbe Temperatur besitzt und nur durch teilweises Eintauchen seiner Flachseite in Wasser abgeschreckt, so wird es unweigerlich längs der scharfen Trennungsebene geschwächt, die den gehärteten von dem ungehärteten Teil trennt. Ist der Stahl sehr schroff gehärtet, so wird er häufig längs

Abb. 96. Riß zwischen dem harten und weichen Teil eines gehärteten Flachstabes.

der Trennungsebene reißen, entweder vor oder bald nach der Herausnahme aus dem Wasser, und der Bruch beginnt meist in der Mitte der breitesten Fläche des Stahlstückes. Dies wird durch Abb. 96 veranschaulicht, die ein Stück Feilenstahl darstellt, das nur an der obersten Kante abgeschreckt wurde. Nach der Herausnahme aus dem Wasser war die harte Kante natürlich gebogen (konvex). Bricht nun die Kante kurz nach der Herausnahme aus dem Wasser entlang der Trennungsebene zwischen dem härteren und weicheren Teile, so wird das Stahlstück annähernd wieder gerade. Bei einem Stahlstück mit großem Querschnitt gibt es im Innern immer irgendeinen Teil, wo bis zu einem gewissen Grade ein solcher Zustand vorhanden ist, und dieser Zustand wird sich dort sehr unliebsam bemerkbar machen, wo sich Flächen treffen, um scharfe Ecken zu bilden. Längs der gebogenen Oberfläche eines abgeschreckten Stahlstabes stehen das vollständig gehärtete und das unvollständig gehärtete Material in innigster Berührung miteinander, aber während sich das erstere Material dauernd ausgedehnt hat, befindet sich das letztere in einem gewissen Spannungszustande. Wenn es daher über die Grenzen seiner Dehnungsmöglichkeit beansprucht wird, bricht es, und in außergewöhnlichen Fällen springen bei einem gehärteten Rundstabe mit flachen Enden die Kanten in einem vollständigen Ringe ab (vgl. Abb. 97 in Brearley-Schäfer, Werkzeugstähle. 3. Aufl.). Eine Absplitterung der gleichen Art kam an den Zähnen des in Abb. 97 dargestellten Fräsers vor.

Abb. 97. Durch Härtung hervorgerufene Absplitterung der Zähne eines Fräsers.

Die Brüche, die während der Abschreckung an scharfen Winkeln entstehen, werden keinesfalls durch die Kristallbildung hervorgerufen. Kristalle werden während der Abschreckung durchaus nicht gebildet, und die Richtung des Risses durch den scharfen Winkel ist, wenn sie dieselbe ist, wie sie es bei besonders bevorzugter Anordnung der Kristalle sein würde, nur auf ein zufälliges Zusammentreffen verschiedener Umstände zurückzuführen. Die Winkelrisse, genau so wie Eckenrisse, sind durch die Spannungen bedingt, die durch die ungleiche Ausdehnung des gehärteten Materials, das um den Winkel liegt, verursacht werden. Die Spannungen entstehen deshalb besonders leicht, weil die scharfe Spitze des Winkels zu schwach ist, um sich ohne Einreißen zu strecken.

Wird ein nach Abb. 98 hergestellter Stahlring gehärtet, so wird sein äußerer Durchmesser vergrößert und folglich wird auch der Umfang des Ringes größer sein. Die Härtungswirkung wird in den dunkleren Teilen stärker sein, und als natürliche Folge wird sich ergeben, daß der mit rechtwinkligen Ecken versehene Ausschnitt (oben) zum Aufreißen der Ecken neigt. Ohne ein solches Aufreißen zu befürchten, könnte dieser Neigung zum Reißen nur dadurch begegnet werden, daß der Scheitelpunkt des rechten Winkels, auf den sich die Spannung beschränkt, sich genügend ausdehnt, um dadurch die Umfangsvergrößerung des Ringes auszugleichen. Da aber die Spitzen glashart sind, kann dies nicht eintreten. Ähnliche Schlußfolgerungen sind gegeben, wenn der Ausschnitt etwa für eine Keilnute auf der Innenseite des Stahlringes vorhanden ist und der innere Durchmesser, wie es manchmal vorkommt, sich verkürzt, mit dem Ergebnis, daß die Öffnung auf Druck anstatt auf Zug beansprucht wird.

Es ist noch darauf hinzuweisen, daß Risse mit Vorliebe an der Stelle des höchsten Druckes entstehen können. Biegeprobestücke, die vor der Prüfung für vollkommen gesund erklärt werden, haben nach dem Versuch öfters einen kleinen Riß an der Innenseite der Biegung. Dies wird durch Abb. 99 veranschaulicht, die den Schnitt durch ein Stahlstück nach beendigter Biegeprobe wiedergibt. Die gleiche Abbildung zeigt noch die Bruchfläche eines viereckigen gebogenen Gegenstandes mit einem eigentümlichen Aussehen, das durch Druck verursacht wurde.

Wird ein vollkommen symmetrischer Gegenstand gehärtet, so können die Spannungen, die durch Abschreckung hervorgerufen werden, so gut ausgeglichen sein, daß zur Entstehung eines Bruches kaum eine Möglichkeit besteht. Eine Stahlkugel z. B. kann mehrmals gehärtet werden, und wenn sie richtig gehärtet wurde, ist es unwahrscheinlich, daß sie bricht. Wird jedoch eine kleine Fläche angefeilt, so kann ein Riß bei der ersten oder zweiten Abschreckung auftreten. Auch wenn ein kleiner Teil der Oberfläche weich geblieben ist, oder wenn aus irgendeinem Grunde eine Anzahl winziger Stellen auf der Kugel schlecht gehärtet wurde, dann wird ein Bruch gewöhnlich leichter entstehen, als es sonst geschieht. Hierauf ist neben anderen Ursachen die Bildung von Löchern und das Abspringen von Teilchen zurückzuführen, was zuweilen an gebrauchten Kugeln beobachtet werden kann.

Es drängt sich die Ansicht auf, daß eine Stahlkugel wohl der bequemste Gegenstand ist, der sich am zufriedenstellend-

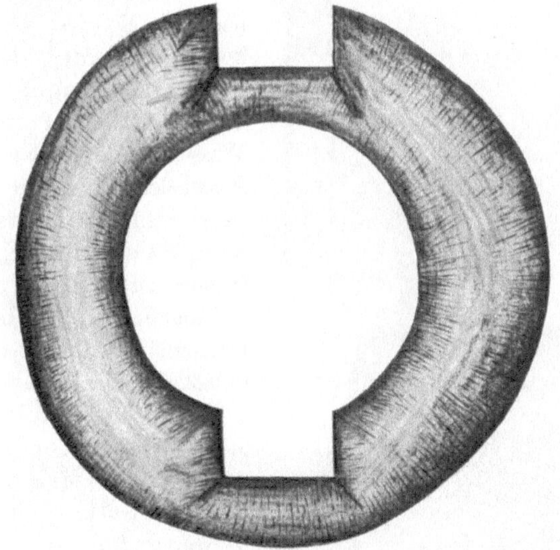

Abb. 98. Scharfe zu vermeidende Ausschnitte in einem Stahlring.

sten härten läßt. Dies ist jedoch nicht durchweg der Fall, und auf Kugeln sowohl als auf halbkugeligen Enden von Stahlgegenständen kann eine weiche Haut erscheinen, die nicht immer vermeidbar ist. Sie ist auf unvollkommene Abschreckung zurückzuführen, darf aber durchaus nicht mit Entkohlung in Beziehung gebracht werden.

Wird nur ein Teil eines rotglühenden Stahls in Wasser getaucht und dieser sofort wieder herausgezogen, darauf das ganze Stück wieder in das Wasser geworfen und darin bis zum Erkalten liegen gelassen, so wird der Stahl auf der äußeren Schicht weich, jedoch darunter vollkommen hart sein, weil das erste Eintauchen nur eine dünne Schale des Materials härtet, die dann wieder durch die in dem Stück noch vorhandene Hitze erweicht. Sie wird jedoch nicht wieder auf Härtungstemperatur gebracht, ehe das Stück zum zweiten Male eingetaucht wird.

Eine senkrecht in ein Gefäß mit Wasser geworfene Kugel nimmt bis zu einer gewissen Entfernung unter der Oberfläche des Wassers etwas mehr als ihr eigenes Volumen an Luft mit sich. Während einer kurzen Zeit, nachdem sie in das Wasser kommt, ist nur die untere Fläche der Kugel mit dem Wasser in Berührung, da das Wasser andere Stellen der Kugel deshalb nicht berühren kann, weil ein Luftsack zwischen Wasser und Kugel entstanden ist, wie die Momentaufnahme A in Abb. 100 erkennen läßt. Sowie die Kugel in das Wasser tiefer einsinkt, bricht der Flüssigkeitsring, der an der Wasseroberfläche entstanden ist, in sich zusammen (B in Abb. 100), spritzt hierbei Wassertropfen auf die heiße Oberfläche der Stahlkugel und drückt die Temperatur der Teile, auf die die Wassertropfen fallen, herunter, ehe sie von einer genügenden Wassermenge umgeben sind. Alsdann

Abb. 99. Durch Druck hervorgerufene Risse bei einem Biegeprobestab. — Unteres Bild: Bruchgefüge.

kühlen sich jene Teile der Kugel ohne weitere Unterbrechung vollständig ab. Das Endergebnis ist aber, wie zu erwarten war, das Auftreten von weichen Stellen auf der Kugel und manchmal auch von sehr kleinen rundlichen Flecken, die nicht durch die Feile aufgedeckt werden können. Sie können aber durch die Ätzprobe sichtbar gemacht werden (S. 62) und ähneln im Aussehen den braunen Pünktchen auf einem Sperlingsei. In Gebrauch genommene Kugeln dieser Art werden voraussichtlich leicht absplittern oder rissig werden. Gewöhnlich werden jedoch die Kugeln in automatischen Maschinen gehärtet und es wird ihnen kurz vor der Abschreckung eine drehende Bewegung gegeben (vgl. S. 208).

Die Doppelabschreckung, die bei der Herstellung von sehnigen Kernen von im Einsatz gekohlten Gegenständen viel angewendet wird, kann mit brauchbarem Ergebnis nicht bei solchen Gegenständen herangezogen werden, die eine verwikkelte Gestalt besitzen oder die aus anderen Gründen vom Gesichtspunkte des Härters aus bedenklich sind. Nur die einfach gehaltenen Werkstücke können einer schroffen Abschreckung von hoher Temperatur widerstehen, auch wenn ihr noch eine zweite Härtung folgt, ohne daß sie einreißen oder sich wahrnehmbar verziehen. Eine Verziehung tritt in einem gewissen Grade immer auf, und ob sie durch die Doppelabschreckung und die darauf folgende

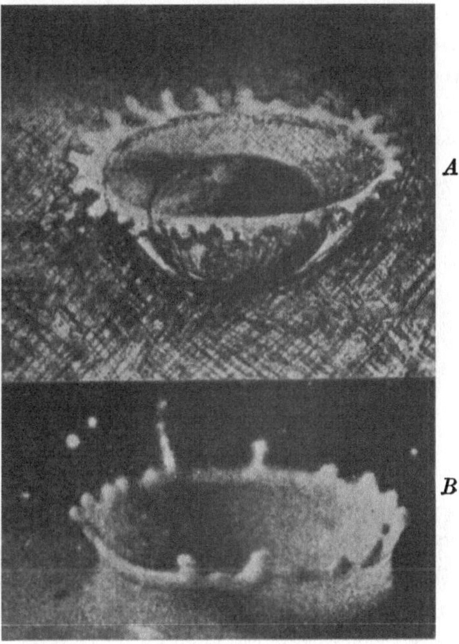

Abb. 100. Erscheinungen auf der Wasseroberfläche beim Einwurf einer Kugel.

starke Beanspruchung der harten äußeren Hülle sowie einen faserigen Kern vollständig ausgeglichen wird, ist zumindest fraglich. Diese Frage kann nicht dadurch gelöst werden, daß man die Werkstücke zählt, die zerspringen oder die aus anderen Gründen in der Härterei verworfen werden.

Die Gefügebestandteile des Stahls sind verschieden, je nachdem der Stahl gehärtet oder ausgeglüht ist. Wenn die Gefügebestandteile verhältnismäßig größer oder kleiner im Volumen, d. h. hinsichtlich des spezifischen Gewichtes verschieden sind, dann muß eine Volumenveränderung bei der Abschreckung eintreten, und diese ist im voraus feststellbar, wenn die Eigenschaften der neuen Bestandteile bekannt und in welchem Verhältnis zueinander sie in dem abgeschreckten Stahl vorhanden sind. Außer der einfachen Volumenveränderung wird aber eine Formveränderung immer durch die ungleiche Geschwindigkeit herbeigeführt, mit der die einzelnen Teile eines Gegenstandes abgeschreckt werden, und dieser Veränderung, auch wenn sie noch so geringfügig ist, sind sowohl die weichsten als auch die härtesten Stähle unterworfen.

Eine von einer Rundstange abgesägte und erhitzte Scheibe vergrößert sich allmählich nach allen Richtungen, und bei sehr langsamer Abkühlung zieht sie sich wieder zu ihrer ursprünglichen Gestalt zusammen. Diese Behandlung kann hundertmal und mehr ohne jede wahrnehmbare Veränderung der Gestalt der Scheibe wiederholt werden. Doch wenn die heiße Scheibe in Wasser getaucht oder sonst schnell abgekühlt wird, so sind die Kanten die ersten Teile, die sich zusammenziehen und gehärtet werden. Diese gehärteten Teile pressen das Material, das noch heiß ist,

Abb. 101. Durch wiederholte Abschreckung verzerrte Scheibe aus weichem Stahl.

zusammen und dehnen es nach jenen Richtungen aus, die den geringsten Widerstand leisten. Nachdem dieser Vorgang genügend oft wiederholt worden ist, wirft die Scheibe, wenn sie aus hartem Stahl besteht, entweder ihre scharfen Kanten ab oder verliert mit oder ohne Rißbildung ihre Form, wenn sie aus weichem Stahl besteht. Zuerst wird sich die Scheibe auf den flachen Seiten und dann an der zylindrischen Fläche ausbauchen, bis sie schließlich etwa die Gestalt einer Kugel annimmt (Abb. 101). In der gleichen Art wird ein Würfel aus weichem Stahl auch das Bestreben zur Kugelbildung zeigen und aus demselben Grunde verlieren Zangen ihre Gestalt und reißen ein, wenn sie in Härteöfen gebraucht und dadurch abwechselnd erhitzt und abgeschreckt werden. Die Verwerfung, die durch wiederholte Erhitzung und Abschreckung dem Auge wahrnehmbar gemacht werden kann, geschieht auch, aber in geringerem Grade, bei nur einmaliger Abschreckung, und diese Tatsache sollten die Konstrukteure und Ingenieure nicht übersehen, wenn sie Werkzeuge oder Konstruktionsteile entwerfen, die eine Härtung benötigen.

Dem Einfluß der Masse auf die mechanischen Eigenschaften des gehärteten Stahls muß immer Rechnung getragen werden. Dies muß um so mehr beachtet werden, wenn der Gegenstand in unangelassenem Zustande verwendet wird, wie dies bei einsatzgehärteten Stählen der Fall ist. In manche ernstliche Verlegenheit kommt man, wenn man weiche Stähle mit ziemlich hohem Mangangehalt z. B. zu Zahnrädern mit kleinen Zähnen verarbeitet. Die Größe der Zähne und nicht die Größe des Zahnrades sollte als Richtschnur dienen, welcher Stahl gebraucht wird und wie er zu behandeln ist. Im allgemeinen sollen bei Auswahl und Behandlung des Stahls für Einsatzhärtung folgende Leitsätze beachtet werden:

1. Gebrauche einen Stahl, der wenig Kohlenstoff und Mangan enthält;

2. zementiere nicht tiefer als nötig ist;

3. schrecke schließlich in kaltem oder warmem Öl oder in irgendeinem anderen Mittel ab, das weniger schroff als Wasser wirkt.

Soll die Zementation bis in das Innere der Zähne eines Zahnrades durchgeführt werden, so dürfte sich ein solches Zahnrad, wenn es aus einem im Einsatz gehärteten Stahl gefertigt ist, nicht besser verhalten als dasjenige, zu dessen Herstellung ein kohlenstoffreicher Stahl verwendet wird. Besonders bei kleinen Zahnrädern erzielt man bessere Ergebnisse, wenn sie nicht aus Einsatzstahl, sondern aus Lufthärtungsstahl geschnitten werden. Infolge ihrer geringen Masse kühlen die Zähne schnell ab, während die Zähne von größeren Zahnrädern nur dann schnell abgekühlt werden können, wenn sie unter schneller Umdrehung der Wirkung eines Gebläses ausgesetzt werden, und zwar in derselben Art, wie Schneidwerkzeuge aus Schnelldrehstahl luftgehärtet werden.

2. Das Anlassen.

Die Gefügeveränderungen, die beim Anlassen eines gehärteten Stahls vor sich gehen, können nicht mit genügender Klarheit durch das Mikroskop verfolgt werden, und es würde daher mehr oder weniger zwecklos sein, wenn diesen Darlegungen Kleingefügebilder hinzugefügt würden. An sich sind diese auch für den geübten Mikroskopiker nicht besonders überzeugend und sie verwirren den Härter, selbst wenn dieser Sinn für die praktische Verwertung wissenschaftlicher Forschungsergebnisse besitzt. Wird ein kleines Stück eines weichen Stahls schnell von einer Temperatur abgeschreckt, die etwas oberhalb derjenigen liegt, bei der eine vollständige Auflösung seiner Gefügebestandteile stattfindet, und wird es dann auf eine Temperatur unter 600⁰ C angelassen, so ist der mikroskopische Aufbau durch ein ungeübtes Auge kaum von dem des abgeschreckten Stückes zu unterscheiden. Ein Unterschied ist nur hinsichtlich der Geschwindigkeit festzustellen, mit der es durch Ätzmittel angegriffen wird und außerdem durch das dunkle und nur lose haftende Häutchen, das sich auf seiner Oberfläche bildet. Außer diesen nebensächlichen Erscheinungen sind also weder durch das Mikroskop noch durch metallographiche Prüfungsverfahren solche Ergebnisse zu erhalten, die einen praktischen Wert für die Werkstatt besitzen.

Die veränderten Eigenschaften von gehärtetem und angelassenem Stahl können am leichtesten durch mechanische Prüfungsverfahren bestimmt werden. Von diesen Verfahren nimmt die **Brinellsche Kugeldruckprobe** zur Härtebestimmung im Vergleich zu allen anderen Verfahren den ersten Platz ein. Die Brinellprobe, deren Zuverlässigkeit durch die Ergebnisse der **Schlagprobe** gelegentlich bestätigt wurde, macht es tatsächlich möglich, die bei der Wärmebehandlung von Konstruktionsstählen auftretenden Änderungen scharf zu verfolgen und wirksam zu überwachen. Die Schlagprobe ist auch noch deshalb erwünscht, weil z. B. bei Nickelchromstählen durch die Erwärmung über oder unter einem gewissen Temperaturgebiet (etwa 650⁰ C) dieselbe Brinellzahl, aber nicht dieselbe Kerbzähigkeit erhalten werden kann. Die Kerbzähigkeit kann auch bei gleichen gehärteten Probestücken stark voneinander abweichen, je nach der Abkühlungsgeschwindigkeit von der Wiedererhitzungstemperatur.

Einsatzgehärtete Gegenstände werden sehr selten nach der Abschreckung angelassen. Weshalb so verfahren wird, ergibt sich aus dem folgenden Satze, der die in der Praxis herrschende Ansicht wiedergibt: „Da der Hauptzweck des Anlassens das

Zähermachen des gehärteten Stahles ist und die Zähigkeit einsatzgehärteter Gegenstände von der Zähigkeit ihres Kerns abhängt, so wird durch Anlassen wenig gewonnen." Diese Ansicht kann jedoch nicht ohne jeden Vorbehalt als richtig gelten.

Die Ergebnisse aus Zerreißversuchen, die von verschiedenen Beobachtern von gehärteten und angelassenen Werkzeugstählen erhalten wurden, zeigen, daß das Anlassen bis 200 oder 300° C die Härte des Stahles erhöhen kann. Diese Behauptung wird nicht durch die üblichen Werkstattsprüfungen bestätigt. Selbst wenn man zugibt, daß ein gehärteter Probestab nach dem Anlassen eine größere Zugbelastung aushält, so ist dies doch kein Beweis dafür, daß die Härte des Materials bei den praktischen Abnutzungsverhältnissen wirklich größer ist. Denn es ist tatsächlich nicht leicht, einen Stab aus gehärtetem Stahl für den Zerreißversuch richtig vorzubereiten und ihn so einzuspannen, daß er mathematisch parallel zu der Richtung liegt, in der der Zug der Zerreißmaschine ausgeübt wird. Sowohl die kleinste Verbiegung des Probestabes als auch der geringste Fehler auf seiner Oberfläche kann einen frühzeitigen Bruch hervorrufen, während jeder von diesen geringen Fehlern praktisch ohne Belang für den Zweck ist, für den ein einsatzgehärteter Gegenstand verwendet wird. In diesem Falle wie auch in vielen anderen Fällen müssen die Ergebnisse der gewöhnlichen Zerreißprobe vorsichtig ausgelegt werden.

Die Brinellprobe und auch die Ritzhärteprüfung (durch letztere wird die Breite eines Einrisses gemessen, der mit einem beschwerten Diamanten gemacht wird) sind zuverlässigere Prüfungsverfahren, um den erweichenden Einfluß, den das Anlassen auf gehärteten Stahl ausübt, festzustellen. Das erste Verfahren wurde von Maurer und das letztere von Heyn und Bauer angewendet,

Anlaßtemperatur	Prozentuale Abnahme der Härte eines Stahls beim Anlassen	
	Maurer	Heyn u. Bauer
100° C	0,0	2,5
200° C	13,0	14,0
300° C	38,0	41,0
400° C	68,0	70,6
500° C	94,0	87,5
600° C	100,0	95,7

13*

und zwar wurde in beiden Fällen ein Werkzeugstahl untersucht, der etwa 1 vH Kohlenstoff enthielt. Die verschiedenen Ergebnisse, die diese drei Forscher erzielten, sind die vorstehenden.

Diese Zahlen sowie die Erfahrungen in der Werkstatt, die über die Wirkung des Anlassens hinsichtlich des Weicherwerdens von gehärteten Schneidwerkzeugen eine nahezu gleiche Vorstellung geben, berechtigen zu dem Schluß, daß das Anlassen einsatzgehärteter Gegenstände wenigstens für manche Zwecke von Vorteil sein kann.

Eine Anzahl von Biegeversuchen an einsatzgehärteten Stählen ergab sowohl eine Verbesserung in der Festigkeit als auch in der Zähigkeit nach einem Anlassen auf 200° C, d. h. bei einer Temperatur, die gerade unter derjenigen liegt, bei der die Außenschicht aufhört, feilenhart zu sein. Sofern es die Gebrauchsbedingungen zulassen, kann eine höhere Anlaßtemperatur als 200° C mit Vorteil angewendet werden, da auf diese Weise die erhöhte Zähigkeit der zementierten Schicht durch den weichen Kern verstärkt wird, was nicht möglich wäre, wenn der Kern von einem Material umgeben ist, das nicht nachgeben kann, ohne zu reißen.

Ein Blick auf Abb. 90 bestätigt die Tatsache, daß beim Anlassen eines gehärteten Stahls bei allen in Frage kommenden Temperaturen der Zähigkeitsgewinn in keinem Verhältnis zu dem Verlust an Härte steht. Nach Wiedererhitzung bis auf etwa 300° C ist ein Nickelchromstahl gewöhnlich weniger zäh als in gehärtetem Zustande und viel weniger zäh als nach einer Wiedererhitzung auf 200° C. Diese Beobachtung bezieht sich auf alle Nickelchromstähle und im gewissen Maße auch auf Nickelstähle und gewöhnliche Kohlenstoffstähle. Es ist deshalb ratsam, das Anlassen von gehärteten Stählen zwischen Temperaturen von etwa 250 bis 450° C zu vermeiden (Anlaßsprödigkeit).[1]

Nickelchromstähle sind auch mit einer Art von Warmbrüchigkeit behaftet, die in England manchmal als „Kruppkrankheit" bezeichnet wird, weil sie zuerst von Brearley vor etwa 10 Jahren bei der Untersuchung Kruppscher Panzerplatten entdeckt wurde. Es sind sehr verschiedenartige Gründe angegeben worden, die

---

[1] Vgl. Stahl und Eisen 1921, S. 57 und 1157; 1922, S. 627 und 1925, S. 1443 und Mitteilungen aus dem Kaiser Wilhelm-Institut für Eisenforschung 1921 (2. Band), S. 91.

das Auftreten dieser besonderen Art von Brüchigkeit erklären sollen, doch ist eine wirklich zufriedenstellende Erklärung bis jetzt wohl noch nicht gefunden worden. Man kann diese Brüchigkeit beim Vergleich der Kerbzähigkeiten von zwei gehärteten und angelassenen Proben desselben Stahls beobachten, von denen die eine Probe langsam und die andere schnell von einer Wiedererhitzungstemperatur von etwa 600 bis 650⁰ C abgekühlt wurde. Das langsam abgekühlte Versuchsstück besitzt einen kristallinischen Bruch und gibt eine niedrige Kerbzähigkeit; das schnell abgekühlte Versuchsstück zeigt dagegen einen grau aussehenden Bruch und eine hohe Kerbzähigkeit. Die Ergebnisse aus dem Zerreißversuch sind bei beiden Probestücken praktisch gleich, die Kerbzähigkeiten können dagegen im Verhältnis von etwa 10 bis 20 : 1 stehen. Die langsame Abkühlung an sich ist nur mittelbar für diese Verschiedenheit verantwortlich, denn die beobachtete Brüchigkeit wird durch Erhitzung während einer längeren oder kürzeren Zeit innerhalb eines Temperaturgebietes von 450 bis 550⁰ C verursacht. Auch bewirkt die langsame Abkühlung, daß das Probestück während einer längeren Zeit innerhalb dieses Temperaturgebietes verbleibt.

Alle Nickelchromstähle von der gleichen Zusammensetzung sind für die „Kruppkrankheit" nicht in gleichem Maße empfänglich. Doch kann das Material ein und derselben Schmelzung entweder gleichmäßig gut oder schlecht sein, d. h. es gibt kein bekanntes Mittel, um dieses Bestreben zur „Kruppkrankheit" zu beseitigen, wenn der Stahl einmal hergestellt ist. Der Stahlhersteller kann keine Gewähr dafür übernehmen, einen Nickelchromstahl von gegebener Zusammensetzung zu erzeugen, der für die „Kruppkrankheit" nicht empfänglich ist. Die „Kruppkrankheit" kommt auch in gewissem Maße praktisch in allen Legierungsstählen vor. Durch eine sehr in die Länge gezogene Abkühlung kann man etwas ähnliches wie die „Kruppkrankheit" sogar in Kohlenstoffstählen herbeiführen. Diese Krankheit ist jedoch am ausgeprägtesten und von unangenehmster Wirkung bei Nickelchromstählen, da diese Stähle häufig bis zu den höchstmöglichen Temperaturen angelassen werden, von denen schnelle Abkühlung nicht immer ratsam ist[1]).

---

[1]) In Deutschland kennt man die Bezeichnung „Kruppkrankheit" nicht.

3. Härte- und Anlaßanlagen.

Auf die Bedeutung und den Wert großer Öfen in industriellen Anlagen, die für Zementierungswerke vorgeschlagen worden sind und auch gebraucht werden, soll hier nicht näher eingegangen werden. Vielmehr sollen an dieser Stelle nur diejenigen Öfen mit ihrem Zubehör für jene wichtigen Wärmearbeiten kurz besprochen werden, die zur Verfeinerung des Kerns und letzten Abschreckung eingesetzter Stähle dienen.

Die wichtigste Eigenschaft eines Härteofens ist die, daß die Temperatur in dem gebrauchten Teile gleichmäßig hoch ist, da es sonst nicht möglich ist, von einer gleichmäßigen Temperatur abzuschrecken. Dies ist von größerer Tragweite als eine Abweichung um einige Grade von einer gewählten Temperatur. Um die Wärmearbeiten sorgfältig durchführen zu können, ist es wünschenswert, daß man einen Druckregler an der Gaszuführungsleitung anbringt. Um ferner die Festlegung einer bestimmten Temperatur im Ofen zu erleichtern, oder die verlangten häufigen Änderungen der Temperatur herbeizuführen, ist der Gebrauch von Gashähnen mit Kreisbogenteilung und Zeiger zu empfehlen. Diese Zubehörteile erleichtern nicht nur das sorgfältige Arbeiten, sondern es wird auch bei ihrer Anwendung Gas gespart, was in diesem Falle ein wirtschaftlicher Vorteil ist, obgleich die Wirtschaftlichkeit im Gasverbrauch an sich doch nur ein geringer Ausgleich für die Fehler ist, die aus Mangel an Sorgfalt und Geschicklichkeit beim Arbeiten entstehen.

Der Ofenwärter darf nicht erwarten, daß die Hersteller von Gas- oder Ölöfen stets eine Anlage liefern können, die bei falscher Behandlung richtig arbeitet. Die Härtungsverfahren verlangen Geschicklichkeit, und keine Hilfseinrichtung zur Festlegung des Absperrhahns in dem richtigen Winkel und zur Überwachung des Gasdruckes wird eine Verschwendung des Gases verhindern, wenn die Zugklappen des Ofens vernachlässigt werden und der Ofen sorglos beschickt wird. Der Werkmann, der am besten die Bedienung des Ofens versteht, ist derjenige, der einsieht, daß der Ofen eigentlich ihn beherrscht. Hiernach muß er sich richten und so handeln, wie es die Umstände erfordern. Diese Bemerkung bezieht sich auf alle Arten von Öfen, gleichviel, ob sie zur Härtung, zum Anlassen oder für Schmelzzwecke gebraucht werden. Ihre Bedeutung wird von jenen am besten verstanden werden, die selbst wirklich geschickte Ofenwärter sind, sowie von jenen, die solche Personen in ihren Diensten haben.

Da es gewöhnlich nicht nötig ist, die zu behandelnden Gegenstände vor den Nebenerzeugnissen der Gasverbrennung zu schützen, so ist es nach Brearley besser, besondere Einsätze (Schalen, Platten) anstatt Muffeln zu gebrauchen. Muffeln sind leicht zerbrechlich und daher teuer im Ersatz. Sie sind also unwirtschaftlich und fördern meist eine unregelmäßige Beheizung und auch die Zunderbildung, wenn nicht vernünftige Vorsichtsmaßregeln ergriffen werden. Auch der Unterschied in der Temperatur zwischen dem Ofenboden und der Gasatmosphäre, die sich darüber befindet, ist geringer, wenn Schalen oder Platten gebraucht werden. Der Boden eines Gashärteofens ist fast immer heißer oder kälter als der übrige Teil des Ofens. Es ist daher nicht ratsam, irgendein empfindliches Arbeitsstück unmittelbar auf den Ofenboden zu legen, auch dann nicht, wenn man es hin und wieder umdrehen will, weil der Mangel an Gleichmäßigkeit sowohl in der Heizgeschwindigkeit als auch in der Endtemperatur eine Verwerfung des Gegenstandes hervorrufen kann. Das Arbeitsstück wird am besten auf ein Gestell (Rost) gelegt, das aus gebogenem Stahl oder aus Gußeisen besteht, so daß das Werkstück gleichmäßig erhitzt wird.

Ein geeigneter Ofen für Einsatzhärtung muß so beschaffen sein[1]), daß er für lange Zeit auf eine sehr gleichmäßige Temperatur bis zu 1000° C gehalten werden kann. Es darf weder das Feuerungsmaterial noch die Flamme unmittelbar mit der Zementierkiste in Berührung kommen. Kammern und Feuerkanäle bestehen aus Schamottesteinen, die Türen müssen, um das Öffnen derselben für die Beurteilung des Wärmegrades möglichst zu vermeiden, genau schließen und verschließbare Schaulöcher von ungefähr 50 mm Durchmesser erhalten. Durch einen Schieber muß die Zugluft geregelt werden. Der in Abb. 102 dargestellte Ofen zur Einsatzhärtung besitzt eine obere Kammer zur vorherigen Anwärmung der zu härtenden Gegenstände. Als Brennstoff dient Kohle, sie wird aber zweckmäßiger wegen einer besseren Wärmeregelung durch Gasfeuerung ersetzt.

Die Wichtigkeit der Salzbadöfen in den Härtereien ist eingehend in Brearley-Schäfer, Werkzeugstähle, dargelegt wor-

[1]) Giesen, Werkstattstechnik 1908, S. 355.

den. Aber auch für Einsatzhärtungszwecke wird der Salzbadofen herangezogen. So hat die Allgemeine Elektrizitätsgesellschaft bereits früher ein Verfahren entwickelt, das im wesentlichen darin besteht, daß das Kohlungsmittel auf die zu härtenden Gegenstände unter Verwendung eines Klebstoffes in teigi-

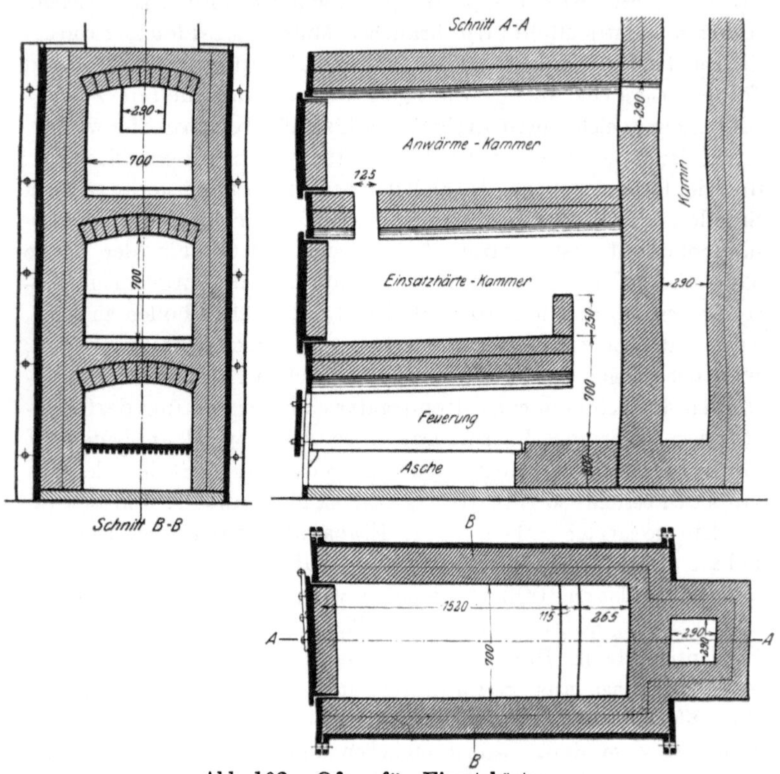

Abb. 102. Ofen für Einsatzhärtung.

gem Zustande in Form einer Paste aufgetragen wird[1]). Auf diese Paste wird, und zwar ebenfalls in teigigem Zustande, ein Isolierund Bindemittel von besonderer Zusammensetzung aufgebracht, das den Zweck hat, ein Abspringen der Kohlungspaste und eine Kohlenstoffabgabe nach außen zu verhindern. Das so vorbereitete Stück wird ohne Anwendung eines besonderen Einsatz-

----
[1]) Vgl. Hilse, Werkstatttechnik 1923, S. 625.

gefäßes in das auf etwa 900 °C erhitzte Salzbad gebracht, das hierbei ebenso wie bei der Härtung von Werkzeugen nur als Wärmeleitmittel dient.

Gegenüber dem allgemein üblichen Verfahren bietet dieses bereits den Vorteil, daß die Erwärmung eine vollkommen gleichmäßige ist. Ein weiterer Vorteil besteht darin, daß infolge der sehr guten Wärmeleitfähigkeit des elektrischen Salzbades auch die Zeit zur Erzielung einer bestimmten Zementationstiefe wesentlich abgekürzt wird.

Für Massengut dagegen ist ein Verfahren geeignet, bei dem das Kohlungsmittel nicht mehr in fester Form, sondern in geschmolzenem Zustande gebraucht wird, und zwar in der Weise, daß das Salzbad nicht nur Wärmeleitmittel, sondern infolge seiner Zusammensetzung gleichzeitig auch Kohlungsmittel ist. In diesem Falle wird das Einsatzgut, ebenso wie das Werkzeug bei der gewöhnlichen Stahlhärtung, unmittelbar in das Kohlungsbad eingehängt, wie Abb. 103 erkennen läßt. Dieses Verfahren kommt namentlich dann in Frage, wenn es sich um Massenartikel handelt, die auf ihrer ganzen Oberfläche hart werden sollen, wie Knöpfe und Schnallen, Schraubenschlüssel, Typenhebel, Bolzen, Zahnrädchen von Rechen-, Schreib- und Nähmaschinen usw. Dünne Teile können

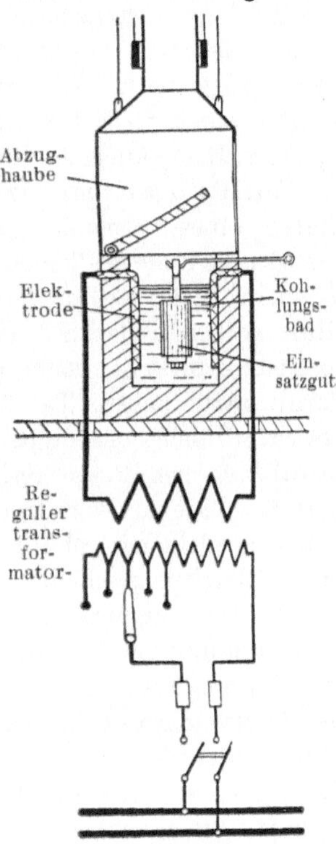

Abb. 103. Elektrischer Salzbadofen für Einsatzhärtung.

nach der Abschreckung gerichtet werden, ohne hierbei zu brechen. Bei der Härtung von Feilen leistet dieses Verfahren gute Dienste. Um die feinen Zähne vor Zunderung und Entkohlung zu schützen, müssen sie nach dem alten Verfahren mit einer besonderen Paste bestrichen werden. Diese Paste wird jetzt durch das Kohlungsbad ersetzt in das die Feilen, gegebenenfalls in eine besondere Aufhängevorrichtung in ähnlicher Weise eingehängt werden, wie bei der Härtung von Schneidwerkzeugen.

Salzbadöfen werden zum Anlassen kleiner Gegenstände nach der Abschreckung besonders bevorzugt. Für die Wiedererhitzung auf Temperaturen von 250⁰ C und darüber ist der Gebrauch von Salzbädern mit niedrigem Schmelzpunkt zu empfehlen. Es ist schon an anderer Stelle gezeigt worden, in welcher Weise die Salzbäder als einfachste Mittel zur Überwachung der Temperaturen, allerdings nur in engen Grenzen, anstatt durch Pyrometer verwendet werden können[1]). Auch die Industriepyrometer sind an derselben Stelle besprochen worden, doch sollen noch die folgenden Bemerkungen hinzugefügt werden.

Ein Pyrometer ist dazu bestimmt, die Temperatur desjenigen Teiles eines Ofens anzugeben, an dem die Heißlötstelle oder das aktive Ende des Thermoelementes liegt. Es bietet jedoch keine Gewähr dafür, daß das in dem Ofen befindliche Arbeitsstück in allen seinen Teilen auf die vom Pyrometer angegebene Temperatur erhitzt ist, noch daß alle Stellen des Ofens selbst dieselbe Temperatur haben. Tatsächlich besitzt keiner der üblichen Öfen überall dieselbe gleichmäßige Temperatur, mit Ausnahme des Salzbadhärteofens, dessen Salzbad sich in dauernder Bewegung befindet. Jede Art von Pyrometer wird daher falsch angewendet, wenn es nicht mit gebührender Rücksicht auf die Grenzen seiner Brauchbarkeit geschieht, und eine Berufung auf die Angaben der selbsttätig aufgezeichneten Temperaturkurven kann einen unwahrscheinlichen Vorgang durchaus nicht glaubwürdig machen. Die Pyrometer zeigen, kurz gesagt, nur Temperaturen an, aber sie überwachen die Temperaturen nicht und wenn sie auch ein außerordentlich wichtiges Hilfsmittel für den tüchtigen Härter sind, so ersetzen sie doch diesen nicht, von dem der Erfolg der Arbeit allein abhängt.

Die früheren Formen von Thermoelementen und Temperaturmeßgeräten mußten aus dem Grunde beanstandet werden, weil sie zu empfindlich waren, um in die Hand des Arbeiters gelegt zu werden. Diese Beanstandung besteht heute nicht mehr zu Recht, teils weil infolge der großen Bedeutung aller Wärmebehandlungsarbeiten sowohl diese als auch die Bedienung der Meßgeräte besser bezahlten und tüchtigeren Leuten anvertraut werden und teils auch, weil die Meßgeräte in bezug auf widerstandsfähigeren

----

[1]) Vgl. Brearley-Schäfer, Die Werkzeugstähle und ihre Wärmebehandlung. 3. Aufl.

Bau dem Werkstattsgebrauch jetzt besser angepaßt worden sind. Es darf aber nicht erwartet werden, daß das Wärmemeßgerät, so einfach es auch konstruiert ist, bei sorgloser Handhabung seine Brauchbarkeit unverändert beibehält, und es muß auch beachtet werden, daß die kräftige Bauart vieler neuzeitlichen Geräte auf Kosten der Genauigkeit erlangt wurden.

Das gewöhnliche Thermoelement aus unedlen Metallen (Kupfer und Konstantan), die billiger sind und höhere Wärmekonstanten besitzen als Thermoelemente aus Platinmetallen, sind viel im Gebrauch und man ist mit ihrem Verhalten zufrieden. Deshalb haben auch die Hersteller dieses Gerätes ein großes Interesse daran, durch einwandfreie Fertigung und zweckmäßige Verbesserungen sich ihren Absatz zu erhalten. Sofern jedoch eine Wärmemeßeinrichtung sachverständig behandelt wird und viel davon abhängt, daß sie dauernd zuverlässig arbeitet, werden außer dem höheren Anschaffungswert die nur unwesentlich höheren Betriebskosten beim Gebrauch von Platin—Platinrhodiumelementen sehr schnell durch andere wirtschaftliche Vorteile ausgeglichen.

Die Schutzhüllen für Platinthermoelemente wurden früher aus Porzellan gefertigt. Dieses ist aber leicht zerbrechlich und auch sehr empfindlich gegen plötzlichen Temperaturwechsel. Im Gebrauch ist es also teuer. Die Verwendung eiserner Schutzhülle allein ist gewagt, da Eisen- und besonders Schmiedeeisenrohr für heiße Gase durchlässig ist. Das Ofengas macht aber auch den Platindraht bald mürbe und brüchig. Eine eiserne Hülle, in die ein Porzellanrohr oder ein Quarzrohr, das das Platinelement aufnimmt, hineingeschoben wird, dürfte der vollkommenste Schutz für dieses empfindliche Gerät sein. Jedoch hat das in dieser Weise geschützte Thermoelement eine gewisse Ähnlichkeit mit einem Feuerhaken, und es wird manchmal auch als Feuerhaken benutzt. Bei einer solchen mißbräuchlichen Benutzung kann sich aber das Eisenrohr bei hohen Temperaturen durchbiegen, und bei dem Versuch, es wieder gerade zu richten, bricht das innere Porzellanrohr, ohne daß dies irgendeine verantwortliche Person merkt. Beim weiteren Gebrauch des Gerätes bietet dann das gebrochene Innenrohr dem Thermoelement wenig oder gar keinen Schutz mehr. Brearley empfiehlt daher den Gebrauch eines Einzelrohres aus dickwa-

digem Quarzrohr. Ein solches Schutzrohr ist sicherlich zerbrechlich, doch jeder zuverlässige Härter weiß dies, und er wird
daher das Schutzrohr auch demgemäß sorgfältig behandeln. Ein
Quarzrohr mit einem Durchmesser von 25 bis 30 mm hat bei täg-
lichem Gebrauch in einem Härteofen eine durchschnittliche Lebensdauer von etwa sechs Monaten. Wenn es einmal zerbricht, wird
dies nicht übersehen. Daher besteht keine Gefahr, daß das teure
Thermoelement selbst ungeschützt gebraucht und dem verderblichen Einfluß der Ofengase ausgesetzt wird. Tatsächlich haben
sich nach Brearley die Unterhaltungskosten von über hundert
Platinelementen, die sich im Gebrauch befanden, um fast die
Hälfte vermindert, seitdem der Schutz des Porzellanrohrs durch
die äußere Eisenhülle abgeschafft wurde. Die in Frage kommenden Thermoelemente hatten eine Länge von etwa ein bis vier
Meter. Es wurden Temperaturen bis zu 1000 ° C gemessen, in
einigen Fällen sogar bis zu 1200 ° C.

Die richtige Auswahl eines Galvanometers ist gewöhnlich
ebenso schwierig wie die Auswahl eines Thermoelementes selbst.
Wird nur ein einziges Galvanometer benötigt, so wird irgendein gutes Millivoltmeter eines bekannten Herstellers mit einer
Temperaturskala in Celsiusgraden, die den thermischen Konstanten des Thermoelementes entspricht, den Werkstattsbedingungen
am besten genügen. Kommt jedoch eine ziemliche Anzahl von
Zeiger- und Registriergalvanometern in Frage, dann ist es eine
große Annehmlichkeit, daß sie in jeder Hinsicht auswechselbar
sind. Die bevorzugte Form eines Galvanometers ist diejenige
mit fester Drehspule und bis vor kurzem wurde dieses mit einem
inneren Widerstand von nicht mehr als 200 Ohm, im allgemeinen
zwischen 90 und 120 Ohm hergestellt. Einige Galvanometer und
fast alle Registriergalvanometer (Selbstschreiber) haben Spitzen-
lagerung oder Fadenaufhängung, die ohne besondere Schwierigkeit
mit einem inneren Widerstand bis zu 600 Ohm gefertigt und gewöhnlich mit einem solchen zwischen 300 und 450 Ohm geliefert
werden. Die Ablesungen an dem Registriergalvanometer, das sich
in dem Arbeitszimmer des Fabrikleiters befindet, stimmen mit
jenem des am Ofen angebrachten Zeigergalvanometers nur dann
überein, wenn beide Geräte den gleichen inneren Widerstand besitzen. Wenn es auch nicht schwierig ist, die nötige Übereinstimmung bei beiden Geräten herbeizuführen, so braucht man

wegen etwaiger Unstimmigkeiten doch nicht besorgt zu sein, die ihre Ursache vielleicht in der Anwendung verschieden langer Thermoelemente haben. Auch würde diese Besorgnis ein Hindernis für den lobenswerten Wunsch sein, alle Geräte und Thermoelemente auswechselbar zu machen.

Es sprechen viele Gründe dafür, daß wenigstens ein selbstschreibendes Temperaturmeßgerät in jeder Werkstatt aufgestellt wird, das die Vorgänge bei der Wärmebehandlung genau verfolgt. Wird dieses eine Registriergalvanometer sachgemäß gehandhabt, so ergeben sich dadurch so bedeutende wirtschaftliche Vorteile, daß weitere Geräte angeschafft werden. Trifft diese Möglichkeit zu, so ist zu empfehlen, daß das Zeigergalvanometer, das für den Ofenwärter bestimmt ist, zum Aufhängen geeignet ist, und zwar mit einem inneren Widerstand, der der gleiche ist, wie der des Registriergalvanometers von etwa 450 Ohm. Falls es beabsichtigt ist, das Zeigergalvanometer an verschiedenen Orten zu gebrauchen, dann ist ein Gerät mit fester Drehspule vorzuziehen, sonst aber nicht. Die Thermoelemente können an Ort und Stelle gefertigt, gegebenenfalls ausgebessert und wieder in Dienst gestellt werden. Das Zusammenschmelzen zerbrochener edler Thermoelemente kann im Lichtbogen einer elektrischen Bogenlampe erfolgen. Hierbei müssen die Augen durch farbige Gläser geschützt werden. Ein tüchtiger Mann ist imstande, täglich fünfzig Elemente auszubessern und in Ordnung zu halten.

Unter geeigneten Bedingungen ist das Auftreten der Haltepunkte (Kaleszenz- und Rekaleszenzpunkt) mit dem bloßen Auge wahrnehmbar, und das sofortige Erkennen der Haltepunkte kann bei der Härtung gewisser Werkzeugarten unmittelbar ausgenutzt werden. Dem erfahrenen Härter ist es auch bekannt, wie wichtig und für seine Arbeit förderlich es ist, wenn er das Auftreten der Haltepunkte während des Steigens und Fallens der Temperatur beobachtet. Diesbezügliche Beobachtungen können aber sehr leicht mittels eines selbstschreibenden Temperaturanzeigers gemacht werden. Ein Thermoelement, das nicht ganz sachgemäß an ein großes Werkstück im Ofen angeschlossen ist, wird häufig schon die kritischen Umwandlungspunkte auf dem Registrierstreifen anzeigen, während der Ofen angeheizt wird. Soll aber die Erhitzungs- und Abkühlungskurve absichtlich aufgenommen werden, so muß in die Mitte des für die Beobachtung verwendeten Probestückes gegebenenfalls ein Loch gebohrt werden, in das das Thermoelement hineingesteckt wird. Das Probestück kann bis zehn oder fünfzehn Kilogramm wiegen und in einem gewöhnlichen gasgefeuerten Ofen erhitzt werden, der mit einer Mulde an Stelle einer offenen Muffel ausgerüstet ist. In diesem Falle würde ein Loch von etwa zehn bis zwölf Millimeter Durchmesser genügen, um das durch ein dünnes Quarzrohr geschützte Thermoelement aufzunehmen. Andernfalls kann auch das Probestück nicht mehr als etwa dreißig Gramm wiegen,

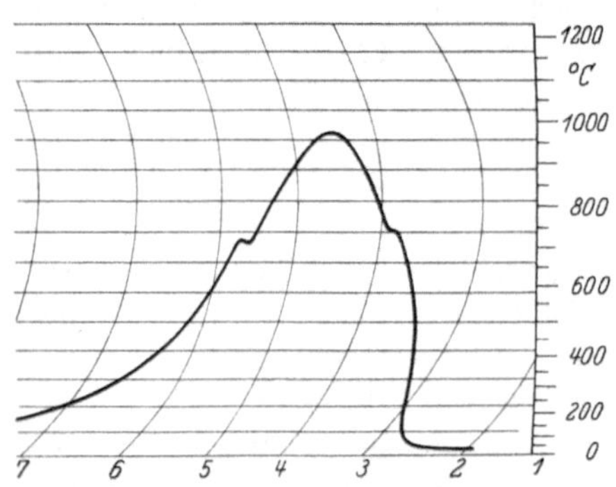

Abb. 104. Mit einem Registrierpyrometer erhaltene Erhitzungs- und Abkühlungskurve eines Stahls.

und es wird dann am besten in einem kleinen senkrecht stehenden elektrischen Ofen oder nötigenfalls über einer Lötlampe erhitzt, wobei es durch einen Mantel aus einem schlechten Wärmeleiter geschützt wird. In diesem Falle wird die Heißlötstelle des Thermoelements in ein Loch von etwa drei Millimeter Durchmesser gesteckt, mit dem das Probestück versehen wurde. Die Art der Kurve, die auf diese Weise erhalten wird, ist in Abb. 104 veranschaulicht.

Da gewöhnlicher Werzkeugstahl mit etwa 1 vH Kohlenstoff immer klar ausgeprägte Haltepunkte bei der Erhitzung und Abkühlung zeigt, deren Lage durch die Erhitzungs- und Abkühlungsgeschwindigkeit und andere Umstände nicht wesentlich beeinflußt wird, so ist es möglich, eine Eichung einer Anzahl von Thermoelementen auf diese einfache Weise ohne besondere Mühe richtig vorzunehmen. Andere Arten der Eichung sind in Brearley-Schäfer: „Die Werkzeugstähle und ihre Wärmebehandlung" beschrieben worden.

Vor etwa 25 Jahren wurde Brearley mit einigen anderen Engländern zusammen mit dem Auftrage ausgesandt, gewisse Wärmebehandlungsarbeiten ohne irgendwelche Hilfsmittel zur Temperaturmessung auf eine wirtschaftliche Grundlage zu stellen.

Er wurde nur durch eingeborene Arbeiter unterstützt, die die Eigenschaften des Stahls kaum kannten. Um zunächst die Unterschiede der Temperatur in den Öfen festzustellen, gebrauchte er die Schmelzpunkte von solchen Stoffen (Metalle, Metallegierungen, Metallsalze), die gerade greifbar waren. Er verwendete schließlich drei oder vier Metallsalze mit gut ausgeprägten Schmelzpunkten, die annähernd mit den Temperaturen übereinstimmten, bei denen die gewünschten Änderungen in den Stählen hervorgerufen werden. Man fand, daß einer dieser Stoffe gerade unter der Temperatur zum Schmelzen kam, bei der sich der Stahl härtete und ein anderer Stoff bei einer höheren Temperatur, die aber nicht viel höher lag als jene, bei der sich der Stahl härtete. Aus diesen salzartigen Stoffen wurden kleine Zylinder gegossen, die mit gefärbtem Wachs überzogen wurden, um sie vor Feuchtigkeit zu schützen. Sie

Abb. 105. Sentinelpyrometer.

wurden ein oder zwei Jahre lang gebraucht und auch von den Arbeitern, die die Öfen bedienten, in derselben Weise mitgeführt, wie z. B. ein Mechaniker einen Zollstock bei sich trägt. Erst einige Zeit später bot sich die Gelegenheit, die Schmelzpunkte der Salzzylinder in Celsiusgraden zu bestimmen, und seitdem haben diese kleinen Zylinder, die nur einen zeitlichen Behelf darstellten, eine immer weitere Anerkennung gefunden. Sie kommen heute als Sentinels oder Sentinelpyrometer auf den Markt.

Das Sentinelpyrometer ist also ein kleiner Zylinder von etwa 20 × 12 mm und besteht aus Salzgemischen von bestimmten Schmelzpunkten. Wenn einer dieser Zylinder mit einem Schmelzpunkt von z. B. 770° C auf einer kleiner Porzellanschale (Abb. 105) in irgendeinen Heizraum gestellt wird, dann wird er seine Form behalten, solange die Temperatur von 770° C nicht überschritten wird. Wird diese Temperatur jedoch überschritten, so schmilzt der Sentinel und bleibt als flüssige Schmelze in der Schale zurück.

Fällt jedoch die Temperatur wieder unter 770⁰ C, so wird der flüssige Sentinel fest und er wird andauernd aus dem festen in den flüssigen Zustand und umgekehrt übergehen, so oft wie die Temperatur unter 770⁰ C fällt oder darüber hinausgeht.

Wird jetzt ein zweiter Sentinel mit einem Schmelzpunkt von 800⁰ C in denselben Heizraum gestellt und der erstere Sentinel schmilzt und bleibt flüssig, während der letztere fest und aufrecht stehen bleibt, so liegt selbstverständlich die Temperatur zwischen diesen beiden Grenzen. In dieser einfachen Weise kann die Temperatur eines entsprechend geheizten Ofens gemessen und mit ziemlicher Wärmegenauigkeit betrieben werden.

Wird der Sentinel zu einem feinen Pulver vermahlen und mit Vaseline gemischt, so kann dieses Gemisch als Paste (Sentinelpaste) verwendet und auf Gegenstände gestrichen werden, die bis zu einer gewünschten Temperatur z. B. auf dem Schmiedeherde oder in einem Schmiedeofen erhitzt werden. Die Sentinels können auch noch für folgende Zwecke gebraucht werden, bei denen Temperaturmessungen auf andere Weise sehr unbequem sind:

1. Im Inneren eines Einsatzhärtungskastens;

2. um Temperaturunterschiede in demselben Ofen festzustellen;

3. um sie in hohle Gegenstände zu stellen, die durch und durch auf die Ofentemperatur erhitzt werden müssen;

4. in automatischen Härtungsmaschinen.

Im letzteren Falle werden sie in ein Loch gesteckt, das in eine große Stahlkugel gebohrt ist. Das Loch wird mit einem Asbest- oder Tonstopfen verschlossen. Nachdem die Kugel durch die Härtungsmaschine gelaufen ist, wird sie am hinteren Ende der Maschine, ehe sie in den Abschreckbottich fällt, aufgefangen. Auf diese Weise begleitet der Sentinel die Arbeitsstücke während ihres Weges durch die Maschine, und nach der Entfernung des Stopfens aus dem Loch der Kugel gibt der Zustand des Sentinels deutlich an, ob das in einiger Entfernung von der Maschine aufgestellte Pyrometer auch die tatsächliche Härtungstemperatur anzeigt, denn vielfach liegen die Angaben des Pyrometers etwa 30 bis 40⁰ C unterhalb der höchsten Härtungstemperatur.

Um die Temperatur im Inneren eines Glühkastens oder auch in irgendeinem Teil eines geschlossenen Ofens mit einem Sentinel zu bestimmen, kann ein besonderes Gerät (Abb. 106) benutzt werden.

Dieses besteht aus einem schmiedeeisernen Rohr, das an dem unteren Ende nur teilweise geschlossen ist. Im Inneren des Rohres befindet sich ein Stab, an dem ein Sentinel befestigt werden kann. Am oberen Ende dieses Stabes übt eine Feder einen Druck auf den Sentinel aus. Sobald die gewünschte Temperatur erreicht ist, schmilzt der Sentinel, der Stab fällt herab, schließt hierdurch einen elektrischen Stromkreis bei C, was durch einen elektrischen Schalter angezeigt wird.

In ähnlicher Weise wie Sentinelpyrometer können auch die in der keramischen Industrie sehr geschätzten Segerkegel bei den Zementations- und Härtungsarbeiten verwendet werden.

Der Zweck der Abschrekkung besteht darin, das gelöste Karbid in Lösung zu halten, und je schneller die Abkühlung erfolgt, um so vollständiger wird dieser Zweck erreicht. Je schneller ferner die Abkühlungsgeschwindigkeit ist, je besser sind im allgemeinen die mechanischen Eigenschaften der Stähle für Konstruktionszwecke, die dem

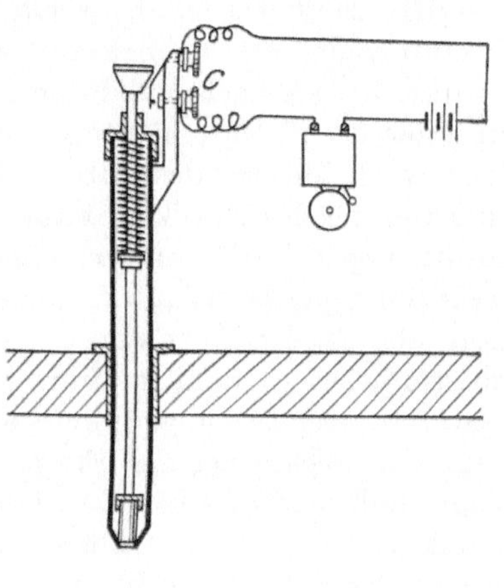

Abb. 106. Gerät für Sentinel-pyrometer.

Material durch die nachfolgende Wiedererhitzung verliehen werden. Das beste aller Abschreckmittel ist das Wasser, und wenn man nicht zu fürchten brauchte, daß seine Anwendung Verwerfungen und Risse bei den Werkstücken hervorrufen kann, dann würde nur Wasser zur Abschreckung genommen werden. Denn es entstehen Risse aus Oberflächenfehlern und an scharfen Winkeln und Ecken eher bei der Wasserabschreckung als bei der Ölabschreckung, weil im ersteren Falle der schnelle Verlauf der Abkühlung größere Temperaturunterschiede in den verschiedenen Teilen des Werkstücks hervorruft. Dies ist aber kein Hinderungsgrund, daß viele große geschmiedete, auch gesenkgeschmiedete

Stücke aus weichem Stahl ohne Gefahr in Wasser abgeschreckt werden können, wie es auch in Zukunft mehr geschehen wird als früher. Doch sind Öle oder sonstige ähnliche Stoffe, die mit geringerer Geschwindigkeit ein Werkstück abkühlen als Wasser, als Abschreckmittel bei verwickelten Formen wie z. B. bei Kurbelwellen usw. nicht zu entbehren.

Was die Verwendung verschiedener Öle zur Abschreckung anbetrifft, so ist es ziemlich gleichgültig, ob Walfischtran, Rüböl oder irgendein anderes Öl gebraucht wird, wenn nicht auf den Flammpunkt, der aber nebensächlich ist, und auf die Geschwindigkeit, mit der das Öl den erhitzten Stahl abkühlt, besonderer Wert gelegt wird. Man soll deshalb die Kühlbottiche mit einem Öl füllen, das nur für den Zweck gekauft wurde, den es erfüllen soll und nicht wegen einer besonderen Marke oder wegen seines Ursprungs, weil dann gegebenenfalls mit wesentlich höheren Preisen zu rechnen ist. Um den Wert von Ölen für Härtungszwecke miteinander zu vergleichen, verfährt man so, daß man die Geschwindigkeit feststellt, bei der ein großer Stahlblock durch Eintauchen in eine gegebene Menge der in Frage kommenden Härtungsflüssigkeit abgekühlt werden kann. Zu diesem Zweck kann ein runder Stahlblock von etwa 100 mm Durchmesser verwendet werden, an dem ein langer Hals angedreht worden ist. Ein Loch wird der Länge nach bis in die Mitte des Blocks gebohrt, das gerade groß genug ist, um das Porzellanisolierrohr eines Thermoelementes aufzunehmen. Der Hals wird zu einem Griff verlängert, indem man irgendein passendes Stück Schmiedeeisenrohr aufschiebt. Der Stahlblock wird auf eine Temperatur von 850 ° C in einem kleinen Ofen erhitzt, aus dessen Tür das Rohr herausragt. Die Temperatur des Ofens wird durch das Ofenpyrometer angezeigt und die des Blocks durch das Thermoelement, das durch das Rohr bis zu dem Boden des Loches geführt worden ist.

Der aus dem Ofen herausgenommene erhitzte Block wird in einen Rundbottich getaucht, der etwa zwanzig Liter der Härtungsflüssigkeit enthält. Der Block soll ungestört auf einem Rost 50 oder 75 mm über dem Boden des Bottichs ruhen. Die Abmessungen des Bottichs sollen so beschaffen sein, daß sich zwischen dem dickeren Teil des eingetauchten Blockes und den Bottichwandungen sowie über dem Block eine Ölschicht bis zu einer Stärke von etwa 75 bis 100 mm befindet. Der Bottich soll auch in einem größeren hölzernen Kasten stehen und der freie Raum zwischen den Seiten und den Böden beider Bottiche ist mit trokkenem Sand, Infusorienerde, Schlackenwolle oder irgendeinem anderen nichtleitenden und unverbrennlichen Stoff auszufüllen.

Der erhitzte Block bleibt ruhig auf dem Rost liegen, auch ist der Bottich zweckmäßig mit einem Holzdeckel zu verschließen. Von einer Bühne aus beobachtet der Ofenwärter das Galvanometer, so daß es ihm möglich ist, eine Abkühlungskurve zu entwerfen oder noch besser ist es, wenn die Abkühlungskurve durch ein registrierendes Pyrometer aufgezeichnet wird.

Aus der ermittelten Temperatur des Öls vor dem Beginn des Versuchs und derjenigen Temperatur, die das Öl nach der Abkühlung des Blocks angenommen hat, kann aus dem bekannten Gewicht des Blocks und des Öls die ungefähre spezifische Wärme des Öls berechnet werden. Der Wirkungsgrad des betreffenden Öls als Abschreckmittel wird aus der Steilheit der Abkühlungskurve festgestellt, dessen Richtigkeit auch noch dadurch bestätigt werden kann, daß man den Block kurz unter dem Ende des zentralen Loches parallel zur Endfläche durchsägt und eine Reihe Brinellhärteproben macht, denn je schneller der Block abgekühlt wird, um so tiefer wird er gehärtet. Die auf diese Weise erhaltenen Ergebnisse sind nur Vergleichswerte, aber sie genügen, um die Frage zu beantworten, ob das neue oder billigere Öl ein zuverlässigerer und wirtschaftlicherer Ersatz für das vorher gebrauchte Öl ist. Der Flammpunkt des Öls und seine Neigung zum Verdicken sind Eigenschaften, die man nach den üblichen Laboratoriumsverfahren bestimmen kann[1]).

---

[1]) In den „Werkstattbüchern" (Verlag von Julius Springer, Berlin) gibt Simon in Heft 8 („Härten und Vergüten") eine ausführliche bildliche Darstellung aller in der Härterei benötigten Öfen, Werkzeuge und Geräte.

XI. Oberflächenhärtung ohne Zementation.

Um dem erhitzten Stahl Härte zu verleihen, ist es nicht unbedingt nötig, daß er in eine Kühlflüssigkeit getaucht wird, sondern es ist nur wichtig, daß er überhaupt durch irgendein Mittel oder auf irgendeine Art mit einer Geschwindigkeit abgekühlt wird, die groß genug ist, um diejenigen Änderungen, die Weichheit herbeiführen können, zu unterdrücken. Hieraus folgt, daß der heiße Stahl die Beschaffenheit und das Gefüge besitzt, die mit der besonderen Eigenschaft der Härte eng verbunden sind. Nur durch plötzliche Abkühlung wird eine dauernde Härte erzielt, während langsame Abkühlung die Beschaffenheit und das Gefüge bis zu denjenigen Formen verändert, die mit der Weichheit Hand in Hand gehen.

Wenn das gebremste Rad eines Eisenbahnwagens, während es die Schienen entlang rutscht, an der Berührungsstelle zwischen Rad und Schiene rotglühend wird, ehe der Zug zum Stehen kommt, so wird sich die Berührungsstelle zwischen der kalten Schiene und dem massigen Rade sehr schnell abkühlen und unbedingt gehärtet werden, genau so, als ob sie abgeschreckt worden wäre. In der gleichen Weise können sich die Drahtzugseile in Bergwerken so schnell über eine feste Rolle bewegen, daß ein oder zwei Litzen an der Berührungsstelle zum Glühen kommen und da die Litzen sogleich durch die Materialmasse abgekühlt werden, werden sie an der Oberfläche ziemlich hart und reißen, wenn sie sich biegen sollen. Dünne Gegenstände, wie Rasierklingen und feine Sägen, werden häufig in ähnlicher Weise gehärtet, indem sie zwischen kalte Metallblöcke gepreßt werden.

Wird ein Stahlstück einen Augenblick lang auf einer beschränkten Fläche durch einen Azetylen-Sauerstoffbrenner oder auch elektrisch erhitzt, so drückt die Metallmasse die Temperatur schnell herab und läßt alsdann die betreffende Fläche in einem mehr oder weniger gehärteten Zustande zurück. Aus diesem Grunde ist es u. a. nötig, daß Stahlgüsse, auf deren Oberfläche kleine Fehler durch Sauerstoffschweißbrenner ausgebessert sind, und Stahlbleche, die durch dieses Gerät zerschnitten oder wieder aneinandergefügt, also geschweißt worden sind, späterhin geglüht werden müssen, um diese Stellen weich und wieder bearbeitungsfähig zu machen.

Trotz der hohen Temperatur der Sauerstoffflamme und trotz der hohen Wärmeleitfähigkeit der Metalle ist die Wärmewirkung der Sauerstoffflamme doch nur auf kleine Flächen beschränkt. Wenn auch die Erwärmungsgeschwindigkeit viel größer ist als jene, die bei den gewöhnlichen Verfahren der Wärmebehandlung erreicht wird, so gehen doch die thermischen Veränderungen in derselben Reihenfolge und auch innerhalb desselben Temperaturbereichs vor sich. Die Kanten eines Bleches, das durch einen Azetylen-Schneidbrenner durchgeschnitten worden ist, liefern ein sehr gutes Beispiel für die Veränderungen, die durch die plötzliche Erwärmung und Abkühlung beim Zerschneiden herbeigeführt werden. Aber auch Stahlstücke, die zur Beseitigung von Oberflächenansätzen scharf an die Schmirgelscheibe gepreßt und infolgedessen rotglühend werden, werden an diesen Berührungsstellen hart, wenn sie in diesem rotglühenden Zustande schnell der Luftabkühlung überlassen bleiben. Werden solche Arbeitsstücke abgedreht oder mit dem Meißel behandelt, so kommt es vor, daß der Dreh- oder Handmeißel an dieser harten Stelle absetzt und die Schneide sogar ausbricht. Das Werkstück braucht nun hierdurch nicht gerade Ausschuß zu sein, aber der Dreher, der z. B. im Akkord arbeitet, wird solche Stücke ausschalten, da er seinen Akkordlohn nicht erreicht. Die Stücke müssen daher wenigstens an den harten Stellen wiedererwärmt werden, um sie brauchbar zu machen. Die Arbeit an diesen Werkstücken wird sich also manchmal wesentlich verteuern. Werkstücke dürfen daher, wenn sie durch die scharfe Berührung mit der Schmirgelscheibe an den Berührungsstellen rotglühend geworden sind, nicht einfach auf den Boden geworfen werden, sondern sie müssen auf irgendeine Art davor geschützt werden, daß sie sich an den betreffenden Stellen nicht so schnell abkühlen.

Die Wirkung einer schnellen Abkühlung ist natürlich am ausgeprägtesten an den Schnittflächen eines in der obigen Weise behandelten Bleches. Jedoch in einiger Entfernung unter der Oberfläche, bei einem dicken Blech etwa 6 mm, sind die Gefügeveränderungen, die durch die eindringende Wärme verursacht und mehr oder weniger durch die schnelle Abkühlung festgehalten wurden, deutlich erkennbar. Es erscheint zuerst das ausgesprochene Martensitgefüge des gehärteten Stahles, dann eine Lage Troostit,

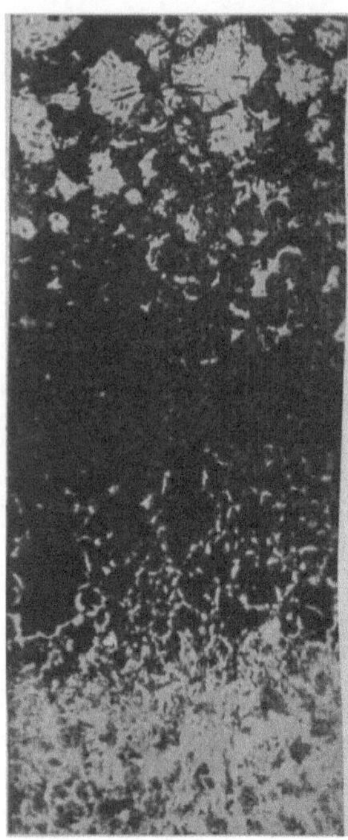

Abb. 107. Kleingefüge der schnell erkalteten Schnittfläche eines mit Sauerstoffschneider zerschnittenen Stahlblechs.

die zwar heiß genug geworden ist, aber nicht schnell genug abgekühlt wurde, um ganz hart zu werden. Dann kommen Troostitstellen, die andeuten, daß die Temperatur nicht genügt hat, um eine vollständige Auflösung (feste Lösung) zwischen den veränderten Perlitkörnern und dem Ferrit herbeizuführen und zuletzt erscheint der unveränderte Stahl, der von dem übrigen Teil durch eine ziemlich scharfe Linie getrennt ist. Diese Folge von Veränderungen, die während des Bruchteils einer Minute in dem Stahl klar verdeutlicht werden, sind alle in Abb. 107 sichtbar.

Wie hoch auch die wirtschaftlichen Vorteile bei Verwendung des Azetylen-Sauerstoffschneiders sein mögen, so sind doch mit seiner Verwendung auch Nachteile verbunden, die man bei Betrachtung der Abb. 107 leicht feststellen kann. Bei dünnen Blechen aus weichem Stahl ist die Wärme weniger örtlich begrenzt und ihre Wirkung ist nicht deutlich erkennbar. Jedoch bei dickeren Blechen oder Schmiedestücken sind die harten Kanten eine Gefahr für die nachfolgenden Maschinenarbeiten, und es können sich winzige Risse bilden, die sich später zu wahrnehmbarer Größe auswachsen. Auch beim Gebrauch von zahnlosen Sägen zum Schneiden von Stahlstangen in bestimmte Längen schmilzt infolge der hohen Reibungswärme das Metall, das sich in Berührung mit der drehenden Sägescheibe befindet. Die Schnittflächen kühlen sich schnell ab und werden hart.

Man hat versucht, diese örtliche Härtung, die bei schneller Erhitzung durch eine elektrische Lichtbogenflamme oder durch die Flamme des Azetylen-Schneidbrenners nach schneller Abkühlung der Fläche entsteht, praktisch auszunutzen. Ein Verfahren wurde von Vickers in England ausgearbeitet. Von diesem Verfahren wird behauptet, daß es hauptsächlich für die Härtung von verhältnismäßig kleinen Oberflächen an großen Gegenständen oder wo sich leicht Verwerfungen bei den üblichen Verfahren der Erhitzung und Abschreckung einstellen, brauchbar ist. Die einzige Sonderausrüstung, die hierzu erforderlich ist, ist die, die auch gewöhnlich für Schneid- und Schweißzwecke mit dem Azetylenbrenner geliefert wird. Das zu härtende Arbeitsstück wird in einem Bottich mit verstellbarem Überlauf so aufgestellt, daß ein Teil der Oberfläche auf die notwendige Temperatur erhitzt werden kann, während der Rest des Stückes kalt bleibt.

Der Brenner wird so gehalten, daß die Spitze der Flamme in der Richtung vorschreitet, in der sich der Brenner bewegt. Die erwärmten Teile des Stahles müssen in der Weise gekühlt werden, daß man, wenn eine durchgreifende Härte verlangt wird, es so einrichtet, daß das Kühlwasser so nahe wie möglich dem sich bewegenden Brenner folgt. Es muß auch eine sehr heiße Flamme benutzt werden. Dies erreicht man jeweils durch die Einstellung der Flamme, so wie es beim Schneiden oder Schweißen üblich ist, indem man den Sauerstoffdruck so vergrößert, daß die Flamme sich in Farbe und Form von einem weißen Kegel zu einer blaustreifigen Zunge verändert, wenn sie durch berußtes Glas betrachtet wird.

Für den schließlichen Erfolg ist eine schnelle Erhitzung ausschlaggebend. Bei einem Getrieberad wird jeder Zahn nicht als Ganzes erhitzt und abgeschreckt, sondern die Oberfläche wird durch die Flamme gleichsam wie mit einem Pinsel bestrichen. Die Oberfläche wird augenblicklich auf die Härtungstemperatur gebracht und ebenfalls fast augenblicklich abgekühlt, wenn die Flamme sie verläßt. Um eine dünne jedoch außerordentlich harte Oberfläche zu erhalten, muß der zu härtende Teil gerade unter der Wasseroberfläche liegen, so daß die berührende Flamme die Wasserdecke wegbläst. Die Tiefe der gehärteten Schicht ist gewöhnlich etwa 1 bis 2 mm, doch kann man eine größere Tiefe erreichen, wenn man die Erhitzungszeit verlängert und der

Flamme eine wellenförmige oder sich drehende Bewegung gibt, um eine örtliche Überhitzung zu vermeiden.

Die englische Patentbeschreibung Vickers und Sumpter (Nr. 5588/1910) behauptet, daß die ganze Oberfläche eines Stahlstückes gehärtet werden kann, wenn man sie mit der heißen Flamme eines Gebläses in der beschriebenen Weise bestreicht. Diese Behauptung scheint aber zu weit zu gehen. Die Oberfläche eines Zahnes eines kleines Getriebes kann durch ein einmaliges Darüberstreichen der Flamme erhitzt werden. Sofern es jedoch nötig ist, eine Oberfläche durch die Bewegung der Flamme rückwärts, vorwärts oder stufenweise in Streifen zu erhitzen, verursacht jede Bewegung, die zum Zwecke der Härtung gemacht wird, daß der Materialteil, der zuletzt von der Flamme bestrichen worden ist, wiedererwärmt wird. Indem man die Flamme abwechselnd über eine große Oberfläche bewegt, ist die Bildung von abwechselnden Bändern oder kleinen Streifen von gehärtetem und wiedererwärmtem Stahl unvermeidlich. Wird eine solche Oberfläche poliert und geätzt, so zeigt sie abwechselnde dunkle und helle Streifen ähnlich jenen, die in verkleinertem Maße in Abb. 45 zu sehen sind. Natürlich ist es immer möglich, einen einzelnen gehärteten Streifen auf den Zähnen eines großen Zahnrades entlang dem Teilkreise mit der Absicht zu bilden, die Lebensdauer des Zahnrades im Betriebe zu verlängern.

Der Wert der Härtung durch die Gebläselampe wird zweifellos in gewissem Sinne von der verwendeten Stahlsorte abhängen. Die durch Spannungen nach der Härtung hervorgerufenen Erscheinungen gleichen in mancher Hinsicht denjenigen, die zu den verhängnisvollen Ergebnissen führen, wie sie in Abb. 96 gezeigt wurden. Solche Ergebnisse können entweder durch die Wahl von zäheren Stählen oder durch eine vorherige Erwärmung des Gegenstandes vermieden werden, weil dann in beiden Fällen die Härtungswirkung gemildert wird. Der endgültige Erfolg dieser Arbeit kann nur aus der Härte der behandelten Oberfläche geschätzt werden. Die Tiefe, bis zu welcher die Härtungswirkung dringt, hängt meist von der Geschicklichkeit des Härters ab und Abweichungen sind in dieser Hinsicht bei einer gegebenen Stahlart wahrscheinlich die Hauptursache des gelegentlichen Absplitterns in der Weise, wie es aus Abb. 108 zu ersehen ist.

Es ist möglich, eine gehärtete Oberfläche und einen zähen Kern bei einem Stahl zu erzielen, wenn man die schnelle Erhitzung mit dem Abschreckverfahren, das als „unterbrochene Härtung" (Wasser und Öl) bekannt ist, verbindet. Dieses Verfahren besteht in der Abschreckung des Stahlstückes in Wasser, bis die rote Farbe von der Oberfläche verschwunden ist. Dann wird das Werkstück schnell dem Ölbottich zugeführt, in dem es so

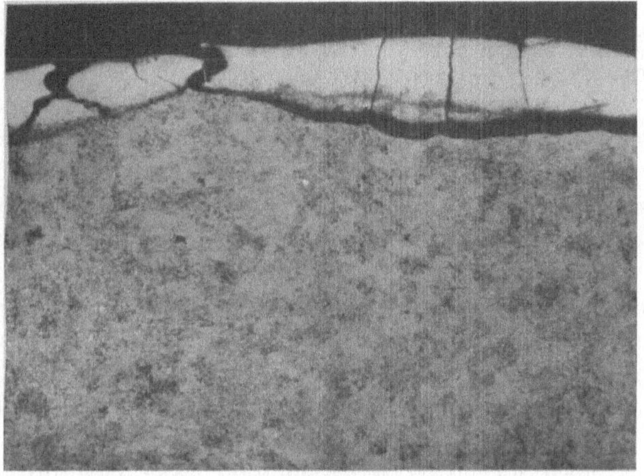

Abb. 108. Absplitterungen an einem oberflächlich gehärteten Zahn eines Zahnrades.

lange liegen bleibt, bis es kalt geworden ist. Die Wärme, die nach der Abschreckung in Wasser noch im Kern verbleibt, dringt allmählich nach außen in das Öl, doch kann die Außenschicht des Gegenstandes nicht heißer werden als das Öl, das sich in inniger Berührung mit ihm befindet. Der Erfolg dieses Verfahrens hängt davon ab, daß die Gegenstände so schnell in einem sehr heißen Ofen erhitzt werden, daß die Oberflächen heißer sind im Vergleich zur niedrigsten Härtungstemperatur, ehe der Kern diese Temperatur angenommen hat. Dieses Verfahren wird am erfolgreichsten bei gezähnten Gegenständen sein. Selbstverständlich sind diesem Verfahren Grenzen gezogen und die teilweise Abschreckung in Wasser mit anschließender Abkühlung in Öl ist nur eine Vorsichtsmaßregel. Gewöhnlicher Siemens-Martinstahl läßt sich auf diese Weise am leichtesten behandeln. Das Verfahren ist zwar in den Härtereien kaum in Gebrauch, doch ist es für gewisse einfache Formen empfehlenswert und erzeugt Gegenstände, die viel zuverlässiger sind als jene, die aus einsatzgehärtetem weichem Stahl gefertigt sind. Sie sind auch weniger brüchig als jene, die aus härteren Stählen durch Abschreckung in der gewöhnlichen Weise hergestellt werden. Die Stähle, die sich für diese Behandlungsart am besten eignen, sollen etwa 0,75 bis 1 vH Kohlenstoff enthalten. Gegenstände, z. B. Rundstangen von etwa 25 mm Durchmesser sind zur Härtung fertig, wenn sie in einem Ofen etwa vier Minuten einer Temperatur von 900° C ausgesetzt waren.

Die Verwerfung oder Verziehung eingesetzter Stahlgegenstände nach der Härtung ist nach den vorstehenden Darlegungen nicht immer zu vermeiden. Eine Einsatzhärtung nach den üblichen Verfahren, die eine Verziehung der Werkstücke vollkommen ausschließt, gibt es nicht. Nur dann scheint diese Möglichkeit gegeben, wenn es gelingt, die Härtung bei Temperaturen vorzunehmen, die sehr viel tiefer liegen als die allgemeinen in der Härterei gebräuchlichen. Nun ist bekannt, daß Eisen, dem Stickstoff bei Temperaturen von 600 bis 800° C zugeführt wird, eine Steigerung der Oberflächenhärte ohne nachträgliche Abschreckung aufweist. Bei dieser sog. Nitrierung des Eisens verbindet sich dieses mit dem Stickstoff zu Eisennitrid. Diese Eisennitrid enthaltenden Randschichten sind jedoch sehr spröde und für praktische Zwecke unbrauchbar. Auch die unter den Randschichten liegenden Schichten mit geringerem Stickstoffgehalt weisen zwar auch eine gesteigerte Härte auf, die aber bei Eisen und Stahl keine praktisch brauchbare Höhe erreicht.

Den Untersuchungen von Fry ist es zu danken, daß in neuester Zeit ein Verfahren zur verziehungsfreien Oberflächenhärtung legierter Stähle durch Behandlung mit Stickstoff bekannt wurde, das bedeutungsvoll zu werden verspricht. Bei seinen Untersuchungen über das System Eisen-Stickstoff fand dieser Forscher zunächst, daß eine Nitrierung von Eisen unter Vermeidung der Bildung wesentlicher Nitridrandschichten zu erreichen ist, wenn die Nitrierung unterhalb 580° C vorgenommen wird. Bei Anwendung dieses Verfahrens ist bei einfachen Kohlenstoffstählen nur eine Härtesteigerung, nicht aber eine eigentliche Härtung zu beobachten, weshalb versucht wurde, durch Zusatz anderer Legierungsbestandteile eine höhere Härte zu erzielen. Als Legierungszusätze wurden solche Elemente gewählt, die harte Nitride bilden, wie Chrom, Titan und andere, während Nickel und Kobalt die bei niedriger Temperatur erzeugte ,,Nitrierungshärte'' nicht oder ungünstig beeinflussen. Namentlich Chrom bewirkt eine erhebliche Steigerung der Nitrierungshärte.

Im allgemeinen beträgt die Dicke der nitrierten Schicht etwa 0,7 mm. Ohne schroffen Übergang fällt die Härte vom Rand zum Kern allmählich ab. Die Nitrierungsschicht haftet fest am Kern. Die Feile greift die nitrierten Oberflächen nicht an, vielmehr hat sich gezeigt, daß sie eine höhere Härte annehmen als diejenige ist, die bei den gewöhnlichen Härtungsverfahren erzielt wird. Die scharfen Kanten nitrierter Gegenstände schneiden Glas und ritzen sogar Quarz. Eine Verziehung der nitrierten Stücke tritt nicht ein, nur ist eine sehr geringe Dickenzunahme zu beobachten, die aber in den meisten Fällen zu vernachlässigen ist. Abschreckung bewirkt keine wesentliche Steigerung der Härte, auch durch Erwärmung bis 400 °C wird nitrierter Stahl nicht verändert, nur oberhalb etwa 550 °C tritt Zersetzung unter Abgabe von Stickstoff ein [1]).

Die Nitrierhärtung dürfte geeignet sein, auf manchen Sondergebieten zur Überwindung bisher auftretender Schwierigkeiten beizutragen, namentlich dort, wo auch die geringsten Verziehungen vermieden werden müssen.

Es ist auch versucht worden, Eisen durch Bor im Einsatz zu härten [2]). Als Härtepulver kann reines amorphes Bor oder eine feingepulverte Eisen-Borlegierung in Frage kommen. In einem luftdicht abgeschlossenen Ofen wurde bei einer zweistündigen Erhitzung auf 950 °C gefunden, daß das Bor 1 mm tief in das weiche Eisen (0,12 vH Kohlenstoff) eingedrungen war. Die stark borhaltige Außenschicht ist sehr hart und spröde. Dieses Verfahren scheint jedoch im großen noch nicht ausgeprobt worden zu sein.

---

[1]) Stahl und Eisen 1923, S. 1271.
[2]) Stahl und Eisen 1917, S. 932.

XII. Prüfungsverfahren.

Nicht allein der Einsatzhärter braucht irgendein einfaches Verfahren zur Prüfung der Oberflächenhärte abgeschreckter Stahlgegenstände. Von hundert Werkleuten gebrauchen für diesen Zweck neunundneunzig die Feile, und es ist zweifelhaft, ob irgendeine bessere schnell auszuführeude Probe als die Feilenprobe bekannt ist. Im allgemeinen müssen die gehärteten berflächen eines Stahlstückes der reibenden Abnutzung widerstehen, und es ist daher verständlich, mit einem sehr harten und scharfen Gegenstand zu untersuchen, in welchem Maße die gehärtete Oberfläche der Reibung widersteht. Eine Feile muß aber vorsichtig und mit Gefühl gebraucht werden. Die Feilen sind aber weder hinsichtlich der wirklichen Härte noch hinsichtlich der Zahnformen jemals ganz gleich, ob sie nun von demselben oder verschiedenen Fabrikanten bezogen werden. Am empfehlenswertesten für diese einfache Härteprüfung ist die kleine Dreikantfeile wegen ihrer handlichen Gestalt und auch wegen ihrer im allgemeinen einheitlichen Ausführung.

Mittels der Feilenprobe kann man also leicht feststellen, ob ein Gegenstand gehärtet worden ist oder nicht. Schon eine schlechte und abgenutzte Feile kann diesem Zwecke dienen, doch ist es nicht leicht, eine Feile zu gebrauchen, um den wirklichen Härtegrad gehärteter Gegenstände festzustellen. Ein Stahlstück muß schon sehr hart sein, soll eine gute neue Feile auf ihm kein Kennzeichen hinterlassen, weil Feilen aus einem Stahl gefertigt werden, der genau so zu härten ist wie die Oberfläche des zu erprobenden Werkstückes, doch sie haben den Vorteil, daß sie scharfe Schneidkanten besitzen.

Nach dem ersten Strich mit einer neuen Feile über eine sehr harte Oberfläche werden die äußersten Kanten der Zähne, die das Material angreifen, entweder durch wirkliche Abnutzung oder durch Absplitterung der Zahnkanten abgestumpft. An diesen

Stellen kann die Feile nicht wieder unter den gleichen Bedingungen verwendet werden. Der Feilenschnitt hängt von dem Druck ab, der beim Gebrauch der Feile ausgeübt wird, und dieser Druck ist sogar Abweichungen unterworfen, wenn die Feile von der gleichen Person bedient wird. Es ist klar, daß die Feilenprobe in ihrer Anwendung begrenzt ist, auch wenn eine unbeschränkte Anzahl von Feilen mit gleichen Eigenschaften zur Verfügung steht.

Im allgemeinen kann die Feile nicht über die Gesamtoberfläche eines gehärteten Gegenstandes gestrichen werden und wenn sie weiche Stellen aufdeckt, deutet sie deren Größe nicht in derselben vollständigen Art und Weise an wie die Ätzprobe (S. 63 und 90). Auch gibt die Feile nicht die Ursache für eine unerwartet auftretende Weichheit an. Doch ist die Feilenprobe immerhin ein nützliches Verfahren und sie wird stets gebraucht werden, da man sich auf sie trotz ihrer begrenzten Anwendungsmöglichkeit wegen ihrer großen Einfachheit verlassen kann.

Eine sehr nützliche Vereinfachung der Feilenprobe rührt von Barrett her. Das entsprechende Gerät besteht aus einem kurzen und runden Stahlstab, wie er zur Herstellung von Kugeln, die gehärtet werden sollen, benutzt wird. Nach der Härtung wird der Stahlstab an einem Ende zu einer flachen Oberfläche geschliffen. Auf dieser entsteht eine runde Kante von bestimmtem Durchmesser und einem Schärfe- und Härtegrad, der immer wieder erhalten werden kann. Wird die scharfe Kante unter leichtem Druck z. B. über die hohle Oberfläche eines Laufringes geschoben, so wird sofort eine weiche Stelle mit größerer Sicherheit aufgedeckt werden als durch den Gebrauch einer Feile. Für Sonderzwecke können gehärtete Stangen von verschiedenem Durchmesser gefertigt werden. Sehr kleine Stangen sind hauptsächlich zur Prüfung von weichen Stellen brauchbar, die vorher schon durch die Ätzprobe bloßgelegt wurden.

Mit einer Feile kann man also höchstens weiche Stellen aufdecken, aber sie kann weder die Verschiedenheit der Härte einer weichen Stelle messen noch in zuverlässiger Art und Weise den Härteunterschied zwischen irgendwelchen zwei Stahlstücken anzeigen, die z. B. aus einem Haufen kleiner Gegenstände ausgewählt und die richtig von einer Temperatur oberhalb der niedrigsten Härtungstemperatur abgeschreckt wurden. Falls ein wesentlicher Teil der gehärteten Gegenstände wegen augenscheinlicher Weichheit durch die Feilenprobe beanstandet worden ist, so ist es das einzig Richtige, sofort die Ursache der entstandenen Weichheit festzustellen, doch wird es im allgemeinen zweckmäßiger sein, die Temperaturen und die Härtungsbedingungen genauer zu beachten und etwas Geld für ihre Überwachung auszugeben, als die Aufsicht zu verschärfen und auch das Feilenkonto zu erhöhen.

Das Skleroskop, das zuweilen als Ersatz für die Feilenprobe empfohlen wird, besteht in der Hauptsache aus einer mit Teilung versehenen Glasröhre und einer Vorrichtung, um bei senkrechter Stellung des Gerätes von seinem oberen Ende eine gehärtete Stahlkugel oder einen gehärteten Stahlzylinder auszulösen, welch letzterer verjüngt und an diesem verjüngten Ende abgerundet ist. Diese Probe (Kugelfallprobe, Kegelfallprobe) wird in der Weise vorgenommen, daß man die Höhe beobachtet, bis zu der die Kugel bzw. der Stahlzylinder zurückspringt, nachdem man sie auf die Oberfläche des Stahlstückes fallen gelassen hat, dessen Härte (Skleroskophärte, Kugelfallhärte) ermittelt werden soll[1].

Bei der Härteprüfung mittels des Skleroskops muß vorausgesetzt werden, daß die Oberfläche des Gegenstandes gleichmäßig hart ist, weil die Probe nur an jenem kleinen Teil der Oberfläche gemacht werden kann, auf die die Kugel fällt. Die Wahrscheinlichkeit der Aufdeckung weicher Stellen auf der Oberfläche des gehärteten Gegenstandes ist nicht so groß wie bei der Feilenprobe. Es können aber auch noch zwei andere Einwendungen gegen den regelmäßigen Gebrauch dieses Härtemessegerätes gemacht werden.

Der Rückprall der gehärteten Kugel, die auf einen verhältnismäßig massigen Gegenstand fällt, ist das Maß für die Schnelligkeit, mit der der durch den Aufschlag der Kugel deformierte Teil des Stahlstückes seine Gestalt wiedererhält. Die Rücksprunghöhe der Kugel wird als Maß für die Härte des Werkstoffes angesehen. Die Ergebnisse der Kugelfallprobe stehen deshalb mehr oder weniger

---

[1] Die hier nur kurz besprochenen Prüfungsverfahren werden eingehend gewürdigt in Martens-Heyn, Handbuch der Materialienkunde. 2. Teil. Berlin 1912 (Julius Springer); Wawrziniok, Handbuch des Materialprüfungswesens. 2. Auflage, Berlin 1923 (Julius Springer); Schulze und Vollhardt, Werkstoffprüfung für Maschinen- und Eisenbau. Berlin 1923 (Julius Springer) und Müller, Materialprüfung und Baustoffkunde für den Maschinenbau. München und Berlin 1924 (R. Oldenbourg).

mit den Härteeigenschaften des Stahls in Beziehung und sind unter sich nur so lange vergleichbar, wie die Probestücke sich gleich sind. Der bestbekannte Vergleich im Hinblick auf diese Einschränkung ist die Tatsache, daß Gummi, der mit dem Skleroskop geprüft wird, eine Härtezahl so hoch wie diejenige des gehärteten und angelassenen Werkzeugstahls ergibt, und andere weiche Stoffe, d. h. weich für die Auffassung des Einsatzhärters, wie z. B. Xylonit, ergeben noch höhere Härtezahlen. Zum Vergleich von Werkstoffen derselben Art leistet das Skleroskop in der Härterei gute Dienste.

Ist der Versuchsgegenstand verhältnismäßig nicht massig, so wird immerhin ein Teil der Schlagkraft durch die Bewegung des Gegenstandes auf seiner Unterlage verschluckt, und dieser Teil der Schlagkraft ist, soweit der Rückprall der Kugel in Betracht kommt, verloren gegangen. Diese Unannehmlichkeit wird verringert, wenn der kleine Versuchsgegenstand in einem Block von Pech oder Siegellack eingebettet ist, doch ist die Probe in dieser Form für wiederholten Gebrauch in der Werkstatt unpraktisch. Sie befriedigt auch nicht, wenn man die kleinen Gegenstände in einen Schraubstock spannt, weil dann bei manchen Formen der Gegenstände die Härtezahl unabhängig von der Härte schwanken wird, wenn man die Kugel auf verschiedene Teile des Gegenstandes fallen läßt.

Der Eindruck, den der Skleroskophammer auf den Gegenstand macht, ist äußerst klein und die ausgeübte Kraft beschränkt sich fast nur auf die äußerste Oberfläche des zu untersuchenden Gegenstandes. Die Kugelfallprobe ist jedoch hauptsächlich aus dem Grunde nützlich, um rasch die Ausdehnung der Oberflächenweichheit, die von den bekannten Ursachen der Oberflächenentkohlung herrührt, zu untersuchen. Natürlich wird diese Probe auch die Oberflächenweichheit, die auf andere Ursachen zurückzuführen ist, aufdecken.

Sofern man die Verbreitung eines Geräts als Maßstab für seinen Wert ansieht, ist die Kugeldruckprobe, die allgemein als die Brinellprobe bekannt ist, das beste Verfahren zur Messung der Härte von Eisen, Stahl und anderen Metallen und Legierungen. Doch darf nicht angenommen werden, daß diese Probe nun ganz besonders zur Messung der Oberflächenhärte von einsatzgehärteten Stählen geeignet ist.

Die Brinellprobe wird gewöhnlich in der Weise ausgeführt,
daß eine gehärtete Stahlkugel von 10 mm Durchmesser bei
einem Druck von 3000 kg in die Oberfläche des Stahls gedrückt
wird, dessen Härte bestimmt werden soll. Der dauernde Eindruck, der in dem Metall verbleibt, wenn die Belastung auf-
gehoben wird, wird größer oder geringer sein, gerade wie der
Widerstand größer oder geringer ist, den das Metall der dauernden
Formveränderung entgegensetzt. Diese Eigenschaft, d. h. der

Durch- messer des Kugel- eindrucks mm	Härtezahl bei 3000 kg	Härtezahl bei 500 kg	Durch- messer des Kugel- eindrucks mm	Härtezahl bei 3000 kg	Härtezahl bei 500 kg	Durch- messer des Kugel- eindrucks mm	Härtezahl bei 3000 kg	Härtezahl bei 500 kg
2,00	946	158	3,70	269	45	5,35	124	20,6
2,05	898	150	3,75	262	44	5,40	121	20,1
2,10	857	143	3,80	255	43	5,45	118	19,7
2,15	817	136	3,85	248	41	5,50	116	19,3
2,20	782	130	3,90	241	40	5,55	114	19,0
2,25	744	124	3,95	235	39	5,60	112	18,6
2,30	713	119				5,65	109	18,2
2,35	683	114	4,00	228	38	5,70	107	17,8
2,40	652	109	4,05	223	37	5,75	105	17,5
2,45	627	105	4,10	217	36	5,80	103	17,2
2,50	600	100	4,15	212	35	5,85	101	16,9
2,55	578	96	4,20	207	34,4	5,90	99	16,6
2,60	555	93	4,25	202	33,6	5,95	97	16,2
2,65	532	89	4,30	196	32,6			
2,70	512	86	4,35	192	32	6,00	95	15,9
2,75	495	83	4,40	187	31,2	6,05	94	15,6
2,80	477	80	4,45	183	30,4	6,10	92	15,3
2,85	460	77	4,50	179	29,7	6,15	90	15,1
2,90	444	74	4,55	174	29,1	6,20	89	14,8
2,95	430	73	4,60	170	28,4	6,25	87	14,5
			4,65	166	27,8	6,30	86	14,3
3,00	418	70	4,70	163	27	6,35	84	14,0
3,05	402	67	4,75	159	26,5	6,40	82	13,8
3,10	387	65	4,80	156	25,9	6,45	81	13,5
3,15	375	63	4,85	153	25,5	6,50	80	13,3
3,20	364	61	4,90	149	24,9	6,55	79	13,1
3,25	351	59	4,95	146	24,4	6,60	77	12,8
3,30	340	57				6,65	76	12,6
3,35	332	55	5,00	143	23,8	6,70	74	12,4
3,40	321	54	5,05	140	23,3	6,75	73	12,2
3,45	311	52	5,10	137	22,8	6,80	71,5	11,9
3,50	302	50	5,15	134	22,3	6,85	70	11,7
3,55	293	49	5,20	131	21,8	6,90	69	11,5
3,60	286	48	5,25	128	21,5	6,95	68	11,3
3,65	277	46	5,30	126	21,0			

Widerstand gegen Formveränderung unter vorgeschriebenen Bedingungen wird als Grundlage der Probe angesehen. Die erhaltenen Ergebnisse werden in bestimmten Zahlen ausgedrückt, die folgendermaßen errechnet werden:

Die Gestalt des Eindrucks ist das Segment einer Kugel von 10 mm Durchmesser. Es ist daher möglich, die Mantelfläche des Kugeleindrucks in Quadratmillimeter zu bestimmen, indem man den Durchmesser des Eindruckes mißt. Wird die Druckkraft in Kilogramm durch diese errechnete Fläche geteilt, so ergibt sich die sogenannte Brinellsche Härtezahl, Brinellhärte oder Brinellzahl. Berechnungen dieser Art sind in Zahlentafeln gesammelt worden, aus denen nach Feststellung des Durchmessers eines Eindrucks die Härtezahl (siehe vorstehende Zahlentafel; Druck von 500 kg für weniger harte Metalle) sofort abgelesen werden kann.

Bei einer Abänderung dieser Probe, die als Ludwiksche Kegeldruckprobe bekannt ist, wird statt der Kugel ein gehärteter Stahlkegel verwendet. Diese Kegeldruckprobe kann jedoch nicht mit Nutzen bei harten Stählen vorgenommen werden. Auch die Kugeldruckprobe wird weniger befriedigend ausfallen, wenn sie bei sehr harten Oberflächen, und zwar aus folgenden Gründen, herangezogen wird:

1. Der Eindruck ist in Wirklichkeit kein Segment einer Kugel, und die Schnittlinie auf der Versuchsoberfläche ist kein wahrer Kreis.

2. Die Kugel ist an sich auch um den Berührungspunkt herum entstellt.

3. Je größer die Härte ist, desto kleiner ist der Durchmesser des Eindrucks und deshalb sind die unvermeidlichen Meßfehler von größerer Bedeutung.

Die Anwendung der Kugeldruckprobe bei einsatzgehärteten Stählen wird auch durch die Tatsache eingeschränkt, daß für die Versuche eine vollkommen ebene Oberfläche notwendig ist, und deshalb sind Gegenstände mit runden Oberflächen, wie Rundbolzen usw. für diese Prüfung ausgeschlossen. Es ist ferner notwendig, daß die Dicke des Probestückes wenigstens um ein Mehrfaches größer ist als die Tiefe des jeweiligen Eindruckes, so daß z. B. dünne Platten der Brinellprobe nur dann unterworfen werden dürfen, wenn verschiedene Stücke aufeinander gelegt werden, und auch dann ist die Prüfung nur von annähernder Genauigkeit, wenn sich das Metall in weichem Zustande befindet.

Der Erfolg der Kugeldruckprobe hängt auch von der Voraussetzung ab, daß das Versuchsmaterial eine einheitliche Härte wenigstens insoweit besitzt, als die nächste Nachbarschaft der aufgesetzten und belasteten Kugel in Betracht kommt, und diese Bedingung ist bei einsatzgehärteten Stählen nicht vorhanden. Der Durchmesser des Eindrucks, der auf einem einsatzgehärteten Stahlstück erhalten wird, hängt aber ebensoviel von der Dicke der zementierten Schicht als von deren Härte ab. Man muß deshalb unter Berücksichtigung dieser Umstände die Behauptung einschränken, daß „die Brinellsche Kugeldruckprobe von jedem Werkmann ohne besondere Übung und immer mit einem richtigen Ergebnis ausgeführt werden kann.‘‘

Man kann vielleicht sagen, daß man kein Mittel, wenigstens von Wert für die Werkstatt besitzt, um die Oberflächenhärte eines einsatzgehärteten Stahls zu messen, der nur bis zu einer Tiefe von 1 bis 2 mm zementiert worden ist, und daß das beste Verfahren für allgemeine Härteprüfungen immer noch die Feilenprobe ist. Von der Feilenprobe kann man jedoch nur die Feststellung erwarten, ob die Härtungsarbeit wirklich sachgemäß war und ob die Oberfläche frei von weichen Stellen ist. Im letzteren Falle kann die Feilenprobe durch die Ätzprobe ergänzt werden, doch eine bessere Gewähr für gute Arbeit, als sie durch Benutzung dieser beiden Prüfungsverfahren festgestellt werden kann, wird nur durch die genaue Beachtung aller Vorschriften für die vorhergegangenen Wärmebehandlungsarbeiten gegeben.

Die mechanischen Eigenschaften des Kerns einsatzgehärteter Stähle können ebenfalls durch die Verfahren und Geräte, die gewöhnlich für die Prüfung von Werkstoffen vorgesehen werden, bestimmt werden. Für diesen Zweck ist u. a. die Kugeldruckprobe so sehr nützlich, daß sie hinsichtlich ihrer weiteren Verwendungsmöglichkeit genauer betrachtet werden soll. Eine praktische Form des Gerätes, die Johnson entworfen hat, ist in Abb. 109 dargestellt. Dieses Gerät ermöglicht schnelle und genaue Arbeit und widersteht auch dem rauhen Werkstattsgebrauch. Es verlangt eigentlich keine besondere Aufmerksamkeit und Justierung und kann leicht von Ort zu Ort ohne Schaden getragen werden. Außer seinem offensichtlichen Vorteil hinsichtlich seiner hydraulischen Ingangsetzung sind keine Federn, empfindliche Schneiden oder vielerlei Hebel vorhanden, die leicht aus der Ordnung geraten, auch laufen alle beweglichen Teile in Kugellagern.

Das Versuchsprobestück, das eine flache und glatte Oberfläche haben muß, wird auf den Tisch I (Abb. 109) gelegt. Die Stellschraube E wird angezogen, bis die Stahlkugel A auf der vorbereiteten Oberfläche des zu prüfenden Gegenstandes lagert. Der Hebel B wird dann nach vorn gezogen, bis sich sein Gewicht H hebt und es dadurch der Sperrklinke J ermöglicht wird, in den gezahnten Sektor K hineinzufallen. Hierdurch wird selbsttätig die weitere

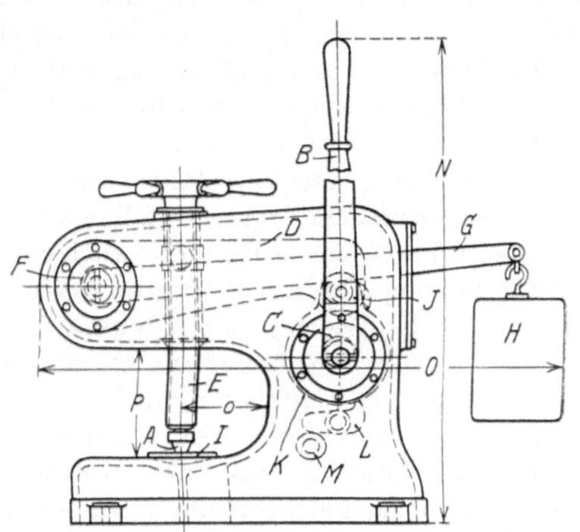

Abb. 109. Härteprüfmaschine von Johnson.

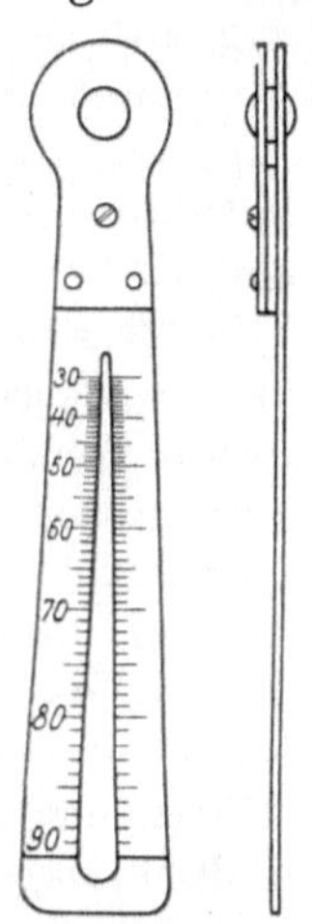

Abb. 110. Kugelhalter für die vereinfachte Kugel-Druckprobe.

Bewegung des Hebels B verhindert. Die Belastung kann weiterhin für irgendeine gewünschte Zeitdauer mittels der Sperrklinke L, die in und aus ihrer Stellung durch den Griff M bewegt wird, festgehalten werden. Der Hebel wird nun in seine ursprüngliche senkrechte Stellung zurückgebracht und die Stellschraube gehoben.

Eine Art Kugeldruckprobe ohne jede besondere Form eines Gerätes kann für Vergleichszwecke ausgeführt werden, indem man einfach eine gehärtete Stahlkugel zwischen zwei Stahlstücke legt und diese in einem Schraubstock zusammendrückt. Sofern eins der Stückeaus einem in seinen Eigenschaften bekannten Stahl (Normalstahl) besteht, ist es leicht, durch einen Vergleich der Größe der Eindrücke festzustellen, ob die Probe härter oder weicher ist als das

15*

normaleStück. Ein sehr handlicher Halter für die Kugel, falls sie auf diese Weise verwendet wird, ist in Abb. 110 wiedergegeben. Der Halter hat eine Gradeinteilung, damit der Durchmesser der beiden Eindrücke gemessen werden kann. Ist eine Reihe von Normalproben zur Hand, so kann diese einfache Einrichtung einem sehr nützlichen Zweck dienen, wenn weder die Kugeldruckpresse noch Festigkeitsprüfungsmaschinen zur Verfügung stehen. Da es jedoch nicht von Belang ist, ob der Druck zwischen den Backen eines Schraubstockes ausgeübt wird, oder auch in einem scharfen Schlag auf die Kugel besteht, der durch ein fallendes Gewicht oder einen Hammerschlag zustande kommt, so ist es möglich, die abgeänderte Kugeldruckprobe an sehr großen Gegenständen auszuführen oder an Gegenständen, an denen die übliche Art des Kugeldruckversuchs nicht vorgenommen werden kann.

Die für Einsatzhärtungszwecke gebrauchten Rohstahlstangen sollen gewisse mechanische Eigenschaften besitzen. Diese können durch die chemische Analyse und in gewisser Hinsicht auch durch die mikroskopische Untersuchung des Kleingefüges bestimmt und überwacht werden, wie bereits oben angegeben wurde. Aber wenn auch diese Hilfsmittel immer verfügbar sind, so wird der Werkmann doch manchmal irgendein einfacheres und mehr unmittelbar wirkendes Verfahren wünschen, um festzustellen, was als Härte und Zähigkeit des Rohstahls oder des Kerns des schließlich abgeschreckten Gegenstandes angesehen werden kann. Man nimmt an, daß die Zerreißfestigkeit und Dehnung des Materials, die auf einer Festigkeitsprüfungsmaschine ermittelt werden, in gewissem Sinne zur Härte und Zähigkeit in Beziehung stehen. Aber für Werkstattszwecke können noch einfachere und so weit die Zähigkeit in Betracht kommt, zuverlässigere Verfahren gewählt werden.

Man hat gefunden, daß die Brinellsche Härtezahl in einem ziemlich gleichbleibenden Verhältnis zu der Zerreißfestigkeit von geschmiedeten und sonstwie wärmebehandelten Stählen steht[1]). Dieses Verhältnis ist wenigstens für die Zwecke der Werkstatts-

---

[1]) Auch der „Normenausschuß der deutschen Industrie" hat anerkannt, daß die Härte einen ungefähren Anhalt für die Zerreißfestigkeit gibt und folgende Beziehung aufgestellt: für Kohlenstoffstähle (Festigkeit 30 bis 100 kg/qmm) ist die Zerreißfestigkeit = 0,36 Härtezahl; für Chromnickelstähle (Festigkeit 65 bis 100 kg/qmm) ist die Zerreißfestigkeit = 0,34 Härtezahl.

überwachung konstant genug, und es wird daher vielfach zur schnellen Ermittlung der Zerreißfestigkeit herangezogen.

Das beschriebene Untersuchungsverfahren kann für Werkstattszwecke verwendet werden, indem man einige kurze Stücke von verschiedenen Stahlstangen abschneidet und diese alsdann der Brinellprobe unterwirft. Darauf wird ein ähnlicher Satz von Stählen allen Arten der Wärmebehandlung außer der Zementation, der das Material gegebenenfalls ausgesetzt werden soll, unterzogen. Diese Stahlstücke werden dann wieder brinelliert, doch muß in jedem Falle darauf geachtet werden, daß man vorher die Oberfläche ein wenig wegfeilt oder abschleift. Auf diese einfache Weise ist es möglich, aus einem ständigen Materialvorrat jene Werkstoffe zu entfernen, die eine abweichende Härte besitzen. Die Versuche werden hauptsächlich an den abgeschreckten Stahlstücken unerwartete Verschiedenheiten aufdecken, die entweder auf die Unterschiede im Kohlenstoff- als auch Mangangehalt oder auf die Höhe der beiden Elemente, die der Stahl enthält, zurückzuführen sind.

Die Zähigkeit einsatzgehärteter Stähle kann nicht so leicht und schnell bestimmt werden wie die Härte, sicher ist, daß sie nicht durch die üblichen Arten der Zerreißprüfungsverfahren weder aus der Dehnung noch Querschnittsverminderung ermittelt werden kann, über die die Zahlen auf S. 89 Auskunft geben. Sofern unter Zähigkeit die Fähigkeit, dem Bruch oder Einreißen Widerstand zu leisten, verstanden werden soll, wenn dieser plötzlich auftritt, muß die Zähigkeit durch irgendeine Form von Schlagprobe gemessen werden können. Über diesen Gegenstand und den Wert der Schlagprobe besteht heute eine größere Übereinstimmung der Ansichten als früher. Nach dem Urteil vieler Theoretiker und Praktiker ist die Schlagprobe die beste Probe für die Beurteilung der Konstruktionsstähle (Baustähle), ob diese einsatzgehärtet sind oder nicht und daher soll sie wegen ihrer Wichtigkeit an dieser Stelle eingehender besprochen werden.

Ein kurzbrüchiges, sprödes Material und ein langbrüchiges, zähes Material wird in den Abb. 111 und 112 vorgeführt. Die Brüche sind bei der Schlagprobe erhalten worden.

Die Schlagprobe ist vor mehreren Jahren von wissenschaftlichen Verbänden (Internationaler Verband für die Materialprüfungen der Technik usw.) und besonders beauftragten technischen

Ausschüssen hauptsächlich in Deutschland, Frankreich und Amerika durchgearbeitet worden. Es haben sich verschiedene Schlagprüfungsformen herausgebildet, von denen die von Charpy, Frémont und Guillery am bekanntesten sind. Die Izod-

maschine ist nicht so weit verbreitet, und sie war auch vor 1914 nicht in dem gleichen Maße entwickelt und normalisiert wie die anderen Maschinen, aber sie ist äußerst einfach in Bauausführung und Handhabung und besitzt besondere Vorteile, die sie für den ausgedehnten Werkstattsgebrauch befähigt.

Der allgemeine Umriß der Izodmaschine wird in

Abb. 111. Kurzbrüchiger spröder Stahl.

Abb. 112. Langbrüchiger, zäher Stahl.

Abb. 113 gezeigt. Sie besteht aus einem Pendelhammer, der, wenn er aus einer gewissen Höhe (rechte Seite der Maschine) fällt, einen bestimmten Betrag an Energie (oder Schlagarbeit) entwickelt bis zu dem Zeitpunkt, bei dem der Hammer die senkrechte Lage erreicht. Sofern sich kein Probestück in der Maschine befindet, wird der Hammer auf der linken Seite zu derselben oder fast gleichen Höhe ausschwingen, wie er von der rechten gefallen ist. Der Zeiger, der sich über eine Gradeinteilung bewegt, wird dann andeuten, daß keine Energie verbraucht worden ist. Wird ein Probestück in den Schraubstock, der in der Unterlage der Maschine angebracht ist, gespannt, dann kann der Hammer auf der linken Seite nur dann ausschwingen, wenn er das Probestück zerbrochen hat. Er schwingt aber nicht wieder bis zu derjenigen Höhe aus, von der der Hammer gefallen ist. Das Ausschwingen des Hammers kann nur durch die Energie, die durch den Fall entwickelt wird, abzüglich der Energie, die beim Zerbrechen des Probestückes verbraucht wurde, bewirkt werden. Die verbrauchte Energie kann auf der Gradeinteilung unmittelbar an dem Zeiger abgelesen werden, der durch den verlängerten Schaft des steigenden Pendelhammers an der Gradeinteilung entlang geschoben wird.

Gewöhnlich wird ein Probestab von 10 × 10 mm Querschnitt angewendet, der mit einer scharfen 2 mm

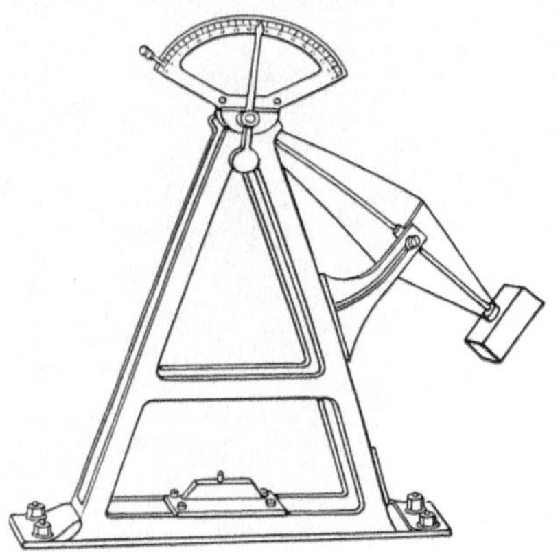

Abb. 113. Izod-Schlagprüfmaschine.

tief eingeschnittenen V-Kerbe mit einem Winkel von 46° versehen ist (Kerbschlagprobe). Die Frage nach den Feinheiten der Probe, um die Schärfe der V-Kerbe überwachen zu können, die oft als ein Mangel der Probe angesehen wird, ist mehr oder weniger nebensächlich, wie später gezeigt werden soll. Die Schlagfläche des Pendelhammers ist gehärtet und angelassen.

Die Konstanten der Izodmaschine sind die Größe des Probestabes, Form und Tiefe der Kerbe und die Schlagentfernung über dem Kerbgrund. Die besonderen Vorteile der Maschine sind: 1. die Möglichkeit, doppelte und dreifache Versuche an einem Probestab von 75 bis 100 mm Länge anzustellen, die eine große und wertvolle Annehmlichkeit ist; 2. die Leichtigkeit, mit der Vergleichsversuche längs und quer zur Walzrichtung des Probestabes gemacht werden können (S. 46). Indem man den Schraubstock erhöht, um die Schlagentfernung zu verringern, können Vergleichsversuche an Probestäben gemacht werden, deren Länge 25 bis 30 mm nicht überschreitet.

Die Kerbzähigkeit, die nach diesem Verfahren ermittelt wird, ist ein Maß für die Energie, die benötigt wird, um einen Stab, der mit einer V-Kerbe versehen ist, zu zerbrechen, wenn er mit

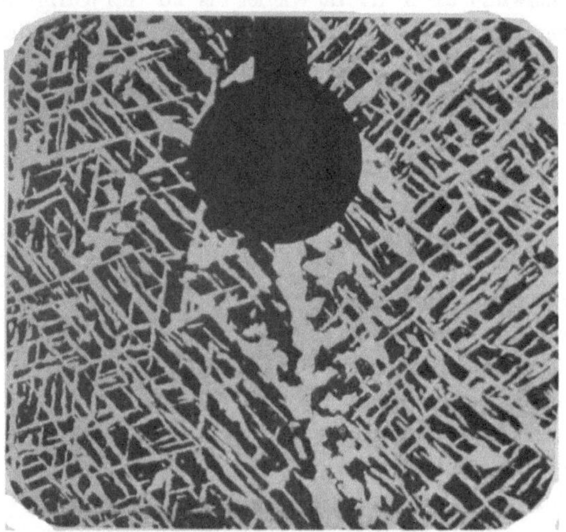

Abb. 114. Probestab mit grobem Gefüge. Rundkerb zwischen zwei Kristallen. × 25.

einem Hammer in einer gewissen Entfernung über dem Kerb geschlagen wird (siehe Abb. 25). Um diese Betrachtung zu erleichtern, soll angenommen werden, daß das Versuchsmaterial praktisch gleichmäßig, d. h. frei von Schlackenstreifen, Rissen oder Schweißnähten ist. Es kann ferner angenommen werden, daß das Gefüge des Materials im Vergleich zur Größe der Kerbe fein ist. Dies ist tatsächlich bei geschmiedetem oder gewalztem Material der Fall, das nicht überhitzt worden war, doch trifft dies z. B. bei großen Stahlgußstücken nicht mehr zu, und es muß in diesem Falle ein großer Unterschied in bezug auf das Ergebnis gemacht werden, wenn der Kerbgrund auf die Begrenzung zwischen einem großen Kristall und einem anderen fällt oder nicht (Abb. 114 und 115).

Schlägt der Pendelhammer den Probestab an, so konzentriert sich die Wirkung des Schlages um den Grund der Kerbe und es beginnt hier zuerst ein Riß, der sich gewöhnlich quer durch den Stab erstreckt. Besteht das Versuchsstück aus einem Material mit hoher Elastizitätsgrenze (oder Streckgrenze), so kann der Riß ohne jede wahrnehmbare Formveränderung des umgebenden Materials beginnen und sich durch den Stab erweitern. Ist andererseits die Streckgrenze des Materials sehr niedrig, so ist es unmöglich, den Riß weder einzuleiten noch ihn zu erweitern, ohne daß das um-

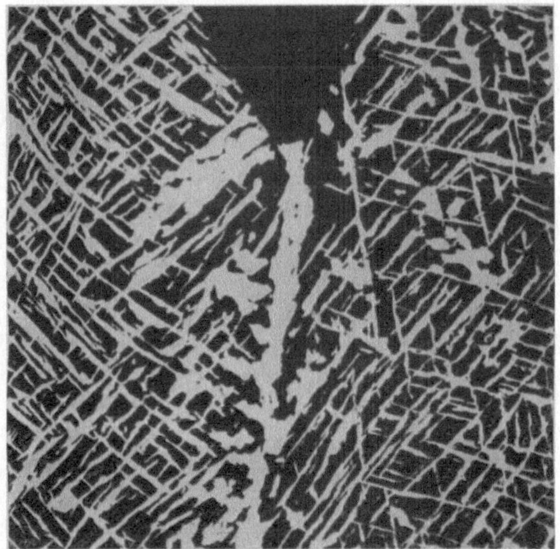

Abb 115. Probestab mit grobem Gefüge. Scharfkerb zwischen zwei Kristallen. × 25.

gebende Material sehr stark verzerrt wird. Diese Verzerrung verbraucht einen gewissen Betrag an Energie, die an sich nicht bestimmt werden kann, aber sie kann trotzdem am Aussehen der zerbrochenen Enden grob abgeschätzt werden. Die Schlagarbeit schließt deshalb die Kraft ein, die 1. den Riß einleitet und erweitert und 2. das Material angrenzend an Kerbe und Riß deformiert.

Die Ausbreitung des deformierten Materials in der Nachbarschaft der Kerbe kann auf der vorher polierten Seite eines Probestabes an der Aufrauhung erkannt werden, oder aber die polierte Fläche nimmt nur ein mattes Aussehen an. Dies wird durch die Abb. 116 veranschaulicht, die eine sehr zähe Stahlart zeigt und die einen Schlag erhalten hat, der zum Zerbrechen des Stabes nicht ausreichte. Der Kerbgrund, der anfangs scharf war, ist stark erweitert. Gleich unter dem Kerbgrund liegt das Material, das durch die Erweiterung verzerrt ist. Dann kommt eine Mittelschicht, die kaum verzerrt ist und auf der Unterseite des Kerbes innerhalb des Winkels befindet sich das durch den Schlag vollständig verzerrte Material.

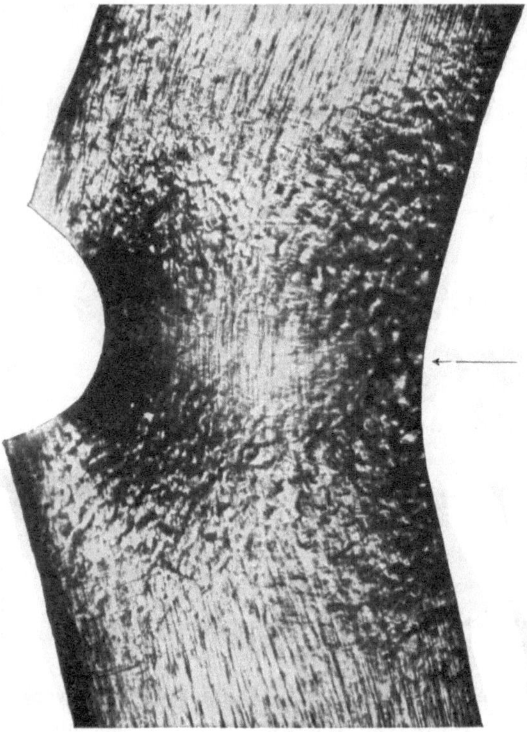

In gehärteten Stählen ist der Widerstand gegen Formveränderung sehr groß, und solche Materialien ergeben immer eine niedrige Kerbzähigkeit, weil sich die einzelnen Kristalle bei Schlagbeanspruchung nicht verzerren wollen, die aber groß genug ist, einen Riß in einem Probestab einzuleiten und weiterzuführen. Durch Anlassen eines gehärteten Stahl mit einer Zerreißfestigkeit von 160 bis 190 kg/qmm und einer entsprechenden hohen Streckgrenze stellt sich keine sehr bemerkenswerte Verbesserung der Kerbzähigkeit ein, es sei denn, daß das Material viel weicher wird etwa bis zu einer Zerreißfestigkeit von 95 bis 125 kg/qmm. Von diesem Punkt an steigt die Kerbzähigkeit schnell an und sie erreicht einen Höchstwert, wenn das Anlassen bei einer

Abb. 116. Verzerrungen auf einem Schlagprobestab.

Temperatur bis dicht unterhalb des Rekaleszenzpunktes vorgenommen wird. Bei einer geringen Überschreitung dieser Temperatur wird der Stahl gehärtet, wenn er abgeschreckt wird.

Besteht der Probestab aus gehärtetem Stahl, so besitzt die eingerissene Fläche oder auch die Bruchfläche ein kristallinisches Aussehen. Alle Versuchsstäbe, ob sie nun hart sind oder nicht, und die niedrige Kerbzähigkeiten ergeben, zeigen einen kristallinen Bruch aus dem einfachen Grunde, weil der Riß entlang den kristallinen Grenzen oder durch die Ebenen, die parallel zu den Kristallachsen verlaufen, gewandert ist. Der gehärtete und angelassene Probestab, von dem eine hohe Kerbzähigkeit erhalten wird, bricht mit einem kurzen grauen und sehnigen Bruch, doch nicht aus dem Grunde, weil der interkristalline Widerstand des Materials notwendigerweise zugenommen hat, sondern hauptsächlich deshalb, weil der Widerstand des einzelnen Kristalls vermindert worden ist. Die Kraft, die nötig ist, um die Kristalle in dem sehr harten Material auseinander zu brechen, ist geringer als die Kraft, die erforderlich ist, sie zu verzerren, während die Kraft, benötigt wird, um die Kristalle in dem weicheren Material zu zerstören, größer ist als die Kraft, die angewendet werden muß, um den Kristall zu verzerren. Folglich ist der Kristall sselbt gestreckt und bricht mit einem grauen sehnigen Bruch.

Diese Überlegungen sollen dartun, daß, um hohe Kerbzähigkeiten zu erhalten, d. h. um den Widerstand des Materials gegen Stoß- oder Schlagbeanspruchungen zu steigern, entweder die interkristalline Kohäsion vergrößert oder die Härte des Materials verringert wird oder es müssen beide Umstände zusammenkommen zu dem ausgesprochenen Zweck, die Kratwirkungen über einen so großen Teil des Materials wie möglich zu verbreiten. Um die interkristalline Kohäsion zu erhöhen, wird das Gefüge, d. h. der einzelne Kristall, so klein wie möglich gemacht. Um die Härte des abgeschreckten Materials zu vermindern, wird es angelassen und zwar gegebenfalls bis zu einer so hohen Temperatur, als es sich mit der Beibehaltung eines Gefüges möglichst derselben Art verträgt.

Um deshalb die Frage beantworten zu können, ob eine Kerbzähigkeit von z. B. 5,5 mkg/qcm, die an einem Versuchsstab mit den obigen Abmessungen (S. 231) erhalten wurde, gut oder schlecht ist, muß man zunächst untersuchen, welche anderen mechanischen Eigenschaften das Material aufweist. Besitzt es eine Zerreißfestigkeit oder auch Streckgrenze von 160 kg/qmm, so wird es als sehr gut angesprochen, mit einer Zerreißfestigkeit von 95 kg/qmm würde es jedoch mittelmäßig, und mit einer Zerreißfestigkeit von 35 oder 50 kg/qmm dürfte es deutlich schlechter sein, als es zu sein scheint. Hieraus ist zu ersehen, daß die Kerbzähigkeit in keinem bestimmten Verhältnis zu den Ergebnissen des gewöhnlichen Zerreißversuches steht. Obschon diese Tatsache das beste Urteil über ihre Nützlichkeit abgibt, so erklärt sich hieraus doch zum Teil die Voreingenommenheit, die die allgemeine Einführung der Schlagprüfung noch verzögert.

Die Festigkeit irgendeines Metalls oder einer Metallegierung hängt von der Härte der Kristalle und der Kohäsion zwischen den Kristallen ab. Die erstere wird durch die Zusammensetzung und auch durch das Gefüge insoweit festgelegt, als sie durch Härten und Anlassen geändert werden kann. Die letztere hängt von der passenden Wärmebehandlung und der mechanischen Bearbeitung des Werkstücks ab, die darauf ausgeht, kleine anstatt große Kristalle herzustellen. Soll mit einer verhältnismäßig großen Härte eine hohe Kerbzähigkeit verbunden sein, so ist es klar, daß Kenntnis und Geschicklichkeit bei der Erzeugung eines Qualitätsstahles vorhanden sein müssen, der, ohne sich zu deformieren, starke Beanspruchungen aushält. Falls dieser Stahl plötzlich auftretenden Kräften über seine Grenzen hinaus widerstehen soll, wird er sich eher deformieren als auseinanderbrechen. Besitzt anderseits weiches Material eine verhältnismäßig niedrige Kerbzähigkeit, so sind entweder die kristallinen Körner groß oder sein Gefügeaufbau ist überhaupt von unerwünschter Beschaffenheit, weil entweder die Wärmebehandlung unrichtig war oder keine Wärmebehandlung stattgefunden hatte.

Der Kerbgrund in einem Probestabe kann anstatt scharf (Abb. 25 und 115) auch abgerundet sein (Abb. 114). Im letzteren Falle wird ein Riß nicht so leicht hervorgerufen und ein größerer Teil der Kerbzähigkeit stellt die Arbeit dar, die beim Verzerren des den Kerb umgebenden Materials geleistet wurde. Deshalb verhindert der Rundkerb (Abb. 117 und 118), daß die Brüchigkeit des Materials nicht so auffällig wie beim Scharfkerb hervortritt. Bei einer Steigerung der Kerbzähigkeit jedoch verzerrt sich ein immer größerer Teil des Materials, ehe der Bruch vollständig ist. Ein größerer Teil der Schlagarbeit wird also für diese Verzerrung aufgebraucht, und wenn die Kerbzähigkeit etwa 8 mkg/qcm und darüber beträgt, ist es nicht mehr von großer Wichtigkeit, ob ein scharfer oder abgerundeter Kerb gewählt wird. Diese Tatsache beseitigt den Einwand in bezug auf die Schwierigkeit, eine gleichmäßig scharfe Kerbe herzustellen. (S. 231). Denn der Zweck der Schlagprobe ist nur die Überwachung der Qualität eines zähen Materials, wie auch diese Zähigkeit vom Kern eines einsatzgehärteten weichen Stahls verlangt wird.

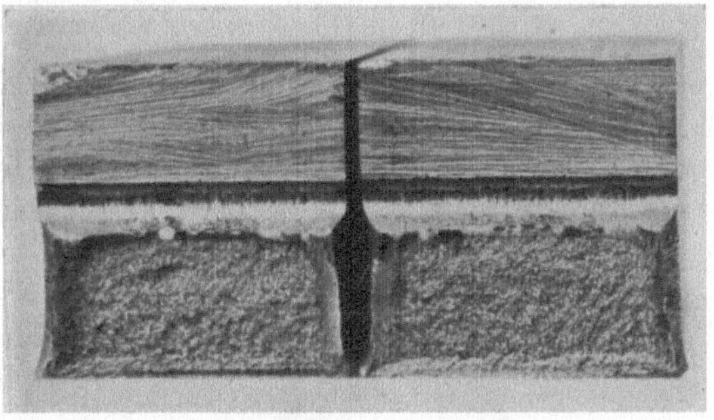

Abb. 117. Bruchgefüge eines Flußeisenstabes nach dem Kerbschlagversuch (Rundkerb). ×1.

Man hat die Kerbe als Mittel für die Begrenzung der Schlagbeanspruchungen beanstandet. Es ist richtig, daß im Gebrauch befindliche Stahlgegenstände nicht absichtlich einge-

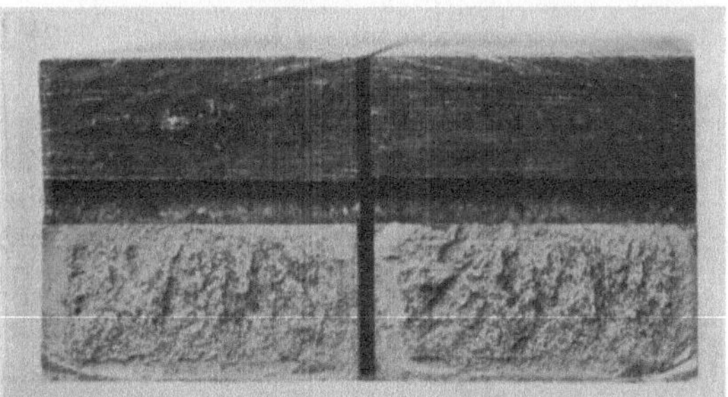

Abb. 118. Bruchgefüge eines einsatzgehärteten Flußeisenstabes nach dem Kerbschlagversuch (Rundkerb). × 1.

kerbt werden, aber es ist auch richtig, daß plötzliche Veränderungen im Querschnitt eines Werkstücks, bei denen scharfe oder mehr oder weniger abgerundete Ecken oder Winkel entstehen, manchmal nicht zu vermeiden sind. Der Bruch durch den Kolbenkopf eines Dampfhammers (Abb. 119) kann hierfür als Beispiel dienen. Die Kratzer von Werkzeugen auf nachlässig bearbeiteten Oberflächen eines Stahlgegenstandes können auch zuweilen als eine Art Kerbe angesehen werden, die manchmal einen Riß leicht einleiten können. Auch die unvermeidbaren Verletzungen der Oberflächen beim täglichen Gebrauch von Stahlgegenständen, das Vorkommen von Schlackeneinschlüssen und andere Arten von Oberflächen-fehlern, die nicht absichtlich herbeigeführt wurden, aber doch unvermeidbar sind, begünstigen das Auftreten von Rissen, die wie scharfe Kerben wirken.

Abb. 119. Bruch durch den Kolbenkopf eines Dampfhammers.

Wenn eine der Hauptbedingungen der Einsatzhärtung die ist, einen Gegenstand mit einem weichen biegsamen Kern herzustellen, der ohne Risse zu erhalten plötzlichen Beanspruchungen oder wiederholten Erschütterungen standhält, und der auch der Ausbreitung eines in der harten Hülle gebildeten Risses sogleich Widerstand entgegensetzt, dann würde scheinbar die Schlagprobe das passendste Prüfungsverfahren für einsatzgehärtete Stahlgegenstände sein. Bricht ein Gegenstand, z. B. eine Achse, während des Dienstes, so kann man gewöhnlich feststellen, daß die Plötzlichkeit des Bruches, wenn der Gegenstand frei von versteckten Fehlern ist und ausreichende Festigkeitseigenschaften besitzt, mit den Werten eng zusammenhängt, die von einem eingekerbten, dem Schlagversuch unterworfenen Probestab erhalten wurden. Ist die Kerbzähigkeit hoch, so kann sich der Riß nicht so schnell bilden, und wenn er gebildet ist, kann er sich nicht auf einmal durch die Achse ausbreiten, wenn nicht der Sicherheitsfaktor sehr niedrig gewählt worden ist. Wird ein etwaiger Riß nicht entdeckt und die Achse bleibt in Gebrauch, so öffnet und schließt sich der Bruch, wenn die Achse weiter beansprucht wird, und die beiden Bruchflächen reiben sich glatt. Bei dem Weiterschreiten des Bruches werden wieder neue Flächen glattgerieben, und so vergrößert sich der Bruch in wellenförmigem Fortschreiten, bis endlich zu wenig gesundes Material übrigbleibt, um die Belastung auszuhalten. Schließlich bricht die Achse mit

Abb. 120. Dauerbruch bei einer Eisenbahnwagenachse.

einem sehnigen Bruch und zeigt eine Oberfläche nach Abb. 120, die die Entwicklung des Bruches deutlich veranschaulicht. Solche Brüche, die als „kriechende" oder „schleichende" Brüche bezeichnet werden, führen heute den allgemeinen Namen Dauerbrüche, die sich weniger in an sich brüchigem Material vorfinden[1]).

Es gibt bei einigen Maschinen Teile, die einen sehr hohen Grad von Zähigkeit besitzen müssen, unabhängig von dem Widerstand, den sie der Verbiegung oder Verdrehung entgegensetzen sollen. Dieser Fall ist in seiner Betrachtung ziemlich einfach, wenn man

[1]) Vgl. Schäfer, Die Konstruktionsstähle und ihre Wärmebehandlung, S. 32.

annimmt, daß das eine Ende eines Stabes in einen Schraubstock gespannt und das freie Ende z. B. um 45° rückwärts und vorwärts gestoßen wird ohne die Kraft zu berücksichtigen, die nötig ist, ihn von jenem Winkel abzulenken. Gehärteter Stahl würde hierbei sofort brechen. Gehärteter und angelassener Stahl würde kaum länger Widerstand leisten, gutes Schweißeisen dagegen würde verhältnismäßig besser standhalten, besser jedenfalls als das weichste Flußeisen wegen seines gestreckten Gefüges und seiner sich hieraus ergebenden Widerstandsfähigkeit gegen Querbrüche. Wo deshalb eine unvermeidbare Verzerrung vorkommen kann, die durch Kräfte verursacht wird, denen kein Widerstand entgegengesetzt werden kann oder darf, dann soll die weichste Art eines Eisens mit der bestmöglichen Kerbzähigkeit ausgewählt werden. Das beste Eisen dieser Art, ganz gleich, wie scharf auch die Kerbe gemacht wird, kann durch einen Einzelschlag eines Pendelhammers nicht zerbrochen werden.

Diese allgemeinen Betrachtungen über Härte und Zähigkeit können kurz zusammengefaßt auf den weichen Kern einsatzgehärteter Gegenstände bezogen werden:

1. Die Kugeldruckprobe stellt mit ziemlicher Sicherheit die Härte des Kerns fest, und sie kann auch mit geringer Mühe und mehr belehrend als der allgemein übliche Zerreißversuch gebraucht werden, um die Zerreißfestigkeit zu ermitteln.

2. Die Kerbzähigkeit ist ein besserer Anhalt für die Zähigkeit als die Ermittlung der Dehnung und Querschnittsverminderung. Auch überwacht die Schlagprobe besser die Wärmebehandlungsarbeiten, und sie kann auch an verhältnismäßig kleinen Materialstücken vorgenommen werden. Ferner entspricht sie auch mehr den tatsächlichen Gebrauchsverhältnissen.

Ein Verfahren, das viel angewendet wird, um einen einsatzgehärteten Gegenstand, etwa einen Flachstab zu prüfen, besteht darin, daß man ihn unter einer Handpresse biegt und hierbei gewisse auf Erfahrung beruhende Beobachtungen über das Aussehen der Bruchfläche macht. Als Mittel zum Zerbrechen eines Stabes läßt jedoch die Handpresse viel zu wünschen übrig. Die Festsetzung der Zeit für den Versuch wird gewöhnlich dem Wärter überlassen und da dieser auch der verantwortliche Härter sein

kann, so ist er natürlich nicht geneigt, kristalline Brüche zu
zeigen, wenn sehnige verlangt werden. Das Bruchaussehen wird
sich auch mit der Temperatur verändern, bei der der Stab zerbricht. Man kann entweder einen kristallinen oder sehnigen
Bruch in gewissen Materialien wunschgemäß innerhalb eines
Wärmebereichs von weniger als 40°C herstellen. Ein großer
Mangel der meisten Handpressen ist das Fehlen irgendeines zuverlässigen Mittels, das den höchsten Druck und auch den Grad
der Verbiegung anzeigt, ehe der Stab einreißt. Dies ist sicherlich
von sehr großer Bedeutung, weil ein Gegenstand wertlos ist,
wenn einmal die Oberfläche eingerissen ist.

Die Kraft, die nötig ist, einen einsatzgehärteten Stab zu verbiegen, hängt von der Dicke der zementierten Außenschicht
und der Stärke des Kerns ab, wenn angenommen wird, daß die
gehärtete Außenschicht von Anfang an fehlerfrei ist. Doch ist
die gehärtete Hülle niemals vollkommen fehlerfrei, und selbst
die Einschlüsse, die das Aussehen von Sehne im Kern erhöhen
können, wie z. B. Schweißnähte und Schlackenstreifen von mikro-
skopischer Größe (S. 49), werden in der harten Außenschicht als
Ausgangspunkt für einen Bruch wirken, wenn der Stab unter der
Presse gebogen wird. Dies würde schnell erkannt werden, wenn
allgemein Kraftanzeiger (Manometer) gebraucht werden. Um
dies zu beweisen, wurden zwei Stahlstangen entsprechend vorbereitet. Die eine von ihnen war bemerkenswert wegen ihrer
zahlreichen feinen Schlackenstreifen und auch wegen der Leichtigkeit, mit der ein sehniger Bruch in ihr herbeigeführt werden
konnte. Die andere Stange war verhältnismäßig frei von dem
genannten Fehler und sie war auch etwas weicher als die erste.
Die beiden unter der Presse gebogenen Stangen brachen mit
Brüchen nach Abb. 121. Die Höchstbelastung bei dem sehnigen
Material betrug 8300 kg und bei dem feinen kristallinischen Material 9600 kg.

Man begegnet sehr oft der Ansicht, daß das Auftreten einer
Reihe von ringartigen Brüchen auf einem gebogenen einsatzgehärteten Stahlstab das Zeichen einer guten und genauen Arbeit ist
(Abb. 122 und 123) und daß andererseits ein Stab, der diese Ring-
oder Parallelbrüche nicht zeigt, fehlerhaft behandelt wurde. Diese
Ansicht ist nur bedingt richtig und sie stammt wahrscheinlich von
irgendeinem Kaufmann, der auf seine Geschäftsfreunde mit seiner

angeblich guten Ware Eindruck machen wollte. Wird ein gehärteter Stahlstab unter einer Presse gebogen, so reißt er zuerst an jener

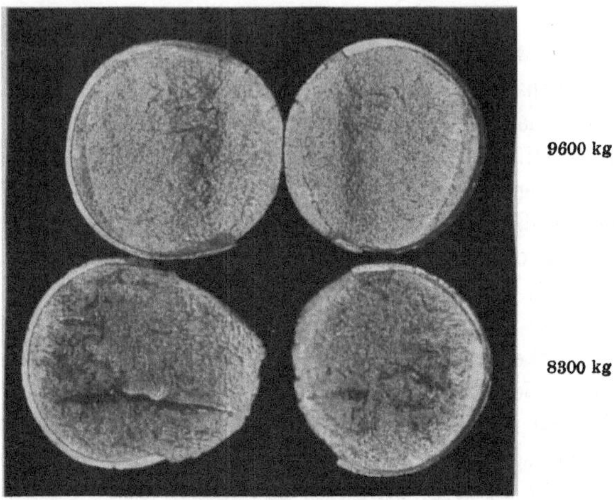

Abb. 121. Bruchbelastungen bei Stahlstangen mit feinem (oben) und sehnigem (unten) Bruchgefüge.

Stelle ein, die von der gegebenen Richtung am meisten abweicht, und wenn der Stab in seiner Bewegungsmöglichkeit nicht be-

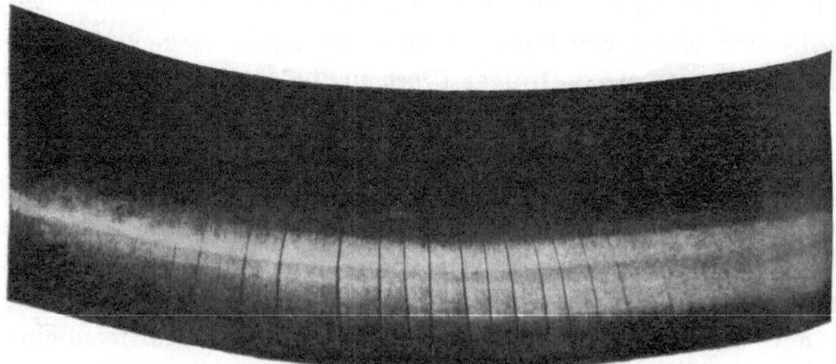

Abb. 122. Ringbrüche auf einem gebogenen einsatzgehärteten Rundstab.

hindert wird, so wird der zuerst gebildete Bruch sehr stark erweitert, ehe sich ein zweiter oder dritter Ring bilden kann. Dieses Verfahren (Presse) ist jedoch nicht ohne weiteres für die

Prüfung des Kerns einsatzgehärteter Gegenstände brauchbar.
Tatsächlich ist aber ein sehniger oder geschichteter Kern für die
Bildung von Ringbrüchen günstig, wenn das Biegen durch Schläge
mit einem Hammer auf einen in den Schraubstock gespannten
Stab hervorgebracht wird. Dieselbe Wirkung kann mit einer Presse
erzielt werden, indem man die Kraft stufenweise auf die verschiedenen Teile des Stabes einwirken läßt. Aber durch ein

Abb. 123. Parallelbrüche auf einem einsatzgehärteten Flachstab aus
Chromnickelstahl.

solches Verfahren wird kein Ergebnis von Wert erhalten. Es wird
nur der Wunsch befriedigt, einen Gegenstand vorzuführen, der
für den Härter ein gefälliges Aussehen hat.

Es ist bereits gesagt worden, daß eine hohe Kerbzähigkeit,
d. h. der Widerstand gegen Bruch durch plötzliche Beanspruchungen, dann erhalten wird, wenn das Material, das um einen
wirklichen oder erst beginnenden Bruch liegt, verzerrt wird und daß
auch die Energie, die zur Herbeiführung der Verzerrung nötig ist,
einen beträchtlichen Teil derjenigen Energie ausmacht, die während
der Herbeiführung des Bruches verbraucht wird. Sofern aber das

Material um den Kerb so festgehalten werden könnte, daß es sich unter einem Schlag nicht verzerrt, dürfte die Kerbzähigkeit, wie man annehmen kann, niedrig sein. Diese Zustände sind scheinbar vergleichbar mit dem Auffangen eines Schlagballes: werden im ersten Falle die Hände unbewußt zurückgezogen, um den Ball allmählich zur Ruhe kommen zu lassen, so wird der Spieler nicht verletzt. Im zweiten Falle kann dagegen der Spieler aus Unachtsamkeit verletzt werden, wenn er die Hände starr hält.

Um jedoch diese Vorstellung in sinnfälligen Zahlen auszudrücken, wurden zwei Stahlstangen in der folgenden Weise vorbereitet: Stange A hatte einen Querschnitt von 10×10 mm, Stange B von 12×12 mm. Beide Stangen wurden drei Stunden lang bei 900^0 C zementiert und einer Doppelhärtung bei jeweils 950^0 C und 780^0 C unterworfen. Von jeder Oberfläche des 12 mm-Stabes B wurde 1 mm abgeschliffen, alsdann wurden die beiden Stäbe eingekerbt und geprüft. Die Ergebnisse der Schlagproben waren:

Stab A (mit zementierter Hülle) . 1,2 und 1,4 mkg/qcm
Stab B (ohne zementierte Hülle) . 7,2 und 7,6 mkg/qcm.

Um sich weiterhin zu versichern, daß die Beschaffenheit des Materials in den Stangen A und B übereinstimmte, wurde auch die zementierte Hülle des Stabes A weggeschliffen und der Stab B auf denselben Querschnitt wie A verkleinert. Bei der nochmaligen Prüfung der so entstandenen kleineren Stäbe waren die Ergebnisse die folgenden:

Stab A . . . . 5,5 und 5,5 mkg/qcm
Stab B . . . . 5,0 und 5,7 mkg/qcm

Der Querschnitt des Stabes A bei der ersten Prüfung ist in Abb. 124 wiedergegeben.

Diese Ergebnisse scheinen von großer Wichtigkeit für das Verhalten von einsatzgehärteten Stählen zu sein und sie können verschiedentlich ausgelegt werden. Es scheint jedoch, daß die Ansprüche, die an sehr weiche Kerne gestellt werden, sehr oft stark übertrieben sind, da solche Kerne keinen großen Widerstand gegen Bruch ausüben können, solange sie durch die gehärtete Hülle in ihrer Wirksamkeit beschränkt sind. Sie besitzen auch nur zweifelhaften oder augenblicklichen Wert, wenn die harte Hülle abgenutzt oder abgebrochen ist.

Da also die Zähigkeit eines Kerns, die durch die Kerbschlagprobe ermittelt wird, nicht innerhalb einer gehärteten Hülle zur
Geltung kommen kann, so dürften auch Dehnung und Querschnittsverminderung, die aus dem Zerreißversuch erhalten
werden, kaum irgendwelche Bedeutung im Hinblick auf einsatzgehärtete Stähle haben. Sowohl diese beiden Eigenschaften
als auch die Kerbzähigkeit können als Wertmesser der Qualität
des Stahlgegenstandes, der zementiert werden soll, angesehen
werden. Eine brauchbare Auslegung dieser Werte nach der

Abb. 124. Geätzter Querschnitt eines zementierten
Schlagprobestabes. $\times$ 7.

Zementation und Endabschreckung dürfte jedoch schwierig sein,
und es scheint auch, daß eine solche Auslegung nicht versucht worden ist. Die genannten Eigenschaften sind nichtsdestoweniger in den Verzeichnissen der Stahlwerke für im Einsatz zu härtende Stähle aufgeführt. Doch ist es klar, daß
man nicht unbedingt darauf bestehen soll, diese Eigenschaften
auch von Einsatzstählen zu fordern, die aus den oben an-
gedeuteten Gründen für diese Stähle nur bedingten Wert
haben können.

Abhandlungen.

1. Mannesmann, Studien über den Zementstahlprozeß. Verhandlungen des Vereins zur Beförderung des Gewerbfleißes. 1879, S. 31.
2. Das Harveysche Kohlungsverfahren. Stahl und Eisen 1892, S. 760.
3. Arnold und Mc William, Die Diffusion von Elementen in Eisen. Stahl und Eisen 1899, S. 617.
4. Bildt, Zementierung von Schmiedeeisen. Stahl und Eisen 1902. S. 438.
5. Bauer, Einiges über das Zementieren. Stahl und Eisen 1904, S. 1058 (nach einer Arbeit von Guillet).
6. Ledebur, Einiges über das Zementieren. Stahl und Eisen 1906, S. 72, 478 und 756.
7. Bruch, Über Zementierungsversuche mit Gas resp. mit dampfförmigen Zementierungsmitteln. Metallurgie 1906, S. 123.
8. Einsetzen oder Oberflächenhärtung. Zeitschrift für Werkzeugmaschinen und Werkzeuge 1907, S. 413.
9. Shaw Scott, Über das Einsatzhärten. Metallurgie 1907, S. 715 und Stahl und Eisen 1907, S. 1434.
10. Bannister und Lambert, Einsatzhärten von Flußeisen. Metallurgie 1907, S. 740 und Stahl und Eisen 1907, S. 1550.
11. Braune, Die Stickstoffaufnahme beim Zementieren. Stahl und Eisen 1907, S. 1395.
12. Giesen, Die Einsatzhärteöfen und das Einsatzhärten. Werkstattstechnik 1908, S. 354.
13. Lake, Zementieren mit Gas. Stahl und Eisen 1910, S. 306.
14. Charpy, Über die Zementation des Eisens und seiner Legierungen durch Kohlenoxyd. Stahl und Eisen 1910, S. 962.
15. Grayson, Einige neuere Untersuchungen über das Einsatzhärten. Metallurgie 1910, S. 551 und Stahl und Eisen 1910, S. 1259.
16. Guillet, Praktische und theoretische Betrachtungen über das Zementieren. Stahl und Eisen 1910, S. 1309.
17. Weyl, Über Zementation im luftleeren Raum mittels reinen Kohlenstoffs. Metallurgie 1910, S. 440 und Stahl und Eisen 1910, S. 1417.
18. Portevin, Über die Zementation durch Gase. Stahl und Eisen 1911, S. 287.
19. Kirner, Über einige bemerkenswerte Beobachtungen beim Einsatzhärten von Stahl, insbesondere hinsichtlich des Stickstoffs. Metallurgie 1911, S. 72 und Stahl und Eisen 1911, S. 317.
20. Giolitti und Tavanti, Über die Zementation des Nickelstahls. Stahl und Eisen 1911, S. 1683.

21. Giolitti, Neue industrielle Verfahren zum Einsatzhärten von Stahl. Stahl und Eisen 1911, S. 1729.
22. Giolitti und Carnevali, Über Zementation mittels komprimierter Gase. Stahl und Eisen 1911, S. 1769.
23. Guillet, Über den gegenwärtigen Stand von Theorie und Praxis des Zementationsprozesses. Stahl und Eisen 1912, S. 58, 189 und 199.
24. Giolitti und Scavia, Horizontal-Muffelofen für Zementationszwecke. Stahl und Eisen 1912, S. 115.
25. De Nolly und Veyret, Untersuchung der aus den Zementierungsmitteln entweichenden Gase. Metallurgie 1912/13, S. 310 und Stahl und Eisen 1912, S. 1581 und 1913, S. 569.
26. Lake, Über die Zementation mit Gasen. Stahl und Eisen 1912, S. 1581.
27. Charpy und Bonnerot, Zementation des Eisens durch festen Kohlenstoff. Metallurgie 1912/13, S. 61 und Stahl und Eisen 1912, S. 1076 und 1251.
28. Kurek, Beiträge zur Kenntnis der Zementation des Eisens. Stahl und Eisen 1912, S. 1780.
29. Nead und Bourg, Zementiermaterialien. Stahl und Eisen 1912, S. 2012.
30. Sauveur und Reinhardt, Einsatzhärten von Sonderstählen. Metallurgie 1913/14, S. 91 und Stahl und Eisen 1913, S. 655.
31. Abott, Die Wirksamkeit verschiedener Härtemittel des Handels. Stahl und Eisen 1913, S. 751.
32. Lothrop, Technische Einsatzhärtung von Stahl. Stahl und Eisen 1913, S. 1036.
33. Betriebskosten der Einsatzhärtung. Stahl und Eisen 1913, S. 1909.
34. Das Einsetzen oder Zementieren von Maschinenteilen. Werkstattstechnik 1913, S. 310.
35. Nicholson, Das Härten im Einsatz. Zeitschrift für praktischen Maschinenbau 1913, S. 1357.
36. Parker, Gehärtete Zahnräder für Werkzeugmaschinen. Zeitschrift für praktischen Maschinenbau 1913, S. 1629.
37. Fettweis, Über zwei Fehler, die häufig beim Einsatzhärten gemacht werden. Zeitschrift für Werkzeugmaschinen und Werkzeuge 1913, S. 534.
38. Gleason, Gehärtete Zahnräder im Werkzeugmaschinenbau. Zeitschrift für praktischen Maschinenbau 1913, S. 1663.
39. Heathcote, Über einige neuere Verbesserungen in der Praxis des Einsatzhärtens. Stahl und Eisen 1914, S. 888.
40. Vickers, Örtliche Oberflächenhärtung von Stahl. Stahl und Eisen 1914, S. 1351.
41. Guillet und Bernard, Über die Schutzmittel beim Zementieren und die Diffusion in festen Körpern. Stahl und Eisen 1914, S. 1441.
42. Guillet und Bernard, Zementation und Entkohlung. Stahl und Eisen 1914, S. 1798.
43. Weiß, Einsatzhärtung von Wellen. Zeitschrift für praktischen Maschinenbau 1914, S. 53.

44. **Schäfer**, Grundlagen für eine rationelle Einsatzhärtung. Zeitschrift für praktischen Maschinenbau 1914, S. 159.

45. **Boye**, Der Einfluß der Flamme auf den Einsatzvorgang. Die Werkzeugmaschine 1914, S. 304 und Der Motorwagen 1914, S. 152.

46. Aus der Praxis der Einsatzhärtung. Werkstattstechnik 1914, S. 210.

47. **Baumann**, Versuche mit Einsatzmaterial. Jahrbuch der Schiffsbautechnischen Gesellschaft 1916, S. 156.

48. **Byrom**, Die Kohlung des Eisens bei niedrigen Temperaturen in Hochofengasen. Stahl und Eisen 1916, S. 145.

49. **Tschischewski**, Die Einsatzhärtung des Eisens durch Bor. Stahl und Eisen 1917, S. 932.

50. **Langenberg**, Die Zementation durch Gas unter Druck. Stahl und Eisen 1917, S. 1006.

51. **Schulz**, Einsatzhärtung beim Bau von Eisenbahnfahrzeugen. Stahl und Eisen 1918, S. 1134 (aus Organ für die Fortschritte des Eisenbahnwesens 1918, S. 188).

52. **Schaffert**, Einiges über das Einsatzhärten. Zeitschrift für Maschinenbau 1918, S. 37.

53. **Schmitz**, Untersuchungen über die Gesetzmäßigkeit der chemischen Einwirkungen der Gase auf Eisen und seine Verbindungen mit Nichtmetallen bei höheren Temperaturen. Stahl u. Eisen 1919, S. 373 u. 406.

54. **Kothny**, Ersatzstähle für Chromnickelstähle. Stahl und Eisen 1919, S. 1341.

55. Untersuchung von Härtemitteln auf ihre Brauchbarkeit zum Einsatz, härten. Zeitschrift für Maschinenbau 1919, S. 119.

56. **Hanson** und **Hurst**, Verbesserungen beim Einsatzhärten. Stahl und Eisen 1920, S. 625.

57. **Hacker**, Neuere Härtemethoden in der Werkzeugmaschinenindustrie. Die Werkzeugmaschine 1920, S. 473.

58. **Guédras**, Der Einfluß des Mangans auf die Zementation der Stähle. Stahl und Eisen 1921, S. 345.

59. **Ballay**, Verfahren zur Prüfung der Zementationstiefe an abgeschreckten Proben. Stahl und Eisen 1921, S. 266.

60. **Pierre** und **Anderson**, Die Erzielung eines zähen Kerns beim Einsatzhärten. Stahl und Eisen 1921, S. 1859.

61. **Benetka**, Material- und Wärmebehandlung an Nockenwellen. Werkzeugmaschine 1921, S. 391.

62. Einsetzen von Nockenwellen. Werkstattstechnik 1922, S. 181.

63. **Boye**, Der Einfluß der Körnung von Einsatzmitteln auf den Einsatzvorgang. Betrieb 1921/22, S. 261.

64. **Messerschmidt**, Schematische Behandlung der Einsatzhärtung. Betrieb 1922 (Januar), S. 250.

65. **Knowlton**, Über Kohlungsmittel. Stahl und Eisen 1922, S. 822.

66. **Ehrensberger**, Aus der Geschichte der Herstellung der Panzerplatten in Deutschland. Stahl und Eisen 1922, S. 1320.

67. **Ehn**, Der Einfluß von gelösten Oxyden bei der Härtung und Einsatzhärtung. Stahl und Eisen 1922, S. 143.

68. **Graefe**, Über Einsatzhärtung. Maschinenbau 1923 (5, Nr. 23), S. 265.

69. Oertel, Die Rückfeiung (Regenerierung) des Kerns von eingesetztem Flußeisen. Stahl und Eisen 1923, S. 494.
70. Fry, Stickstoff im Eisen, Stahl und Sonderstahl. Ein neues Oberflächenhärtungsverfahren. Kruppsche Monatshefte 1923, S. 137 und Stahl und Eisen 1923, S. 1271.
71. Hilse, Der elektrische Salzbadofen im Werkstättenbetrieb. Werkstattstechnik 1923, S. 625.
72. Boye, Erleichterte Einsatzarbeit. Maschinenbau 1923/24, S. 493.
73. Guillet, Neuere Fortschritte der Einsatzhärtung und Abschreckverfahren. Stahl und Eisen 1924, S. 663.
74. Brüsewitz, Wärmebehandlung bei der Einsatzhärtung. Stahl und Eisen 1924, S. 1697.
75. Fry, Stickstoff im Eisen, Stahl und Sonderstahl. Ein neues Oberflächenhärtungsverfahren. Stahl und Eisen 1923, S. 1271.
76. Neuhaus, Neue Beiträge zur Kenntnis des Tiegelzementstahles. Stahl und Eisen 1924, S. 1664.
77. Fry, Hitzebeständige Randschichten auf Eisen durch Alitierung. Werkstattstechnik 1924, S. 614.
78. Fortschritte im Einsatzhärten. Die Werkzeugmaschine 1925, S. 77 und 135.
79. Neubert, Wärmebehandlung von Zahnrädern. Maschinenbau 1925, S. 363.
80. Oberhoffer, Das Zementieren (Einsatzhärten) des schmiedbaren Eisens. Aus: „Das technische Eisen". Berlin: Julius Springer 1925.
81. Kühnel, Das Einsatzhärten und seine Anwendung in der Eisenbahnfahrzeugindustrie. Glasers Annalen Bd. 96, S. 259 und Bd. 97, S. 1. 1925.
82. Das Einsatzhärteverfahren von Shimer. Stahl und Eisen 1925, S. 1644.
83. Der Einfluß des Bariumkarbonatgehaltes beim Einsatzhärten. Stahl und Eisen 1925, S. 1890.
84. Schweißguth, Die Einsätzhärtung. Werkstattstechnik 1925, S. 653.